陶永鹏 主编 / 郭鹏 刘建鑫 副主编

ASP.NET
网站设计教程

清华大学出版社
北京

内容简介

本书以实用为原则,弱化了 ASP.NET 框架的基础知识,以 Visual Studio 2012 为开发平台,以 C# 为程序设计语言,使用 SQL Server 2012 为后台数据库。以大量的实例介绍动态控件的属性和相关应用,以工程实践环节巩固这些方法和技术。独特地将控件按功能进行分类,细化每个控件的属性、事件及基本功能,使读者能够清晰熟练掌握每一个动态控件。书中实例侧重实用性和启发性,趣味性强、通俗易懂,使读者能够快速掌握 ASP.NET 网站设计的基础知识与编程技能,为实战应用打下坚实的基础。

本书可作为计算机相关专业高职、本科生 ASP.NET 网站设计课程的教材,也可供希望掌握 ASP.NET 网页开发的爱好者自学参考使用。

本书封面贴有清华大学出版社防伪标签,无标签者不得销售。
版权所有,侵权必究。举报: 010-62782989,beiqinquan@tup.tsinghua.edu.cn。

图书在版编目(CIP)数据

ASP.NET 网站设计教程/陶永鹏主编. —北京:清华大学出版社,2018(2022.1重印)
ISBN 978-7-302-49835-3

Ⅰ. ①A… Ⅱ. ①陶… Ⅲ. ①网页制作工具—程序设计—教材 Ⅳ. ①TP393.092.2

中国版本图书馆 CIP 数据核字(2018)第 042843 号

责任编辑:张 玥 赵晓宁
封面设计:常雪影
责任校对:梁 毅
责任印制:刘海龙

出版发行:清华大学出版社
网　　址:http://www.tup.com.cn, http://www.wqbook.com
地　　址:北京清华大学学研大厦 A 座　　邮　编:100084
社 总 机:010-62770175　　邮　购:010-83470235
投稿与读者服务:010-62776969, c-service@tup.tsinghua.edu.cn
质量反馈:010-62772015, zhiliang@tup.tsinghua.edu.cn
课件下载:http://www.tup.com.cn, 010-83470236
印 装 者:三河市铭诚印务有限公司
经　　销:全国新华书店
开　　本:185mm×260mm　　印　张:20.5　　字　数:487 千字
版　　次:2018 年 8 月第 1 版　　印　次:2022 年 1 月第 7 次印刷
定　　价:69.00 元

产品编号:077464-03

前言 FOREWORD

ASP.NET 是 Microsoft 公司力推的 Web 开发编程技术，也是当今最热门的 Web 开发编程之一。为了方便广大读者学习，编者通过多年一线教学的积累，以实用为原则，将教学中的案例加以整理提升，花费半年时间编写了本书。本书以 Visual Studio 2012 为开发平台，以 C♯为程序设计语言，使用 SQL Server 2012 为后台数据库。

本书独特地将控件按功能进行分类，细化每个控件的属性、事件及基本功能，使读者能够清晰熟练掌握每一个基本控件。书中实例侧重实用性和启发性，趣味性强、通俗易懂，使读者能够快速掌握 ASP.NET 网站设计的基础知识与编程技能，为实战应用打下坚实的基础。书中从开发环境构建、基本流程、基本配置以及开发步骤、数据绑定和表单标签、文件上传和下载、输入校验等详细设计展开讲解，使读者对 ASP.NET 网站设计有全面的理解和提高。通过本书学习，读者能够在较短时间内对 ASP.NET 编程有基本的认识，掌握 Web 开发的主要技能。

本书共包括 12 章内容：

第 1 章主要介绍 ASP.NET 基础和.NET 平台的历史以及发展，讲解开发环境的使用及如何高效地开发 Web 应用程序。

第 2 章详细介绍 ASP.NET 4.5 应用程序中提供的基本控件，分类讲解内容控件、按钮控件和选择控件，用类比的形式讲解每种控件的共有属性、方法和事件，加深对控件的理解。

第 3 章详细介绍 ASP.NET 4.5 应用程序中提供的高级控件，着重讲解视图区域控件、文件上传控件、日历控件、广告控件、向导控件等 ASP.NET 4.5 高级控件的使用方法和技巧。

第 4 章主要介绍客户端验证和服务器端验证的概念及具体应用，详细介绍 ASP.NET 中的各种服务器验证控件。

第 5 章主要介绍 ASP.NET 4.5 中内置对象概念和具体应用，详细介绍全局应用程序类 Global.asax 中的各种事件。

第 6 章主要介绍主题、母版页和用户控件，重点介绍 ASP.NET

4.5应用程序进行样式控制的方法和技巧。

第7章主要介绍导航控件的使用,详细讲解三种导航控件及站点地图的应用。

第8章主要介绍AJAX技术,详细介绍如何在ASP.NET 4.5中进行AJAX应用程序的开发。

第9章主要介绍ADO.NET的基础,对ADO.NET中的类进行详细讲解,通过实例实现对数据库数据的增、删、改、查操作。

第10章主要介绍ASP.NET中的数据绑定,对列表控件和数据控件的绑定进行详细讲解。

第11章介绍程序设计中的三层架构,讲解如何在ASP.NET中创建三层架构的项目。

第12章从需求分析、数据库设计、项目模块设计、三层架构等具体步骤、模块着手,详细讲解"美妆网"实例开发,使读者能够体会实际项目,从而能够深刻地理解本书讲解的知识并达到实战的效果。

本书在编写过程中得到了家人和同仁的大力支持,在此一并表示感谢。尽管在编写过程中尽了最大的努力,但由于编者水平有限,疏漏之处在所难免,恳请读者批评指正。编者的联系邮箱为dwtyp@163.com。

编　者

2017年8月

目录

第1章 .NET 框架与 ASP.NET ... 1
1.1 .NET 框架结构概述 ... 1
1.2 ASP.NET 简介 ... 2
1.2.1 ASP.NET 技术的发展 ... 3
1.2.2 ASP.NET 的主要特点 ... 3
1.2.3 ASP.NET 的工作原理 ... 4
1.3 ASP.NET 开发页面简介 ... 4
1.3.1 第一个 ASP.NET 网站 ... 4
1.3.2 菜单栏和工具栏 ... 11
1.3.3 "工具箱"窗口 ... 13
1.3.4 "解决方案资源管理器"窗口 ... 14
1.3.5 "属性"窗口 ... 15
1.3.6 ASP.NET 2012 中的系统文件夹 ... 15
1.3.7 ASP.NET 2012 中的文件类型 ... 16

第2章 Web 基本控件 ... 18
2.1 控件简介 ... 18
2.2 内容显示控件 ... 20
2.2.1 标签控件 ... 21
2.2.2 文本控件 ... 22
2.2.3 特殊文本控件 ... 24
2.2.4 图片控件 ... 26
2.3 按钮控件 ... 26
2.3.1 按钮控件 ... 26
2.3.2 超链接按钮控件 ... 29
2.3.3 图片按钮控件 ... 30
2.3.4 热点图控件 ... 32

2.4 选择控件 ………………………………………………………………………… 38
　　2.4.1 单选按钮控件 …………………………………………………………… 38
　　2.4.2 单选按钮列表控件 ……………………………………………………… 39
　　2.4.3 复选框控件 ……………………………………………………………… 43
　　2.4.4 复选框列表控件 ………………………………………………………… 45
　　2.4.5 下拉列表控件 …………………………………………………………… 46
　　2.4.6 列表框控件 ……………………………………………………………… 49
　　2.4.7 子弹列表控件 …………………………………………………………… 53

第 3 章　Web 高级控件 …………………………………………………………… 58

3.1 视图区域控件简介 ……………………………………………………………… 58
　　3.1.1 面板控件 ………………………………………………………………… 58
　　3.1.2 占位符控件 ……………………………………………………………… 61
　　3.1.3 视图控件与多视图控件 ………………………………………………… 62
3.2 文件上传控件 …………………………………………………………………… 67
3.3 日历控件 ………………………………………………………………………… 70
3.4 广告控件 ………………………………………………………………………… 74
3.5 向导控件 ………………………………………………………………………… 76

第 4 章　服务器验证控件 ………………………………………………………… 84

4.1 验证控件介绍 …………………………………………………………………… 84
　　4.1.1 服务器端验证与客户端验证 …………………………………………… 84
　　4.1.2 验证控件的使用方法 …………………………………………………… 85
　　4.1.3 验证控件的公共属性 …………………………………………………… 85
4.2 常见的验证控件 ………………………………………………………………… 86
　　4.2.1 必填验证控件 …………………………………………………………… 87
　　4.2.2 范围验证控件 …………………………………………………………… 89
　　4.2.3 比较验证控件 …………………………………………………………… 91
　　4.2.4 正则表达式验证控件 …………………………………………………… 93
　　4.2.5 自定义验证控件 ………………………………………………………… 96
　　4.2.6 验证汇总控件 …………………………………………………………… 98
4.3 验证控件组的使用 ……………………………………………………………… 101

第 5 章　ASP.NET 内置对象 ……………………………………………………… 104

5.1 Page 对象 ……………………………………………………………………… 104
　　5.1.1 Page 对象的属性和方法 ……………………………………………… 104
　　5.1.2 Page 对象的应用 ……………………………………………………… 105

5.2	Response 对象	107
	5.2.1 Response 对象的属性和方法	107
	5.2.2 Response 对象的应用	108
5.3	Request 对象	110
	5.3.1 Request 对象的属性和方法	110
	5.3.2 Request 对象的应用	110
5.4	Server 对象	113
	5.4.1 Server 对象的属性和方法	113
	5.4.2 Server 对象的应用	114
5.5	Aplication 对象	116
	5.5.1 Aplication 对象的属性和方法	116
	5.5.2 Aplication 对象的应用	117
5.6	Session 对象	119
	5.6.1 Session 对象的属性和方法	119
	5.6.2 Session 对象的应用	119
5.7	Cookie 对象	121
	5.7.1 Cookie 对象的属性和方法	121
	5.7.2 Cookie 对象的应用	122
5.8	全局应用程序类 Global.asax 文件	124

第6章 主题、母版页与用户控件 128

6.1	主题	128
	6.1.1 主题的简单应用	128
	6.1.2 页面主题和全局主题	131
	6.1.3 主题的动态选择	132
6.2	母版页	135
	6.2.1 母版页基础	136
	6.2.2 母版页的应用	136
6.3	用户控件	141
	6.3.1 用户控件基础	141
	6.3.2 用户控件的应用	142
	6.3.3 将 Web 窗体转换成用户控件	144

第7章 导航控件 146

7.1	站点地图	146
7.2	树状图控件	148
	7.2.1 TreeView 控件的属性、方法和事件	148

7.2.2 TreeNodeCollection 类 ·············· 150
7.2.3 TreeView 控件的应用 ·············· 150
7.3 菜单控件 ·············· 157
7.3.1 Menu 控件的属性、方法和事件 ·············· 157
7.3.2 MenuItemCollection 类 ·············· 158
7.3.3 Menu 控件的应用 ·············· 158
7.4 站点路径控件 ·············· 160
7.4.1 SiteMapPath 控件的属性、方法和事件 ·············· 160
7.4.2 SiteMapPath 控件的应用 ·············· 161

第 8 章 ASP.NET AJAX 控件 ·············· 163

8.1 ASP.NET AJAX 概述 ·············· 163
8.1.1 AJAX 基础 ·············· 163
8.1.2 ASP.NET 中的 AJAX ·············· 164
8.1.3 AJAX 简单应用 ·············· 165
8.2 ASP.NET AJAX 控件 ·············· 167
8.2.1 脚本管理控件 ·············· 167
8.2.2 脚本管理代理控件 ·············· 168
8.2.3 更新区域控件 ·············· 170
8.2.4 更新进度控件 ·············· 171
8.2.5 时钟控件 ·············· 173

第 9 章 ADO.NET 数据库访问 ·············· 177

9.1 ADO.NET 基础 ·············· 177
9.1.1 ADO.NET 概述 ·············· 177
9.1.2 ADO.NET 与 ADO ·············· 178
9.1.3 ADO.NET 中的常用对象 ·············· 179
9.1.4 ADO.NET 数据库操作过程 ·············· 179
9.2 SqlConnection 对象 ·············· 180
9.2.1 SqlConnection 对象的属性与方法 ·············· 180
9.2.2 创建连接字符串 ·············· 181
9.2.3 Web.config 文件中的连接字符串 ·············· 182
9.2.4 SqlConnection 对象的应用 ·············· 183
9.3 SqlCommand 对象 ·············· 185
9.3.1 SqlCommand 对象的属性与方法 ·············· 185
9.3.2 ExecuteNonQuery()方法 ·············· 186
9.3.3 ExecuteScalar()方法 ·············· 190

9.3.4　SqlParameter 参数对象 …………………………………… 193
　9.4　SqlDataReader 对象 …………………………………… 194
　　　9.4.1　SqlDataReader 对象的属性与方法 …………………………………… 194
　　　9.4.2　使用 SqlDataReader 对象读取数据 …………………………………… 195
　9.5　DataSet 对象 …………………………………… 197
　　　9.5.1　DataSet 对象 …………………………………… 198
　　　9.5.2　DataTable 对象 …………………………………… 199
　　　9.5.3　DataColumn 对象 …………………………………… 200
　　　9.5.4　DataRow 对象 …………………………………… 202
　　　9.5.5　DataSet 的应用 …………………………………… 203
　9.6　SqlDataAdapter 对象 …………………………………… 205
　　　9.6.1　SqlDataAdapter 类的属性与方法 …………………………………… 205
　　　9.6.2　使用 SqlDataAdapter 对象获取数据 …………………………………… 206
　　　9.6.3　使用 SqlDataAdapter 对象更新数据 …………………………………… 207
　　　9.6.4　SqlCommandBuilder 类的应用 …………………………………… 211

第 10 章　ASP.NET 中的数据绑定 …………………………………… 214

　10.1　简单数据绑定 …………………………………… 214
　10.2　数据源的创建 …………………………………… 216
　　　10.2.1　语句建立数据源 …………………………………… 216
　　　10.2.2　SqlDataSource 控件 …………………………………… 217
　10.3　List 控件的数据绑定 …………………………………… 221
　10.4　数据控件的数据绑定 …………………………………… 224
　　　10.4.1　数据控件的绑定方法 …………………………………… 224
　　　10.4.2　Repeater 控件 …………………………………… 225
　　　10.4.3　DataList 控件 …………………………………… 228
　　　10.4.4　GridView 控件 …………………………………… 235

第 11 章　Web 系统中的三层架构 …………………………………… 244

　11.1　三层架构 …………………………………… 244
　　　11.1.1　项目结构分层的意义 …………………………………… 244
　　　11.1.2　什么是三层架构 …………………………………… 245
　　　11.1.3　三层架构中每层的作用 …………………………………… 245
　　　11.1.4　三层架构与实体层 …………………………………… 246
　11.2　三层架构的应用 …………………………………… 247

第 12 章　美妆网的设计与实现 ………………………………………………… 255

12.1　网站功能 ……………………………………………………………… 255
12.2　网站业务流程 ………………………………………………………… 256
12.3　系统概要设计 ………………………………………………………… 257
12.4　数据库设计 …………………………………………………………… 258
12.4.1　概念设计 ………………………………………………………… 258
12.4.2　逻辑设计 ………………………………………………………… 260
12.4.3　物理设计 ………………………………………………………… 260
12.5　系统详细设计 ………………………………………………………… 262
12.5.1　用户模块设计 …………………………………………………… 262
12.5.2　管理员模块设计 ………………………………………………… 266
12.6　网站建立 ……………………………………………………………… 269
12.7　类库代码实现 ………………………………………………………… 270
12.7.1　实体层设计 ……………………………………………………… 270
12.7.2　数据访问层设计 ………………………………………………… 277
12.7.3　业务逻辑层设计 ………………………………………………… 279
12.8　系统页面设计 ………………………………………………………… 287
12.8.1　游客模块的实现 ………………………………………………… 287
12.8.2　会员模块的实现 ………………………………………………… 292
12.8.3　管理员模块的实现 ……………………………………………… 304

参考文献 ……………………………………………………………………… 316

第1章 .NET 框架与 ASP.NET

本章学习目标
- 了解.NET 框架；
- 了解 ASP.NET 的主要特点和工作原理；
- 熟练掌握 ASP.NET 开发中的基本方法。

本章首先向读者介绍.NET 的基本框架，然后介绍 ASP.NET 的主要特点和工作原理，最后介绍 VS 2012 中创建 Web 页面的方法，讲解各窗口的使用方法。

1.1 .NET 框架结构概述

2000 年 6 月微软公司推出 Microsoft.NET 战略，创建.NET 框架的目的是便于开发人员更容易地建立 Web 应用程序和 Web 服务，使得 Internet 上的各应用程序之间可以使用 Web 服务进行沟通，从而实现"任何"时刻，通过"任何"设备，访问"任何"数据库的目的。

.NET 框架是一个基于多语言组件的开发和执行环境，它提供了一个跨语言的统一编程环境。开发平台允许创建各种各样的应用程序，如 XML Web 服务、Web 窗体、Win32 GUI 程序、Win32 CUI 应用程序、Windows 服务、应用程序，以及独立的组件模块。相比于以前的开发平台，.NET 平台可以为开发人员提供更多的技术，例如代码重用、代码专业化、资源管理、多语言开发、安全、部署与管理等。.NET 框架结构如图 1.1 所示。

.NET 框架结构主要由以下几部分组成。

1. 通用语言运行时

通用语言运行时(Common Language Runtime,CLR)和 Java 虚拟机类似，也是一个运行时环境，它负责内存分配和垃圾收集等资源管理操作，同时也是一种多语言执行环境，支持众多的数据类型和语言特性，使得代码的管理更加简单。可以提高平台的可靠性，使其达到面向事务的电子商务应用所要求的稳定性级别，同时 CLR 还负责监视程序的运行等其他一些任务。

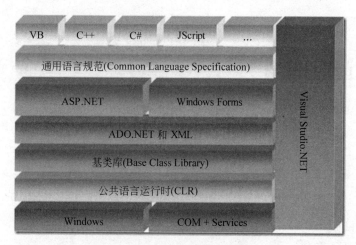

图 1.1 .NET 框架结构示意图

2. 框架类库

.NET 框架类库(Framework Class Library,FCL)包含了数以千计的类,这些类按照其功能用命名空间(Namespace)进行组织。在.NET 平台中使用的各种语言只是定义了一些规则,而用户在实际中的运用基本上都是去调用 FCL 中的类型,正是这些类型使得用户可以使用比较少的语言知识来创建丰富的程序。

3. 通用语言规范

通用语言规范(Common Language Specification,CLS)是每一个应用程序所需遵守的一套最基本的语言功能,也是以.NET 平台为目标的语言所必须支持的最小特征。定义了在多种语言中都可用的功能,从而增强和确保语言的互用性。同时还建立了 CLS 遵从性要求,可帮助用户确定托管代码是否符合 CLS,以及对于一个给定的工具对托管代码开发的支持程度。

在上述.NET 框架的支持下,可以在平台中开发多种应用程序,如 XML Web Services、Web Forms、Windows Forms、Windows CUI(控制台应用程序)、组件库等。

1.2 ASP.NET 简介

ASP.NET 是 Microsoft 公司推出的基于.NET 框架的新一代建立动态 Web 应用程序的开发平台,是一种建立动态 Web 应用程序的新技术。它是.NET 框架的一部分,可以使用任何.NET 兼容的语言,如 Visual Basic.NET、C♯、F♯等编写 ASP.NET 应用程序,本书采用 C♯语言进行网站程序的开发。

ASP.NET 又称为 ASP+,但却不仅仅是 ASP(Active Server Pages)的简单升级,不但吸收了 ASP 以前版本的最大优点并参照 Java、Visual Basic 语言的开发优势加入了许多新的特色,同时也修正了以前 ASP 版本的运行错误。

ASP.NET 具备开发网站应用程序的一切解决方案,包括验证、缓存、状态管理、调试和部署等全部功能。在代码撰写方面具有可以将页面逻辑和业务逻辑分开的特色,分离程序代码与显示的内容,让丰富多彩的网页更容易撰写。同时兼容 CSS、JavaScript、DIV、AJAX 等技术和方法,能方便地进行 Web 开发。在 ASP.NET 建立 Web 页面时,可以使用 ASP.NET 服务器端控件建立常用的用户界面元素,并对它们编程来完成一般的任务,可以把程序开发人员的工作效率提升到其他技术都无法比拟的程度。

1.2.1 ASP.NET 技术的发展

1996 年 ASP 1.0 版本出现了,降低了动态网页开发的难度,引起了 Web 开发的新革命。在此之前开发动态网页需要编写大量繁杂的代码,编程效率非常低,而且需要 Web 网页开发者掌握非常高的编程技巧。而 ASP 使用简单的脚本语言,能够将代码直接嵌入 HTML,使设计 Web 页面变得更简单。ASP 的出现推动了动态网页的快速发展与建设,使 ASP 得到迅速流行。

1998 年微软公司发布了 ASP 2.0,与 ASP 1.0 的主要区别是外部的组件可以初始化,使所有的组件都有了独立的内存空间,并且可以进行事务处理。

2000 年 6 月微软公司宣布了自己的.NET 框架,ASP.NET 1.0 正式发布,2003 年 ASP.NET 升级为 1.1 版本。ASP.NET 1.1 的发布更加激发了 Web 应用程序开发人员对 ASP.NET 的兴趣,并对网络技术有巨大的推动作用。随后微软公司提出"减少 70% 代码"的目标,并在 2005 年 11 月又发布了 ASP.NET 2.0。ASP.NET 2.0 的发布是.NET 技术走向成熟的标志,它增加了方便、实用的新特性,使 Web 开发人员能够更加快捷方便地开发 Web 应用程序,执行效率大幅度提高,对代码的控制也做得更好,以高安全性、易管理性和高扩展性等特点著称。

伴着强劲的发展势头,2008 年微软公司推出 ASP.NET 3.5。ASP.NET 3.5 是建立在 ASP.NET 2.0 CLR(公共语言运行库)基础上的一个框架,其底层类库依然调用的是.NET 2.0 以前封装好的所有类,但在 ASP.NET 2.0 的基础上增加了很多新特性,如 LINQ 数据库访问技术等,使网络程序开发更倾向于智能开发。

ASP.NET 的故事仍在继续,2010 年又发布了 ASP.NET 4.0,2012 年发布了 ASP.NET 4.5,增加了 Web API,提供了 REST 风格的 WebService 等功能。本书即是使用 Visual Studio 2012 平台下的 ASP.NET 4.5 版进行 Web 开发。

1.2.2 ASP.NET 的主要特点

ASP.NET 在 Web 编程方面具有如下主要特点:

(1) 强大性和适应性。ASP.NET 是基于通用语言的编译运行程序,具有强大性和适应性,几乎可以运行在 Web 应用软件开发的全部平台上。

(2) 简单性和易学性。基于事件驱动编程,.aspx 页面与.cs 文件分离,即显示逻辑与处理逻辑分离,便于分工、美工和编程,支持丰富的服务器控件,减少了大量的代码编写。

（3）高效可管理性。ASP.NET 使用一种以字符为基础的分级配置系统，使服务器环境和应用程序的设置更加简单。配置信息都保存在简单文本中，新的设置不需要启动本地的管理员工具就可以实现。

1.2.3 ASP.NET 的工作原理

ASP.NET 使用 HTTP 和 HTML 技术，可以创建能在任意浏览器上显示的 Web 应用程序，Web 应用程序通过 Web 服务器给客户端发送 HTML 代码，然后将这些 HTML 代码在客户端的浏览器中显示。

当用户在浏览器中输入 URL 字符串的时候，浏览器就会把 HTTP 请求发送给 Web 服务器，Web 服务器根据从客户端请求过来的 HTTP 执行相关程序，处理后向客户端返回一个 HTTP 响应，这个过程称为"回发"。在 HTTP 响应内包含响应的 HTML 代码，这些 HTML 代码传送到浏览器后，浏览器将这些 HTML 代码解析，呈现为文本框、按钮、列表等内容在浏览器中显示。ASP.NET 中的所有控件，不论是 HTML 标签还是服务器控件都是作为 HTML 代码解析。

图 1.2 演示了 ASP.NET 的大体工作流程。首先，客户端向服务器请求一个文件（default.aspx），ASP.NET 的运行库和 ASP.NET 辅助进程开始工作，对于文件 default.aspx 的第一次请求会启动 ASP.NET 分析器，编译器将该文件和与.aspx 文件相关的 C#文件一起编译，创建程序集，然后.NET 运行库的 JIT 编译器把程序集编译为机器代码。

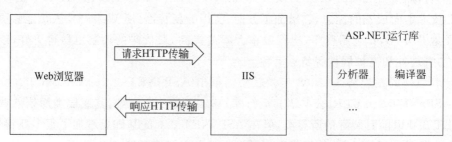

图 1.2 ASP.NET 的工作流程

在这个程序集中包含一个 Page 类，通过调用该类将会把 HTML 代码返回到客户端，同时这个 Page 对象会被删除，但是仍会保留在程序集中，用于以后的请求。当第二次请求的时候，就不需要再编译程序集，直接返回 HTML 代码给客户端。

1.3 ASP.NET 开发页面简介

1.3.1 第一个 ASP.NET 网站

本节将创建第一个 ASP.NET 网站，网站的页面内包含一个按钮，单击按钮显示"欢迎使用 ASP.NET 网页"。

【例1-1】 在 E 盘 ASP.NET 项目代码目录中创建 chapter1 子目录,将其作为网站根目录,创建一个名为 example1-1 的网页,页面内包含一个按钮,单击按钮显示"欢迎使用 ASP.NET 网页"。

具体创建步骤如下:

(1) 在"程序"或桌面"快捷方式"中双击打开 Visual Studio 2012,图标如图 1.3 所示。

图 1.3　Visual Studio 2012 程序图标

(2) 在菜单栏中选择"文件"→"新建"→"网站"命令,建立网站,如图 1.4 所示。

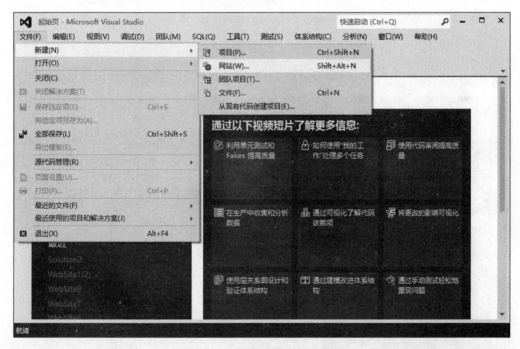

图 1.4　建立新网站操作图

(3) 在"新建网站"对话框中选择"ASP.NET 空网站"模板,在左侧选择模板为 Visual C♯,在"Web 位置"下拉列表中选择"文件系统"类型,保存路径选择为"E:\ASP.NET 项目代码\chapter1",具体设置如图 1.5 所示。

(4) 在新窗口右侧"解决方案资源管理器"目录下只有一个 Web.config 配置文件,如图 1.6 所示。右击网站根目录 chapter1,在弹出的快捷菜单中选择"添加"→"新建项"命令,出现"添加新项-chapter1"对话框,选择"Web 窗体"选项,名称改为 example1-1.aspx,如图 1.7 所示。

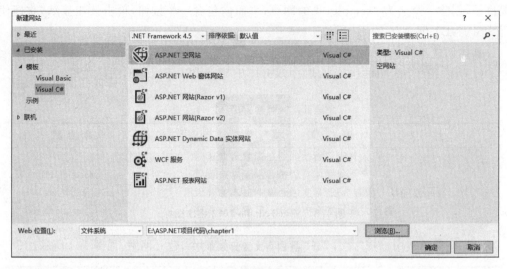

图 1.5　新建网站设置图

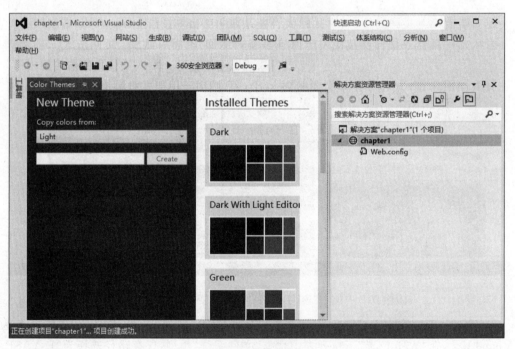

图 1.6　初始空网站

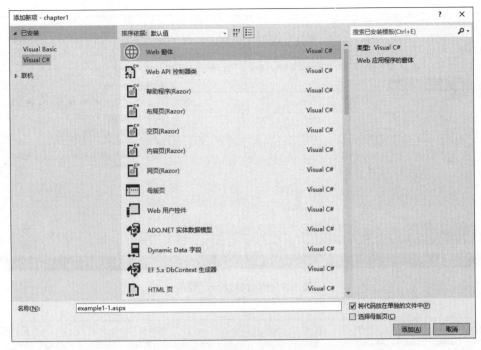

图 1.7　网站中页面的添加

(5) 创建的第一个页面默认显示"源"视图,显示页面的 HTML 代码,如图 1.8 所示。可通过底部选项卡切换视图显示,显示界面设计的"设计"视图,如图 1.9 所示。显示 HTML 代码和界面设计的"拆分"视图,如图 1.10 所示。开发时两部分内容联动,方便页面设计,三种视图可根据不同需要进行灵活切换。

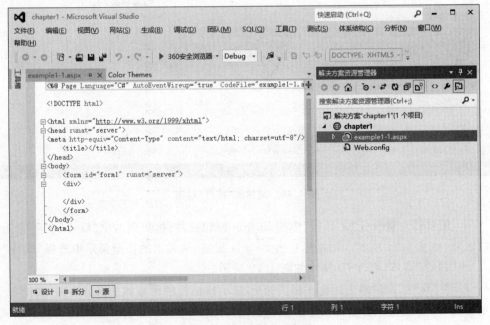

图 1.8　网站的"源"视图

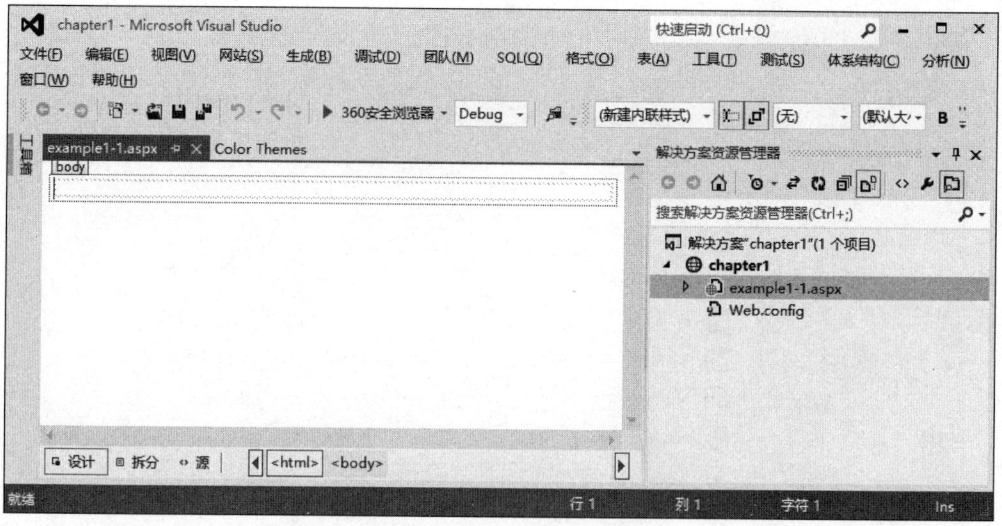

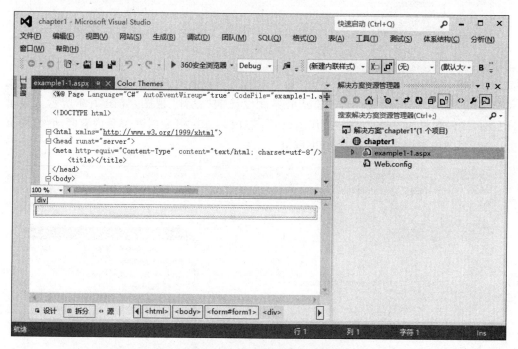

图 1.9　网站的"设计"视图

图 1.10　网站的"拆分"视图

(6) 用鼠标左键按住"工具箱"中的 Button 按钮控件，拖曳到右侧"设计"视图的任一空白区域，如图 1.11 所示。用鼠标右击 Button 按钮，从弹出的快捷菜单中选择"属性"命令，出现"属性"窗口，修改 ID 属性如图 1.12 所示。

(7) 在"属性"窗口单击闪电图标按钮 ⚡，显示按钮控件可添加的部分事件，如图 1.13 所示。在 Click 事件操作后面的空白处双击鼠标，进入事件的后台 C#代码编辑区域。

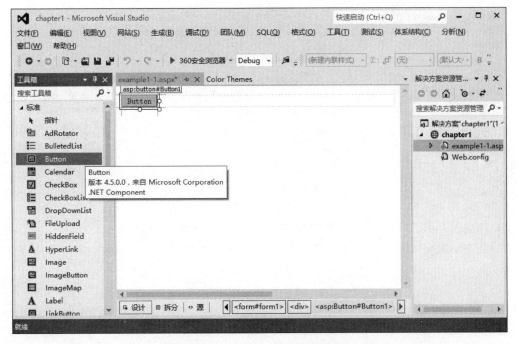

图 1.11 Button 控件的添加

图 1.12 Button 控件的属性设置   图 1.13 Button 控件的事件设置

（8）切换到 example1-1.cs 代码编辑文件，在 btn1_Click 方法中添加如下代码，如图 1.14 所示，并保存网站。

（9）在"解决方案"中用鼠标右击 example1-1.aspx，在弹出的快捷菜单中选择"在浏览器中查看"命令，对于网站的第一次运行查看，会弹出"未启用调试"对话框，如图 1.15 所示。默认当前选择，单击"确定"按钮，出现网页浏览页面，如图 1.16 所示。

（10）单击"按钮"控件，在按钮上方出现"这是第一个 ASP.NET 网页"文字，如图 1.17 所示。

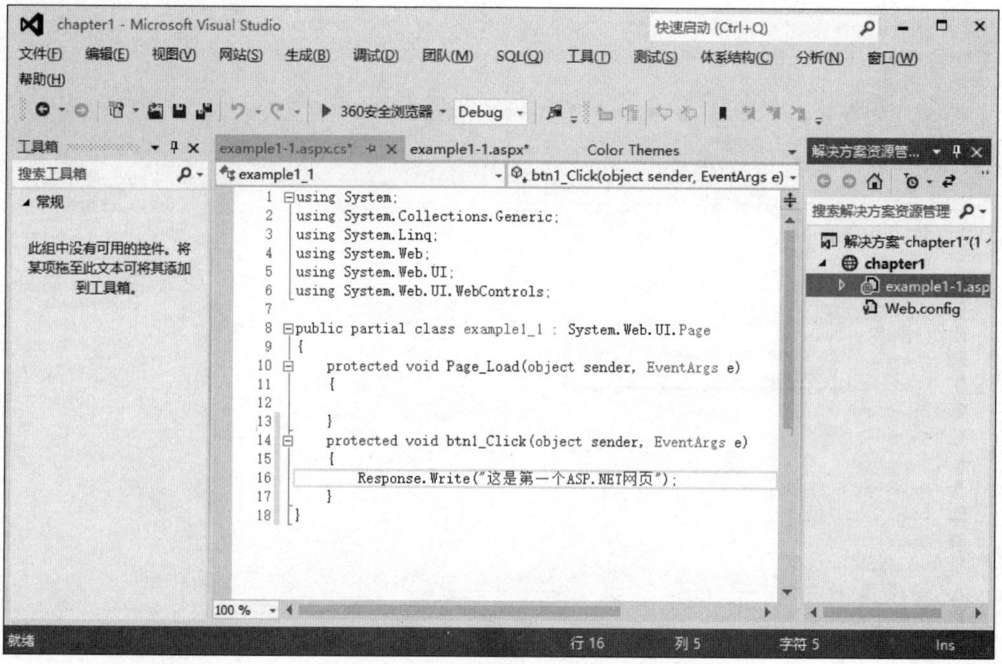

ASP.NET 网站设计教程

图 1.14 Button 控件的事件后台代码

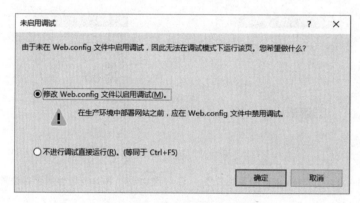

图 1.15 网站未启用调试设置

图 1.16 浏览器中的初始页面

图 1.17　单击"按钮"控件浏览器中的初始页面

至此,第一个网站就已经创建完成,上述操作的详细内容将在后续各章节中逐一讲解。

1.3.2　菜单栏和工具栏

ASP.NET 2012 编辑界面的菜单栏继承了 Visual Studio 早期版本的所有命令功能,如"文件""编辑""视图""窗口""帮助"等核心功能,还有"生成""调试""测试"等编程专用的功能菜单。在菜单栏下方为标准工具栏,可以快速访问菜单栏中的常用功能,如图 1.18 所示。

图 1.18　ASP.NET 2012 开发菜单栏

ASP.NET 2012 开发部分常使用的菜单功能如下:

1. 显示工具箱及属性等窗口

单击"视图"菜单,可以显示"解决方案资源管理器""错误列表""工具栏""属性窗口"等窗口。除了"帮助"窗口外,其他所有窗口及内容的显示都可以在"视图"菜单中设置,如图 1.19 所示。

2. 程序执行及断点调试

单击"调试"菜单可以进行程序调试、执行或编译,在代码内部可以新建、取消断点,对程序进行逐语句、逐过程(直接调用函数、属性的模块,不逐条执行模块内语句)调试,如图 1.20 所示。

3. 代码文本编辑

选择"工具"→"选项"命令,打开"选项"对话框,在"环境"节点下选择"字体和颜色"项可以设置代码编辑区域文本的字号、颜色、背景色等属性,如图 1.21 所示。

图1.19　Web开发"视图"菜单　　　　图1.20　菜单中的程序执行及断点调试

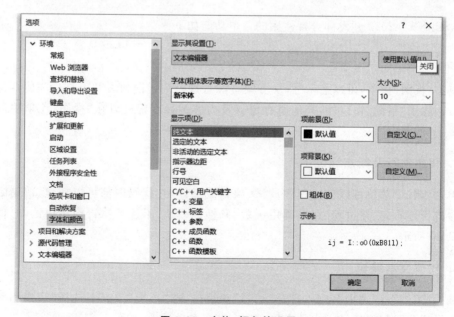

图1.21　字体、颜色等设置

"文本编辑器"节点下的 C♯项可以设置自动换行、显示行号等属性,如图 1.22 所示。

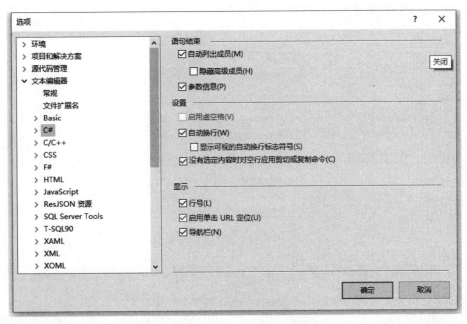

图 1.22 行号、自动换行等设置

1.3.3 "工具箱"窗口

ASP.NET 2012 集成开发环境的左侧是控件工具箱,开发 Web 页面所使用的基本控件均在此工具箱中分类列出,如 HTML 标签和微软公司已经封装好的数据绑定控件、验证控件和导航控件等,如图 1.23 所示。用户需要使用控件时,只需要将控件从工具箱中拖曳到页面上,极大地节省了编写代码的时间,加快了程序设计的速度。

图 1.23 ASP.NET 2012 工具箱视图

在工具箱中的空白位置右击鼠标,可以显示"工具箱内容菜单",如图 1.24 所示。可以对"选项卡"进行添加、删除、重命名等操作。选择"选项"命令,就会弹出"选择工具箱项"对话框,从中可以为工具箱添加其他的一些可选控件及第三方组件,如图1.25所示。

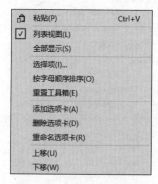

图 1.24　工具箱内容菜单

图 1.25　"选择工具箱项"对话框

1.3.4　"解决方案资源管理器"窗口

ASP.NET 2012 集成开发环境的右上角是"解决方案资源管理器"窗口,显示了网站项目及文件的组织结构视图,起到导航的作用,如图1.26所示。在这里可以看到项目的结构,如各个类库、数据库文件以及系统配置文件等。用户可以添加或者删除文件,也可以添加系统文件夹或用户文件夹来实现对文件的管理。当"解决方案资源管理器"窗口中的显示内容与网站实际结构不符时,可单击 图标进行同步刷新。系统文件夹和文件的类型及作用将在后续章节进行详细讲解。

图 1.26 "解决方案资源管理器"窗口

1.3.5 "属性"窗口

ASP.NET 2012 集成开发环境的右下角是"属性"窗口,可以查看网站内各元素的属性,还可以对页面及页面中的控件进行量值化的属性值设置。在"属性"窗口最顶部的下拉列表中可以选择要进行属性设置的对象,下方 图标表示选中对象的属性信息, 图标表示选中对象的事件信息, 图标表示信息列表按字母排序, 图标表示信息列表按分类排序。当修改某一对象的属性值时,会将该属性值自动添加或修改到 HTML 源代码中,两者自动同步,反之亦然,如图 1.27 所示。

当切换为"事件"选项卡时,会显示该对象所具有的事件。在"事件"后面的空白处双击会自动生成一个空方法,并通过委托链对该方法进行封装调用,在事件触发时调用该方法。添加事件时也会将事件声明自动添加到 HTML 源代码中,实现两者同步,反之亦然,如图 1.28 所示。

图 1.27 "属性"窗口

图 1.28 事件对应方法的选择

"事件"后面的下拉列表中显示的是项目中已有的可供该事件调用执行的所有方法,可以直接选择调用,一个方法可被多个事件触发调用执行。如果要为对象添加首选事件(切换到事件列表时默认选中的事件,如 Button 控件默认首选事件为 Click 事件,TextBox 为 TextChanged 事件等),在该控件上直接双击即可添加该事件。

1.3.6 ASP.NET 2012 中的系统文件夹

用 Visual Studio 2012 开发 ASP.NET 网站程序时会将类和 Web Services 等一些文

件放在特殊的文件夹中。与普通文件夹不同的是,放在这些特殊文件夹中(App_Themes 除外)的程序或内容只允许应用程序访问,对于网页的 Request 则不予响应,无法读取文件内容。特殊文件夹如表 1.1 所示。

表 1.1 特殊文件夹说明

文 件 夹	说 明
App_Browsers	包含浏览器定义(.browse 文件),ASP.NET 会使用这些文件来识别个别浏览器并判断它们的功能
App_Code	包含用于公用程序的程序源代码(如.cs、.vb 和.jsl 文件),将编译为应用程序的一部分
App_Data	包含应用程序数据文件,包括.MD 文件、.XML 文件及其他数据库文件
App_GlobalResources	包含资源(.resx 和.resources 文件),这些资源会编译成具有全局范围的组件
App_LocalResources	包含资源(.resx 和.resources 文件),这些资源会与特定的页面、用户控件或应用程序的主页面(MasterPage)相关联
App_WebReferences	包含参考合约文件(.wsdl 文件)、结构描述(.xsd 文件)和探索文件(.disco 和.discomap 文件),可定义 Web 应用程序中的相关应用
App_Themes	包含主题文件集合(.skin 和.css 文件通用资源),可定义 ASP.Net Web 网页和控件的外观
Bin	包含控件、组件或在应用程序中应用其他程序代码的已编译组件(.dll 文件),在 Bin 文件夹中以程序代码表示的任何类都会自动在应用程序中应用到

1.3.7 ASP.NET 2012 中的文件类型

创建完一个网站后,打开网站文件会看到各种类型的文件,尤其是浏览一个大型工程目录时,常会感到.NET Framework 的文件类型有点眼花缭乱、扑朔迷离,本节将对 ASP.NET 中的不同文件及其扩展名进行详细的讲解。

1. VS.NET 的文件类型

首先打开项目目录来认识一下 VS.NET 网站项目中使用的文件,表 1.2 提供了有关 VS.NET 使用的通用文件(以 C♯ 为例)。

表 1.2 VS.NET 的文件类型

文 件 名	扩 展 名	说 明
解决方案文件	sln	存储在解决方案中的项目信息,以及通过"属性"窗口访问全局构建设置
用户选项文件	suo	存储特定用户的设置。VS.NET 中的源控制集成包使用这一文件存储 Web 项目的转换表、项目的离线状态,以及其他项目构建的设置
C♯ 项目文件	csproj	存储项目细节,如参考内容、名称、版本等
C♯ 项目的用户选项	csproj 和 user	记录存储用户的相关信息

2. 普通文件类型

打开网站，在网站项目上右击鼠标，从弹出的快捷菜单中选择"添加"→"新建项"命令，弹出"新建项"窗口，可以见到网站项目中可以使用的所有文件类型，其中 Windows 服务和 Web 开发通用的文件如表 1.3 所示。

表 1.3 普通文件类型

文 件 名	扩 展 名	说　　明
C♯文件	cs	C♯源代码的文件
XML 文件	xml	XML 文件与数据标准文件
数据库文件	mdf	SQL 数据库文件
类图文件	cd	类图表文件
脚本文件	js	JavaScript 代码的文件
配置文件	config	存储程序设置的程序配置文件
图标文件	ico	图标样式的图像文件
文本文件	txt	简单文本文件

3. ASP.NET 的文件类型

ASP.NET 的 Web 开发还可以使用一些特定的文件类型，如表 1.4 所示。

表 1.4 ASP.NET 文件类型

文 件 名	扩 展 名	说　　明
Web 窗体文件	aspx	代码分离(Code-Behind)文件的 Web 窗体
全局程序文件	asax	全局应用程序类，允许编写代码以处理全局 ASP.NET 程序事件，一个项目最多只可以包括一个无法更改的 global.asax 文件
静态页面文件	htm	标准的 HTML 页
样式文件	css	在网站上设置外观使用的层叠样式表
站点地图文件	sitemap	Web 程序表示页面间层次关系的站点地图
皮肤文件	skin	用于指定服务器控件的主题
用户控件文件	ascx	用户自主创建的 Web 控件
浏览器文件	browser	定义浏览器相关信息的文件

第 2 章

Web 基本控件

本章学习目标
- 掌握 Web 基本控件的使用方法；
- 了解控件属性、事件的源文件与.cs 代码的对应关系；
- 熟练掌握 ASP.NET 中内容显示控件的使用方法；
- 熟练掌握 ASP.NET 中按钮控件的使用方法；
- 熟练掌握 ASP.NET 中选择控件的使用方法。

本章首先介绍 ASP.NET 服务器控件的基本概念、属性和事件，然后通过实例介绍内容显示控件、按钮控件、选择控件特有的属性、事件及相关应用。

2.1 控件简介

ASP.NET 服务端控件是 ASP.NET 对 HTML 的封装，网页上特殊的对象，当客户端请求服务器端的网页时，控件对象将在服务器上运行并向客户端呈现 HTML 解析。使用服务器控件，可通过拖曳形式直接添加，方便地设置相关属性，减少 Web 开发的代码量，提升开发效率。

Web 标准控件也称为服务器控件，可以通过写 HTML 标记创建，也可以直接从工具箱中的"标准"选项卡内拖曳添加。下面分别采用 HTML 标签和拖曳两种途径添加标准控件。

1. HTML 标签法

切换到"源"视图，填写标签"<asp:Button ID="btn1" runat="server" Text="按钮1" />"，实现在页面中添加一个按钮。

2. 拖曳法

在"工具箱"的"标准"选项卡中选中 Button 图标，鼠标左键按住并拖曳到"设计"视图或"源"视图，则完成拖曳添加，自动生成 HTML 标记"<asp:Button ID="Button1" runat="server" Text="Button" />"，可在"源"视图或"属性"窗口中进行属性的修改。

上述页面在浏览器中查看则如图 2.1 所示。

图 2.1 控件添加效果图

网页内查看"源文件"如图 2.2 所示,可见服务器控件在客户端也是解析为 HTML 标签进行显示。

图 2.2 服务器控件的页面源文件

所有的 ASP.NET 标准控件都从 System.Web.UI.Control.WebControl 类继承而来,因此具有部分相同的属性、事件和方法,如表 2.1～表 2.3 所示。相关系统资源都包含在 System.Web.UI.WebControls 命名空间中,只要页面包含标准控件,就必须添加对该命名空间的引用。

表 2.1 标准控件的公共属性

属 性 名	说　　明
AccessKey	获取或设置访问控件的快捷键,按下 Alt 键加上指定键可选择该控件
BackColor	获取或设置控件的背景色,可设置颜色名称或者♯RRGGBB 的十六进制颜色格式
BorderColor	获取或设置控件的边框颜色,颜色设置同背景色

续表

属性名	说明
BorderStyle	获取或设置控件的边框样式,可在下拉列表中选择系统提供的边框样式
BorderWidth	获取或设置控件的边框宽度,以像素为单位的整数值
CssClass	获取或设置应用到控件的 CSS 类,可设置控件的样式
Enabled	获取或设置是否启用控件,True 代表控件可正常使用
Font	获取或设置控件的字体属性,包含若干二级属性,设置的内容与格式与 Office 中基本一致
EnableTheming	获取或设置是否为控件启用主题,可以为控件选择主题
ForeColor	获取或设置控件的前景色,主要指控件中文字的颜色
Height	获取或设置控件的高度,以像素为单位的整数值
IsEnabled	获取或设置一个值,该值指示是否启用控件
SkinID	获取或设置控件的皮肤,设置控件应用的皮肤 ID
Style	获取或设置控件的内联 CSS 样式
TabIndex	获取或设置控件的 tab 键控制次序,从 0 开始的整数值,默认值为 0
ToolTip	获取或设置控件的工具小提示,当用户把鼠标指针移动到控件上时显示的文本
Width	获取或设置控件的宽度,以像素为单位的整数值
Visible	获取或设置指示该控件是否可见并被呈现出来

表 2.2 标准控件的公共方法

方法名	说明
DataBind()	绑定数据源,将数据源绑定到该服务器控件或其子控件
Dispose()	清理操作,从内存中释放该控件所占用的资源
Focus()	获得焦点,为该控件设置输入焦点
GetType()	获得类型,获取当前使用控件的类型

表 2.3 标准控件的公共事件

事件名	说明
DataBinding	当服务器控件绑定到数据源时发生
Disposted	从内存中释放该控件时发生
Init	初始化该控件时发生
Load	该控件所在页面加载时发生

2.2 内容显示控件

内容显示控件是页面中最常见的元素,不论起到显示作用的静态内容还是从数据库中检索到的动态内容都必须依托于某一控件呈现在页面中,这种以内容显示为主要功能的控件统称为内容显示控件,主要包含标签控件(Label)、文本控件(TextBox)、特殊文本控件(Literal)和图片控件(Image),本节将对这 4 个控件进行具体讲解。

2.2.1 标签控件

Label 控件在工具箱中的图标为 ,封装在 System.Web.UI.Control.WebControl 命名空间中的 Label 类中。用于显示文本信息,最主要的属性是 Text,可以获取和设置该控件显示的文本。

【例 2-1】 在 E 盘 ASP.NET 项目代码目录中创建 chapter2 子目录,将其作为网站根目录,创建一个名为 example2-1 的网页,页面内包含一个"今天"按钮,一个空白标签,单击"今天"按钮显示当前日期。

具体创建步骤如下:

(1) 按照图 2.3 所示添加相应 Button 控件和 Label 控件。

Button Label1

图 2.3 Label 控件应用页面设计

(2) 在"属性"窗口或"源"视图中修改控件属性如下列源代码:

```
<form id="form1" runat="server">
<div>
    <asp:Button ID="btnToday" runat="server" Text="今天" />
     <asp:Label ID="lblToday" runat="server" Text=""></asp:Label>
</div>
</form>
```

(3) 为 btnToday 按钮添加 Click 事件,并编辑代码如下:

```
protected void btnToday_Click(object sender, EventArgs e)
    {
        lblToday.Text=DateTime.Now.ToLongDateString();
}
```

(4) 运行网站,单击"今天"按钮,执行效果如图 2.4 所示。

图 2.4 Label 控件应用网页演示

2.2.2 文本控件

TextBox 控件在工具箱中的图标为 TextBox，封装在 System.Web.UI.Control.WebControl 命名空间中的 TextBox 类中，用于在网页中显示或输入文本信息。TextBox 控件的常用属性如表 2.4 所示。

表 2.4 TextBox 控件的常用属性

属 性 名	说　明
(ID)	获取或设置该控件的编程标识符
AutoPostBack	设置文本变化后是否自动回发
CausesValidation	设置文本控件是否触发验证（将在第 3 章详细讲解）
MaxLength	获取或设置 TextBox 中文本的最大长度
ReadOnly	获取或设置是否控件内容只读
Text	获取或设置文本内容
TextMode	获取或设置文本框的行为模式

说明：

（1）属性 AutoPostBack 表示自动回发。"回发"是指在浏览器/服务器（B/S）结构中，在浏览器（Browser）上通过单击控件或某些行为触发事件，引发网页从浏览器向服务器（Server）发送网页。之所以称作"回发"，就是有别于从浏览器向服务器第一次发送消息请求服务器网页。

（2）TextMode 属性主要用于控制 TextBox 控件的文本显示方式，最常用的几种枚举值如下：

- SingleLine：单行模式，用户只能在一行中输入信息，还可以选择限制控件接收的字符数。
- MultiLine：多行模式，文本很长时允许用户输入多行文本并执行换行。
- Password：密码模式，将用户输入的字符用黑点（●）屏蔽，以隐藏这些信息。
- Date：日期模式，必须为合法的日期格式。
- DateTime：日期时间模式，必须为合法的日期加上时间格式。
- Time：时间模式，必须为合法的时间格式。

TextBox 控件的常用事件如表 2.5 所示。

表 2.5 TextBox 控件的常用事件

事 件 名	说　明
TextChanged	在前后两次回传服务器 TextBox 中的 Text 属性发生改变时触发

【例 2-2】 在 chapter2 网站根目录下创建一个名为 example2-2 的网页，页面内包含若干文本框，练习使用 TextBox 控件的相关属性及事件。

具体创建步骤如下：

（1）添加相应的 Button 控件和 TextBox 控件，如图 2.5 所示。

第 2 章　Web 基本控件　23

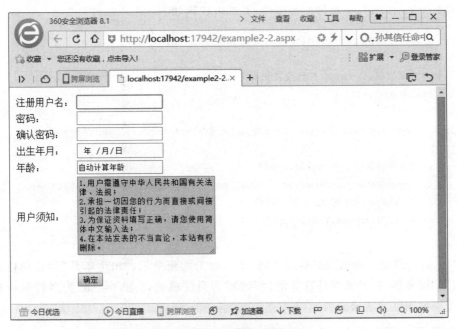

图 2.5　TextBox 控件应用页面设计

（2）在"属性"窗口或"源"视图中修改控件属性如下：

```
<form id="form1" runat="server">
   <div>
    <asp:TextBox ID="txtID" runat="server" Width="140px"></asp:TextBox>
    <asp:TextBox ID="txtPwd" runat="server" TextMode="Password" Width=
    "140px"></asp:TextBox>
    <asp:TextBox ID="txtRePwd" runat="server" TextMode="Password" Width=
    "140px"></asp:TextBox>
     <asp: TextBox  ID =" txtBirthDay"  runat =" server"  TextMode =" Date "
     AutoPostBack="True" OnTextChanged="txtBirthDay_TextChanged" Width=
     "140px"></asp:TextBox>
     <asp:TextBox ID="txtAge" runat="server" ReadOnly="True" Width="140px" >自
     动计算年龄</asp:TextBox>
     <asp:TextBox ID="txtInfo" runat="server" Height="121px"  TextMode=
     "MultiLine" Width="224px" BackColor="#00FFCC" ReadOnly="True">
    1.用户需遵守中华人民共和国有关法律、法规；
    2.承担一切因您的行为而直接或间接引起的法律责任；
    3.为保证资料填写正确,请您使用简体中文输入法；
    4.在本站发表的不当言论,本站有权删除。</asp:TextBox>
     <asp:Button ID="btnOK" runat="server" Text="确定" />
   </div>
</form>
```

(3) 为 txtBirthDay 控件添加事件，并编辑代码如下：

```
protected void Page_Load(object sender, EventArgs e)
{
    //页面加载，为 txtID 控件设置焦点
    txtID.Focus();
}
protected void txtBirthDay_TextChanged(object sender, EventArgs e)
{
    //当前年份减生日年份计算出年龄
    int age=DateTime.Now.Year-DateTime.Parse(txtBirthDay.Text).Year;
    //为 txtAge 控件的 Text 属性赋值
    txtAge.Text=age.ToString();
}
```

(4) 运行网站，"密码"和"确认密码"文本框为加密显示，"出生年月"为日期格式，自动"回发"服务器，触发事件计算年龄，"年龄"为只读模式，"用户须知"为多行只读模式，执行效果如图 2.6 所示。

图 2.6　TextBox 控件应用网页演示

2.2.3　特殊文本控件

Literal 控件在工具箱中的图标为 ▣ Literal ，封装在 System. Web. UI. Control. WebControl 命名空间中的 Literal 类中。与标签控件类似，可以用于显示文本信息。同时 Literal 控件支持 Mode 属性，用于指定控件对文本内容的标记的处理方式。Mode 属

性可取的枚举值如下：
- Transform：将对添加到控件中的任何标记进行转换，以适应请求浏览器的协议。当向使用 HTML 外的其他协议的移动设备呈现内容时，此设置非常有用。
- PassThrough：添加到控件中的任何标记都将按原样呈现在浏览器中。
- Encode：将使用 HtmlEncode 方法对添加到控件中的任何标记进行编码，会将 HTML 编码转换为其文本表示形式。如<b>标记将呈现为"<b>"。当希望浏览器显示而不解释标记时，编码将很有用。编码对于安全性也很有用，有助于防止在浏览器中执行恶意标记，显示来自不受信任的源的字符串时推荐使用此设置。

【例 2-3】 在 chapter2 网站根目录下创建一个名为 example2-3 的网页，页面内包含一个 Literal 控件，练习使用 Literal 控件的 Mode 属性。

具体创建步骤如下：

(1) 按如下源文件添加控件并设置相关属性值。

```
<form id="form1" runat="server">
  <div>
        PassThrough 模式：<br>
    <asp:Literal ID="Literal1" runat="server" Text="<h1>1级标题</h1>" Mode="PassThrough"></asp:Literal>
    Encode 模式：<br>
    <asp:Literal ID="Literal2" runat="server" Text="<h1>1级标题</h1>" Mode="Encode"></asp:Literal>
  </div>
</form>
```

(2) 运行网站，执行效果如图 2.7 所示。

图 2.7　Literal 控件应用网页演示

2.2.4 图片控件

Image 控件在工具箱中的图标为 Image，封装在 System．Web．UI．Control．WebControl 命名空间中的 Image 类中。其工作原理与 ImageButton 控件的图像显示功能类似，只是不支持鼠标单击事件，具体使用方法可以参照 2.3.3 节的 ImageButton 控件。

2.3 按 钮 控 件

按钮也是页面中最常见的元素，可以显示文本，也可以显示超链接或者图像，允许用户通过单击来执行操作。当该按钮被单击时，它看起来像是被按下，然后被释放，可以触发"单击"事件，将页面"回发"给服务器，执行服务器端 C♯代码。主要包含普通按钮控件（Button）、超链接按钮控件（LinkButton）、图片按钮控件（ImageButton）和特殊的热点图控件（ImageMap），本节将对这 4 个控件进行具体讲解。

2.3.1 按钮控件

Button 控件在工具箱中的图标为 Button，封装在 System．Web．UI．Control．WebControl 命名空间中的 Button 类中，用于在网页中允许用户通过单击来执行操作。Button 控件的常用属性如表 2.6 所示。

表 2.6 Button 控件的常用属性

属 性 名	说 明
（ID）	获取或设置该控件的编程标识符
CommandArgument	获取或设置可选参数，该参数与关联的 CommandName 一起被传递到 Command 事件
CommandName	获取或设置命令名，该命令名与传递给 Command 事件的 Button 控件相关联
OnClientClick	获取或设置在引发某个 Button 控件的 Click 事件时所执行的浏览器端脚本
Text	获取或设置在 Button 控件上显示的文本标题
CausesValidation	设置该按钮控件提交表单前是否触发客户端验证
PostBackUrl	获取和设置该单击 LinkButton 控件从当前页面发送到的 URL

说明：URL（Uniform Resource Locator，统一资源定位器）可以是某一文件资源，也可以是 WWW 页的地址，是 Internet 领域用来描述信息资源的字符串。

Button 控件的常用事件如表 2.7 所示。

表 2.7　Button 控件的常用事件

事件名称	说　　明
Click	在单击 Button 控件时触发此事件
Command	在单击 Button 控件并定义关联的命令时触发此事件

默认的 Button 按钮类似于 HTML 中提交类型的按钮 Submit，单击触发 Click 事件将表单提交给服务器处理。可以设置通过 CommandName 和 CommandArgument 属性使按钮成为 Command"命令"按钮，此时单击按钮时既可以触发 Click 事件，又可以触发 Command 事件，并可以通过 CommandArgument 设置每个按钮的参数值。

Button 控件的 Click 事件在前面章节已做讲解，下面通过两个实例介绍 OnClientClick 属性和 Command 事件。

【例 2-4】　在 chapter2 网站根目录下创建一个名为 example2-4 的网页，页面内包含一个 Button 控件，练习使用 Button 控件的 OnClientClick 属性。

具体创建步骤如下：

(1) 按照如下源文件添加控件并设置相关属性值。

```
<form id="form1" runat="server">
  <div>
    <asp:TextBox ID="txtDoc" runat="server"></asp:TextBox>
    <asp:Button ID="btnClear" runat="server" OnClick="btnClear_Click" Text
="清空文本框内容" OnClientClick="return confirm('确认删除？');" />
  </div>
</form>
```

(2) 为 btnClear 控件添加事件，并编辑代码如下：

```
protected void btnClear_Click(object sender, EventArgs e)
{
    //设置 txtDoc 控件的 Text 属性为空字符串
    txtDoc.Text=string.Empty;
}
```

(3) 运行网站，单击"确认框"中的"确定"按钮，清空 txtDoc 文本框的内容；单击"取消"按钮，不执行清空操作。执行效果如图 2.8 所示。

说明："return confirm('确认删除？');"为 js 脚本命令，功能是弹出"确认框"并接受其返回值，"确定"按钮返回值为 True，继续触发按钮控件的单击事件，"回发"服务器执行相关 C#代码；"取消"按钮返回值为 False，不触发按钮控件的单击事件。

【例 2-5】　在 chapter2 网站根目录下创建名为 example2-5 的网页，页面内包含若干个 Button 控件和 TextBox 控件，练习使用 Button 控件的 Command 事件。

具体创建步骤如下：

(1) 添加相应控件如图 2.9 所示。

(2) 按照如下源文件设置控件的相关属性值。

图 2.8 Button 控件应用网页演示

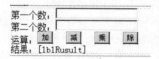

图 2.9 Button 控件属性应用网页设计

```
<form id="form1" runat="server">
    <div>
        第一个数:<asp:TextBox ID="txtNum1" runat="server"></asp:TextBox>
        <br />
        第二个数:<asp:TextBox ID="txtNum2" runat="server"></asp:TextBox>
        <br />
        运算:<asp:Button ID="btnAdd" runat="server" Text="加" CommandName=
        "Add" OnCommand="btn_Command" />
        <asp:Button ID="btnSub" runat="server" Text="减" CommandName="Sub"
        OnCommand="btn_Command" />
        <asp:Button ID="btnMul" runat="server" Text="乘" CommandName="Mul"
        OnCommand="btn_Command" />
        <asp:Button ID="btnDiv" runat="server" Text="除" CommandName="Div"
        OnCommand="btn_Command" />
        <br />
        结果:<asp:Label ID="lblResult" runat="server"></asp:Label>
    </div>
</form>
```

（3）为控件添加事件，并编辑代码如下：

```
protected void btn_Command(object sender, CommandEventArgs e)
    {
        //将 txtNum1 和 txtNum2 中的 Text 属性转换为 Double 类型赋值给 Num 和 Num2 变量
        double num1=double.Parse(txtNum1.Text);
        double num2=double.Parse(txtNum2.Text);
        double reselut=0.0;
        //根据 CommandName 属性判断触发事件的控件要执行的操作
        switch(e.CommandName)
        {
            case "Add": reselut=num1+num2; break;
            case "Sub": reselut=num1-num2; break;
            case "Mul": reselut=num1 * num2; break;
            case "Div": reselut=num1 / num2; break;
        }
        lblResult.Text=reselut.ToString();
    }
```

（4）运行网站，正确填写两个数值，单击运算按钮，触发 Command 事件，完成加、减、乘、除的基本运算，执行效果如图 2.10 所示。

图 2.10　Button 控件属性应用网页演示

2.3.2　超链接按钮控件

LinkButton 控件在工具箱中的图标为 ▣ LinkButton，封装在 System.Web.UI.Control.WebControl 命名空间中的 LinkButton 类中。其工作原理与 Button 控件类似，只是呈现的外观为超链接样式，具体使用方法可以参照 2.3.1 节的 Button 控件。

2.3.3 图片按钮控件

ImageButton控件在工具箱中的图标为 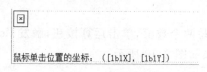，封装在System.Web.UI.Control.WebControl命名空间中的ImageButton类中。其工作原理与Button控件类似，只是呈现的外观为图像，外形更加美观。使用方法与Button控件类似，特殊属性为ImageUrl，可以获取和设置该控件上显示的图像资源。

对于ImageButton控件的单击事件，通过服务器端编写C#程序可以获取到鼠标单击的像素点坐标，从而在单击同一按钮的不同位置时实现不同的功能。

【例2-6】 在chapter2网站根目录下创建名为example2-6的网页，页面内包含一个ImageButton控件，用来练习ImageButton控件鼠标单击像素点位置的应用。

具体创建步骤如下：

（1）在chapter2网站根目录下添加image文件夹，用鼠标右击image文件夹，从弹出的快捷菜单中选择"添加现有项"命令，添加一张图片。本书以bird.jpg图片为例，按照图2.11所示添加相应控件。

图2.11 ImageButton控件应用页面设计

（2）按照如下源文件设置控件的相关属性值。

```
<form id="form1" runat="server">
    <div>
        <asp:ImageButton ID="imgBtn1" runat="server" BorderColor="#333300"
        BorderWidth="1px" ImageUrl="~/image/bird.jpg" Width="200px" OnClick=
        "imgBtn1_Click" />
        <br />
        鼠标单击位置的坐标:(<asp:Label ID="lblX" runat="server" Text=""></asp:
        Label>
        ,<asp:Label ID="lblY" runat="server" Text=""></asp:Label>)
    </div>
</form>
```

（3）为控件添加事件，并编辑代码如下：

```
protected void imgBtn1_Click(object sender, ImageClickEventArgs e)
{
    //将鼠标单击坐标点的横坐标X和纵坐标Y赋值给标签控件的Text属性
    lblX.Text=e.X.ToString();
    lblY.Text=e.Y.ToString();
}
```

（4）运行网站，单击图片按钮的任意位置可获得该点坐标值。其中图像的左上角点为坐标原点(0,0)，水平向右为横坐标 X 正值，竖直向下为纵坐标 Y 正值，执行效果如图 2.12 所示。

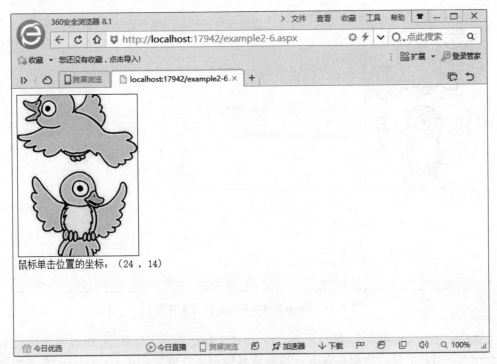

图 2.12　ImageButton 控件应用页面演示 1

（5）通过获取若干坐标点，可大致明确两只鸟的坐标值。添加如下代码，可单击同一按钮的不同区域实现不同功能，功能如图 2.13 所示。

```
protected void imgBtn1_Click(object sender, ImageClickEventArgs e)
    {
        //将鼠标单击坐标点的横坐标 X 和纵坐标 Y 赋值给标签控件的 Text 属性
        lblX.Text=e.X.ToString();
        lblY.Text=e.Y.ToString();
        if(e.Y<120)
        {
            Response.Write("<script>alert('点击的是第一只鸟,正在展翅飞翔!');
            </script>");
        }
        else
        {
            Response.Write("<script>alert('点击的是第二只鸟,正在养精蓄锐!');
            </script>");
        }
    }
```

图 2.13 ImageButton 控件应用页面演示 2

说明:"Response.Write("<script>alert('点击的是第一只鸟,正在展翅飞翔!');</script>");"实现的功能是向客户端浏览器输出字符串""<script>alert('点击的是第一只鸟,正在展翅飞翔!');</script>"",该字符串内容为一条 js 脚本,会被浏览器解析执行,呈现效果为弹出一个警示框,包含文字"点击的是第一只鸟,正在展翅飞翔!"。关于 Response 内置对象的详细讲解见本书第 5 章。

2.3.4 热点图控件

ImageMap 控件在工具箱中的图标为 ImageMap,封装在 System.Web.UI.Control.WebControl 命名空间中的 ImageMap 类中。用于网页上显示图像,同时可以在图像上制定若干热区,单击热区时触发相应事件"回发"到服务器或者导航到指定的 URL。ImageMap 控件的常用属性如表 2.8 所示。

表 2.8 ImageMap 控件的常用属性

属 性 名	说　　明
(ID)	获取或设置该控件的编程标识符
ImageUrl	获取和设置该控件上显示的图像资源
HotSpotMode	获取或设置单击热点区域后的默认行为方式
HotSpots	获取或设置 HotSpot 对象集合

说明：

（1）ImageMap 控件的 HotSpotMode 属性提供了几种枚举值，可以为控件整体设置属性值，也可以为每一个热点区域设置单独的 HotSpot.HotSpotMode 属性值，并且 HotSpot.HotSpotMode 属性的优先级更高。

- Inactive：无任何操作，即此时就像一张没有热点区域的普通图片。
- NotSet：未设置项，同时也是默认项。虽然名为未设置，但是默认情况下将执行定向操作，即链接到指定的 URL 地址。如果未指定 URL 地址，则默认链接到应用程序根目录下。
- Navigate：定向操作项，链接到指定的 URL 地址。如果未指定 URL 地址，则默认链接到应用程序根目录下。
- PostBack：回传操作值，可设置回传值。单击热点区域后将触发控件的 Click 事件。

（2）HotSpots 属性是 HotSpot 对象集合，每个 HotSpot 对象指定一个热点区域，包含圆形热区（CircleHotSpot）、矩形热区（RectangleHotSpot）和多边形热区（PolygonHotSpot）三种枚举值。

- CircleHotSpot：用于在图像映射中定义一个圆形区域，区域设置包含 X、Y 和 Radius 三个属性，X,Y 表示圆心的坐标为(X,Y)，Radius 表示圆的半径。
- RectangleHotSpot：用于在图像映射中定义一个矩形区域，区域设置包含 Top、Left、Bottom 和 Right 4 个属性，其中 Top 和 Left 表示左上角点(Left,Top)，Bottom 和 Right 表示右下角点(Right,Bottom)，过这两个点分别做一条水平线和竖直线，4 条线中间围成的区域形成一个矩形热点区域。
- PolygonHotSpot：用于在图像映射中定义一个不规则形状区域。区域设置只包含一个属性 Coordinates，其值为一个"数值列表"字符串，格式如"x1,x2,x3,x4,x5,x6,…"形式，表示将点(x1,x2)，点(x3,x4)，点(x5,x6)，…依次相连构建的封闭热点区域。

ImageMap 控件的常用事件如表 2.9 所示。

表 2.9　ImageMap 控件的常用事件

事件名称	说　　明
Click	单击 ImageMap 控件的任一 HotSpot 区域触发此事件

【例 2-7】　在 chapter2 网站根目录下创建名为 example2-7 的网页，页面内包含一个 ImageMap 控件，练习 ImageMap 控件的热区设置及热区模式的应用。

具体创建步骤如下：

（1）在 chapter2 网站根目录下的 image 文件夹中添加 house.jpg。

（2）添加一个 ImageMap 控件，并设置 ImageUrl 属性，使其显示 house.jpg 图片，对应源文件如下：

`<asp:ImageMap ID="imgMap1" runat="server" ImageUrl="~/image/house.jpg" Width`

="600px">

（3）在 ImageMap 控件的"属性"窗口中选择 HotSpots 属性，单击后面的"…"图标，弹出"HotSpot 集合编辑器"对话框，如图 2.14 所示。

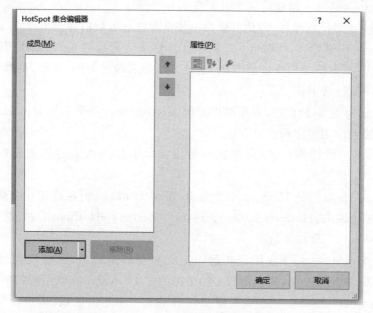

图 2.14　"HotSpots 集合编辑器"对话框

（4）在"添加"按钮右侧的下拉列表中选择一个 CircleHotSpot 热区，按照图 2.15 所示设置相关属性。

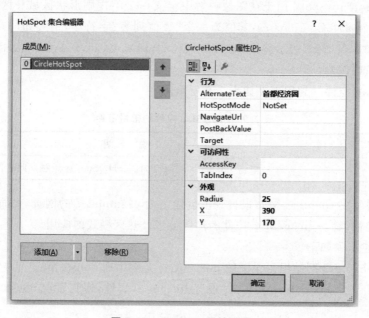

图 2.15　HotSpots 属性设置

(5) 当鼠标移动到时钟区域(以(297,68)为圆心,44 为半径的热区)时,出现"时钟"提示,鼠标单击可"回发"服务器,具体效果如图 2.16 所示。

图 2.16 ImageMap 控件应用页面设计

(6) 按照如下源文件添加其他热区,并设置相关属性。

```
<form id="form1" runat="server">
    <div>
        <asp:ImageMap ID="imgMap1" runat="server" ImageUrl="~/image/house.jpg" OnClick="imgMap1_Click" Width="600px">
            <asp:CircleHotSpot AlternateText="时钟" Radius="44" X="297" Y="68" />
            <asp:RectangleHotSpot Bottom="123" HotSpotMode="PostBack" Left="35" PostBackValue="table lamp" Right="98" Top="81" />
            <asp:PolygonHotSpot Coordinates="83,303,78,216,106,202,146,202,147,191,151,190,151,178,244,173,338,173,423,173,472,174,523,171,525,202,551,200,590,220,585,307,85,306" HotSpotMode="PostBack" PostBackValue="sofa" />
        </asp:ImageMap>
    </div>
</form>
```

(7) 为控件添加事件,并编辑代码如下:

```
protected void imgMap1_Click(object sender, ImageMapEventArgs e)
```

```
    {
        if(e.PostBackValue =="table lamp")
        {
            Response.Write("<script>alert('您选择的是台灯!');</script>");
        }
        if(e.PostBackValue =="sofa")
        {
            Response.Write("<script>alert('您选择的是沙发!');</script>");
        }
    }
```

（8）单击沙发所在多边形热区，可以"回发"服务器，传回 PostBackValue 属性值 sofa，执行效果如图 2.17 所示。

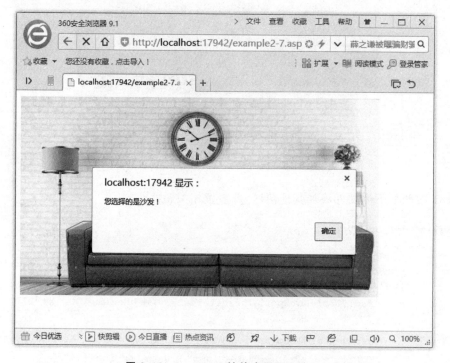

图 2.17　ImageMap 控件应用页面演示

通过上述简单实例，相信读者可以感受到 ImageMap 控件功能的强大，但如何设置热区中的位置点一直是该控件使用的难点，下面结合 ImageButton 控件的特有属性，编写一个可视化小程序获取图片热区的位置点。

【例 2-8】　在 chapter2 网站根目录下创建名为 example2-8 的网页，页面内包含一个 ImageButton 控件，练习使用 ImageButton 控件可视化地获取图片热区的位置点。

具体创建步骤如下：

（1）添加一个 ImageButton 控件，并设置 ImageUrl 属性、Width 属性均与例 2-7 中的 ImageMap 控件相同。

(2) 按照如下源文件添加其他控件并设置相关属性值。

```
<form id="form1" runat="server">
    <div>
        <asp:HiddenField ID="HiddenField1" runat="server" />
    </div>
        您构建的区域字符串:<asp:Label ID="lblPoints" runat="server"></asp:Label>
        <br />
        <asp:ImageButton ID="ImageButton1" runat="server" ImageUrl="~/image/
        house.jpg" OnClick="ImageButton1_Click" Width="600px" />
</form>
```

(3) 为控件添加事件,并编辑代码如下:

```
protected void ImageButton1_Click(object sender, ImageClickEventArgs e)
    {
        //使用 HiddenField1 控件的 Value 属性保存鼠标单击点的横纵坐标
        HiddenField1.Value +=e.X.ToString()+","+e.Y.ToString()+",";
        //移除 HiddenField1 控件的 Value 属性中的最后一个字符','
        lblPoints.Text=HiddenField1.Value.Remove(HiddenField1.Value.Length-1, 1);
    }
```

(4) 运行网页,依次顺序围绕多边形热区边缘单击一圈,即可得到多边形区域的"数值列表",执行效果如图 2.18 所示。

图 2.18　ImageMap 控件"数值列表"获取

2.4 选择控件

选择控件也是页面中最常见的元素，可以为用户提供选择项，按指定形式显示文本或图像，允许用户通过单击来执行单选或者复选操作，当选中项发生改变时，可以触发相关事件，将页面"回发"给服务器，执行服务器端 C# 代码。主要包含单选按钮控件（RadioButton）、单选按钮列表控件（RadioButtonList）、复选框控件（CheckBox）、复选框列表控件（CheckBoxList）、下拉列表控件（DropDownList）、列表框控件（ListBox）和子弹列表控件（BulletedList）等，本节将对这些控件进行具体讲解。

2.4.1 单选按钮控件

RadioButton 控件在工具箱中的图标为 ◉ RadioButton，封装在 System.Web.UI.Control.WebControl 命名空间的 RadioButton 类中。以文字形式呈现选择项，允许用户互斥地从选择项中选择一个选项，是实现单选功能最常使用的一种方式。RadioButton 控件的常用属性如表 2.10 所示。

表 2.10 RadioButton 控件的常用属性

属性名	说明
(ID)	获取或设置该控件的编程标识符
AutoPostBack	获取或设置单选按钮的选中状态变化时是否自动回发到服务器
GroupName	获取或设置单选按钮所属的组名
Checked	获取或设置单选按钮的选中状态
Text	获取或设置在单选按钮控件上显示的文本

说明：

（1）GroupName 属相相同的单选按钮为逻辑上的同一组，同组内的按钮实现单选。

（2）当单击某一"未选中"状态的 RadioButton 控件时，状态变为"选中"状态，并自动清除该单选组中的其他选中项。

RadioButton 控件的常用事件如表 2.11 所示。

表 2.11 RadioButton 控件的常用事件

事件名称	说明
CheckedChanged	在 RadioButton 控件的 Checked 属性值改变时触发此事件

【例 2-9】 在 chapter2 网站根目录下创建一个名为 example2-9 的网页，页面内包含若干个 RadioButton 控件，练习使用 RadioButton 控件的属性和事件。

具体创建步骤如下：

（1）按照如下源文件添加控件并设置相关属性值。

```
<form id="form1" runat="server">
```

```
            <p>
                请选择正确答案:</p>
            <asp:RadioButton ID="rbtnA" runat="server" Text="A.地球是圆的" GroupName
                ="question1" />
            <br />
            <asp:RadioButton ID="rbtnB" runat="server" Text="B.地球是方的" GroupName
                ="question1"/>
            <br />
            <asp:RadioButton ID="rbtnC" runat="server" Text="C.地球是扁的"
                "GroupName="question1"/>
            <br />
            <asp:RadioButton ID="rbtnD" runat="server" Text="D.地球是椭圆的"
                "GroupName="question1" />
            <br />
 <br />
  
            <asp:Button ID="btnOK" runat="server" Text="确定" OnClick="btnOK_Click"
                />
            <br />
</form>
```

（2）为 btnOK 控件添加事件，并编辑代码如下：

```
protected void btnOK_Click(object sender, EventArgs e)
{
    if(rbtnD.Checked)
    {
        Response.Write("<script>alert('恭喜你答对了!');</script>");
    }
    else
    {
        Response.Write("<script>alert('很遗憾答错了,正确答案 D。');</script>");
    }
}
```

（3）运行网站，执行效果如图 2.19 所示。

2.4.2 单选按钮列表控件

RadioButtonList 控件可归结为列表控件类型，在工具箱中的图标为 RadioButtonList，封装在 System. Web. UI. Control. WebControl 命名空间中的 RadioButtonList 类中。可以在一个控件内以文字形式呈现多个选择项，构建单选按钮列表，允许用户互斥地从选择项中选择一个，是实现多选项中单选功能的一种常用方式。RadioButtonList 控件的常用属性如表 2.12 所示。

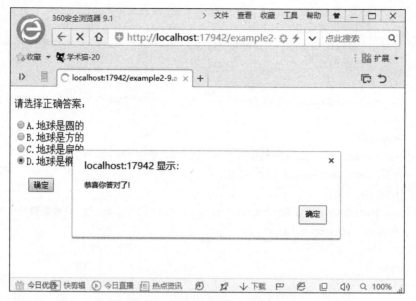

图 2.19　RadioButton 控件应用网页演示

表 2.12　RadioButtonList 控件的常用属性

属 性 名	说　　明
(ID)	获取或设置该控件的编程标识符
AutoPostBack	获取或设置单选按钮列表中项变化时是否自动回发到服务器
Iteams	控件中所有项的集合
SelectedIndex	获取或设置选定项索引
SelectedItem	获取或设置列表中的选中项
SelectedValue	获取控件中选定项的值
Text	获取或设置在单选按钮控件上 SelectedValue 的值
RepeatDirection	获取或设置列表中单选按钮的排列方向
RepeatColumns	获取或设置列表中单选按钮显示的列数
TextAlign	获取或设置列表中单选按钮上文本的对齐方式

说明：

（1）RepeatDirection 属性包含 Horizontal 和 Vertical 两个枚举值，Horizontal 表示列表中的项以行的形式水平显示，从左到右，从上至下；Vertical 表示列表中的项以列的形式水平显示，从上到下，从左至右。

（2）TextAlign 属相包含 Left 和 Right 两个枚举值，Left 表示关联文本显示在单选框的左侧，Right 表示关联文本显示在单选框的右侧。

RadioButtonList 控件的常用事件如表 2.13 所示。

表 2.13　RadioButtonList 控件的常用事件

事 件 名 称	说　　明
CheckedIndexChanged	在 RadioButtonList 控件的选中项的索引改变时触发此事件
TextChanged	当 Text 和 SelectValue 属性改变时发生

说明：控件中的每一个选择项称为 Iteams 中的一个元素，具有 Item.Index 和 Item.Text 等属性，其索引值为从 0 开始的连续正整数，Text 值为任意字符串，因而无论选中哪一项 CheckedIndex 的值一定是不同的，而 SelectValue 的值却可以相同。所以只要触发了 TextChanged 事件，一定会触发 CheckedIndexChanged 事件；反之，触发 CheckedIndexChanged 事件却不一定会触发 TextChanged 事件。

【例 2-10】 在 chapter2 网站根目录下创建名为 example2-10 的网页，页面内包含一个 RadioButtonList 控件，练习 RadioButtonList 控件中 ListItem 集合编辑器的应用。

具体创建步骤如下：

(1) 添加一个 RadioButtonList 控件，在其"属性"窗口中选择 Itemss 属性，单击后面的"…"按钮(或者选中该控件，单击控件右上角的 ▷ 图标)，弹出"ListItem 集合编辑器"对话框，如图 2.20 所示。

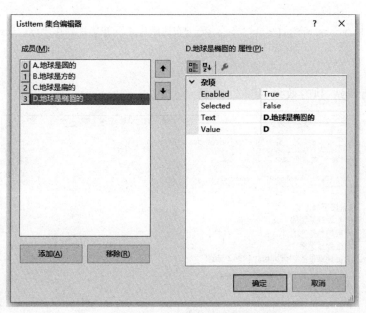

图 2.20　ListItem 属性设计

(2) 添加其他控件，并按照如下源文件添加控件并设置相关属性值。

```
<form id="form1" runat="server">
    <div>
        <br />
        请选择正确答案：<asp:RadioButtonList ID="rbtnSelect" runat="server">
            <asp:ListItem Value="A">A.地球是圆的</asp:ListItem>
```

```
            <asp:ListItem Value="B">B.地球是方的</asp:ListItem>
            <asp:ListItem Value="C">C.地球是扁的</asp:ListItem>
            <asp:ListItem Value="D">D.地球是椭圆的</asp:ListItem>
        </asp:RadioButtonList>
        <br />
        <asp:Button ID="btnOK" runat="server" OnClick="btnOK_Click" Text="确定" />
    </div>
</form>
```

（3）为 btnOK 控件添加事件，并编辑代码如下：

```
protected void btnOK_Click(object sender, EventArgs e)
{
    if(rbtnSelect.SelectedValue=="D")
    {
        Response.Write("<script>alert('恭喜你答对了!');</script>");
    }
    else
    {
        Response.Write("<script>alert('很遗憾答错了,正确答案 D。');</script>");
    }
}
```

（4）运行网站，执行效果如图 2.21 所示。

图 2.21　RadioButtonList 控件应用网页演示

上述实例使用 RadioButtonList 控件实现了与例 2-9 完全相同的功能，但在控件添加、属性设置以及事件后台代码等方面有明显改进。此外，RadioButtonList 控件更适合于选择项动态变化的应用,具体应用如下。

【例 2-11】 在 chapter2 网站根目录下创建名为 example2-11 的网页,页面内包含一个 RadioButtonList 控件,练习 RadioButtonList 控件中 ListItem 项的动态添加。

具体创建步骤如下:

(1) 添加 RadioButtonList 控件和其他控件,具体如以下源文件所示:

```
<form id="form1" runat="server">
    请选择你的幸运数字:
    <asp:RadioButtonList ID="rbtnNums" runat="server" AutoPostBack="True"
    OnSelectedIndexChanged="rbtnNums_SelectedIndexChanged" RepeatColumns
    ="10" RepeatDirection="Horizontal">
    </asp:RadioButtonList>
</form>
```

(2) 添加相关事件,并编辑代码如下:

```
protected void Page_Load(object sender, EventArgs e)
    {
        if(!IsPostBack)
        {
            //定义 ListItem 类型对象 li
            ListItem li;
            for(int i=1; i <=100; i++)
            {
                li=new ListItem(i.ToString(), i.ToString());
                //将对象 li 添加到 rbtnNums 控件的 Items 集合
                rbtnNums.Items.Add(li);
            }
        }
    }
    protected void rbtnNums_SelectedIndexChanged(object sender, EventArgs e)
    {
        Response.Write("< script > alert ('您选择的幸运数字是:" + rbtnNums.
        SelectedValue+"');</script>");
}
```

(3) 运行网站,执行效果如图 2.22 所示。

IsPostBack 属性表示页面是否为"回发",只有页面为第一次加载时 IsPostBack 属性才为 True,详细讲解见本书第 5 章。

2.4.3 复选框控件

CheckBox 控件在工具箱中的图标为 ☑ CheckBox,封装在 System. Web. UI. Control. WebControl 命名空间中的 CheckBox 类中。以文字形式呈现选择项,允许用户从选择项中选择多个,是实现多选功能最常使用的一种方式。常用的属性和事件与

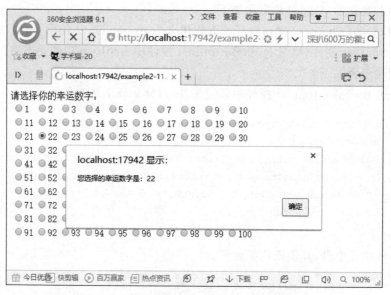

图 2.22　动态 RadioButtonList 控件页面演示

RadioButton 控件基本相同，只是不再需要组的概念，没有 GroupName 属性。

【例 2-12】 在 chapter2 网站根目录下创建一个名为 example2-12 的网页，页面内包含若干个 CheckBox 控件，练习使用 CheckBox 控件的属性和事件。

具体创建步骤如下：

（1）按照如下源文件添加控件并设置相关属性值。

```
<form id="form1" runat="server">
        下列哪些是C#中的关键字(多选):<br />
        <asp:CheckBox ID="chkA" runat="server" Text="A.for" /><br />
        <asp:CheckBox ID="chkB" runat="server" Text="B.break" /><br />
        <asp:CheckBox ID="chkC" runat="server" Text="C.so easy" /><br />
        <asp:CheckBox ID="chkD" runat="server" Text="C.while" /><br />
        <asp:Button ID="btnOK" runat="server" Text="确定" OnClick="btnOK_Click" />
</form>
```

（2）添加相关事件，并编辑代码如下：

```
protected void btnOK_Click(object sender, EventArgs e)
{
    if(chkA.Checked && chkB.Checked && chkD.Checked)
    {
        Response.Write("<script>alert('恭喜你答对了!');</script>");
    }
    else
    {
        Response.Write("<script>alert('很遗憾答错了,正确答案ABD。');
```

```
        </script>");
    }
}
```

(3) 运行网站,执行效果如图 2.23 所示。

图 2.23 CheckBox 控件应用页面演示

2.4.4 复选框列表控件

CheckBoxList 控件也可归结为列表控件类型,在工具箱中的图标为 CheckBoxList,封装在 System.Web.UI.Control.WebControl 命名空间中的 CheckBoxList 类中。可以在一个控件中以文字形式呈现多个选择项,构建多选按钮列表,允许用户从选择项中选择多个,是实现多选项复选功能的一种常用方式。常用的属性和事件与 RadioButtonList 控件基本相同,因为 CheckBoxList 控件实现的是复选,因此如下几个属性稍有区别,如表 2.14 所示。

表 2.14 CheckBoxList 控件的常用属性

属 性 名	说 明
SelectedIndex	获取或设置选定项最低序号索引
SelectedItem	获取或设置列表中索引号最小的选中项
SelectedValue	获取控件中索引号最小的选定项的值

【例 2-13】 在 chapter2 网站根目录下创建名为 example2-13 的网页,页面内包含一个 CheckBoxList 控件,练习 CheckBoxList 控件属性与事件的应用。

具体创建步骤如下:

（1）添加一个 CheckBoxList 控件，并通过 Itemss 属性添加相关项，具体如以下源文件所示：

```
<form id="form1" runat="server">
    下列哪些是 C#中的关键字(多选):<br />
    <asp:CheckBoxList ID="chklSelect" runat="server">
        <asp:ListItem Value="A">for</asp:ListItem>
        <asp:ListItem Value="B">break</asp:ListItem>
        <asp:ListItem Value="C">so easy</asp:ListItem>
        <asp:ListItem Value="D">while</asp:ListItem>
    </asp:CheckBoxList>
    <asp:Button ID="btnOK" runat="server" OnClick="btnOK_Click" Text="确定" />
</form>
```

（2）添加相关事件，并编辑代码如下：

```
protected void btnOK_Click(object sender, EventArgs e)
{
    if ( chklSelect. Items [ 0 ]. Selected&&chklSelect. Items [ 1 ]. Selected&&chklSelect.Items[3].Selected)
    {
        Response.Write("<script>alert('恭喜你答对了!');</script>");
    }
    else
    {
        Response.Write("<script>alert('很遗憾答错了,正确答案 ABD。');
        </script>");
    }
}
```

（3）运行网站，执行效果如图 2.24 所示。

2.4.5 下拉列表控件

DropDownList 控件也可归结为列表控件类型，在工具箱中的图标为 **DropDownList**，封装在 System. Web. UI. Control. WebControl 命名空间中的 DropDownList 类中。下拉列表控件用于把选择项放在一个下拉式选单中，并把每一个下拉式选单都置于主选单的一个选项下。下拉菜单内的项目只能实现单选，可以用来替代一组单选按钮，并且比单选按钮列表的占用位置更小。属性和事件与 RadioButtonList 控件及 CheckBoxList 控件基本相同。

【例 2-14】 在 chapter2 网站根目录下创建名为 example2-14 的网页，页面内包含多个 DropDownList 控件，设置 DropDownList 控件的属性与事件，实现年、月、日的三级联动。

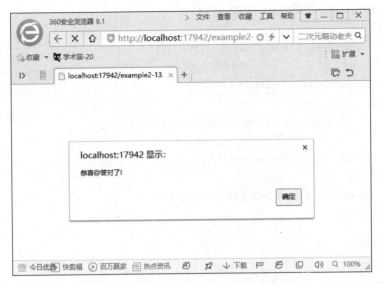

图 2.24 CheckBoxList 控件应用页面演示

具体创建步骤如下:

(1) 添加相关控件,设置基本界面如图 2.25 所示。

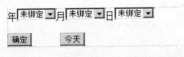

图 2.25 DropDownList 控件应用页面设计

(2) 设置控件的属性值,如下列源文件:

```
<form id="form1" runat="server">
    年<asp:DropDownList ID="ddlYear" runat="server" AutoPostBack="True"
    OnSelectedIndexChanged=" ddlYearMonth _ SelectedIndexChanged " ></asp:
    DropDownList>
    月<asp:DropDownList ID="ddlMonth" runat="server" AutoPostBack="True"
    OnSelectedIndexChanged=" ddlYearMonth _ SelectedIndexChanged " ></asp:
    DropDownList>
    日<asp:DropDownList ID="ddlDay" runat="server"></asp:DropDownList>
    <asp:Button ID="btnOK" runat="server" Text="确定" OnClick="btnOK_Click" />
    <asp:Button ID="btnToday" runat="server" Text="今天" OnClick="btnToday_
    Click" />
</form>
```

(3) 添加相关事件,并编辑代码如下:

```
protected void Page_Load(object sender, EventArgs e)
{
    if(!IsPostBack)
    {
```

```csharp
            for(int i=1949; i<=2048; i++)
            {
                ddlYear.Items.Add(i.ToString());
            }
            for(int i=1; i<=12; i++)
            {
                ddlMonth.Items.Add(i.ToString());
            }
            for(int i=1; i<=31; i++)
            {
                ddlDay.Items.Add(i.ToString());
            }
        }
    }
        ///<summary>
        ///按年月获得天数
        ///</summary>
        ///<param name="year">年份</param>
        ///<param name="month">月份</param>
        ///<returns>天数</returns>
        int GetDaysByYearMonth(int year, int month)
        {
            int days=30;
            if(month ==1 || month ==3 || month ==5 || month ==7 || month ==8 || month ==10 || month ==12)
                days=31;
            if(month ==2)
            {
                if(year %100 !=0 && year %4 ==0)
                    days=29;
                else if(year%400==0)
                    days=29;
                else days=28;
            }
            return days;
        }
    protected void ddlYearMonth_SelectedIndexChanged(object sender, EventArgs e)
    {
        int year=int.Parse(ddlYear.SelectedValue);
        int month=int.Parse(ddlMonth.SelectedValue);
        int days=GetDaysByYearMonth(year, month);
        ddlDay.Items.Clear();
        for(int i=1; i<=days; i++)
```

```csharp
        {
            ddlDay.Items.Add(i.ToString());
        }
    }
    protected void btnOK_Click(object sender, EventArgs e)
    {
        string date=ddlYear.SelectedValue+"年"
            +ddlMonth.SelectedValue+"月"
            +ddlDay.SelectedValue+"日";
        Response.Write("<script>alert('"+date+"');</script>");
    }
    protected void btnToday_Click(object sender, EventArgs e)
    {
        int year=DateTime.Today.Year;
        int month=DateTime.Today.Month;
        int day=DateTime.Today.Day;
        for(int i=0; i<ddlYear.Items.Count; i++)
        {
            if(ddlYear.Items[i].Text ==year.ToString())
            {
                ddlYear.SelectedIndex=i;
                break;
            }
        }
        ddlMonth.SelectedIndex=month-1;
        int days=GetDaysByYearMonth(year, month);
        ddlDay.Items.Clear();
        for(int i=1; i <=days; i++)
        {
            ddlDay.Items.Add(i.ToString());
        }
        ddlDay.SelectedIndex=day-1;
    }
```

(4) 运行网站，执行效果如图 2.26 所示。

2.4.6 列表框控件

ListBox 控件也可归结为列表控件类型，在工具箱中的图标为 ListBox，封装在 System.Web.UI.Control.WebControl 命名空间中的 ListBox 类中。列表框控件可以看作一个扩展的下拉列表，用于把所有选择项放在一个列表框中显示，或者只显示部分选项，其他的选项都放置于下拉列表中。列表内的所有项目都可以根据需要设置为多选或单选，可以用来分别替代一组复选框列表或单选按钮列表。属性和事件与

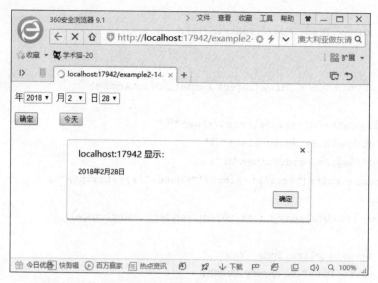

图 2.26　DropDownList 控件应用页面演示

DropDownList 控件近似，特殊属性如表 2.15 所示。

表 2.15　ListBox 控件的常用属性

属 性 名	说　　明
Rows	获取或设置列表框中显示的行数
SelectionMode	获取或设置列表框中的选择模式

说明：SelectionMode 属性可选择 Multiple 和 Single 两个枚举值，Multiple 表示可以通过按住 Ctrl 键后进行多选；Single 表示只能进行单选。

【例 2-15】　在 chapter2 网站根目录下创建名为 example2-15 的网页，页面内包含多个 ListBox 控件，设置 ListBox 控件属性，实现内容项的添加与删除。

具体创建步骤如下：

（1）添加相关控件，并对 table 标签进行必要的页面布局，设置基本界面如图 2.27 所示。

（2）设置控件的属性值，如下列源文件：

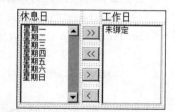

图 2.27　ListBox 控件应用页面设计

```
<form id="form1" runat="server">
    <table >
        <tr>
            <td>休息日</td>
            <td > </td>
            <td>工作日</td>
        </tr>
        <tr>
            <td rowspan="4">
```

```
            <asp:ListBox ID=" lbLeft" runat =" server" Height ="131px"
                Width="101px" SelectionMode="Multiple">
                <asp:ListItem Value="1">星期一</asp:ListItem>
                <asp:ListItem Value="2">星期二</asp:ListItem>
                <asp:ListItem Value="3">星期三</asp:ListItem>
                <asp:ListItem Value="4">星期四</asp:ListItem>
                <asp:ListItem Value="5">星期五</asp:ListItem>
                <asp:ListItem Value="6">星期六</asp:ListItem>
                <asp:ListItem Value="7">星期日</asp:ListItem>
            </asp:ListBox>
        </td>
        <td >
            <asp:Button ID="btnLtoRAll" runat="server" Text="&gt;&gt;"
                OnClick="btnLtoRAll_Click" />
        </td>
        <td rowspan="4">
            <asp:ListBox ID="lbRight" runat="server"  Height="131px"
                Width="101px" SelectionMode="Multiple"></asp:ListBox>
        </td>
    </tr>
    <tr>
        <td>
            <asp:Button ID="btnRtoLAll" runat="server" Text="&lt;&lt;"
                OnClick="btnRtoLAll_Click" />
        </td>
    </tr>
    <tr>
        <td >
            <asp:Button ID =" btnLtoR" runat =" server" Text =" &gt; "
                OnClick="btnLtoR_Click" />
        </td>
    </tr>
    <tr>
        <td >
            <asp:Button ID =" btnRtoL" runat =" server" Text =" &lt; "
                OnClick="btnRtoL_Click" />
        </td>
    </tr>
</table>
</form>
```

(3) 添加相关事件,并编辑代码如下:

```
protected void btnLtoRAll_Click(object sender, EventArgs e)
```

```csharp
    {
        int n=lbLeft.Items.Count;
        for(int i=0; i<n; i++)
        {
            ListItem li=lbLeft.Items[0];
            int index=GetInsertIndex(lbRight.Items, li);
            lbRight.Items.Insert(index, li);
            lbLeft.Items.RemoveAt(0);
        }
        lbRight.SelectedIndex=-1;
    }
    protected void btnLtoR_Click(object sender, EventArgs e)
    {
        for(int i=lbLeft.Items.Count-1; i >=0; i--)
        {
            if(lbLeft.Items[i].Selected)
            {
                ListItem li=lbLeft.Items[i];
                int index=GetInsertIndex(lbRight.Items, li);
                lbRight.Items.Insert(index, li);
                lbLeft.Items.RemoveAt(i);
            }
        }
        lbRight.SelectedIndex=-1;
    }
    ///<summary>
    ///获取插入项的位置索引
    ///</summary>
    ///<param name="lic">插入列表的项集合</param>
    ///<param name="li">待插入的项</param>
    ///<returns></returns>
    int GetInsertIndex(ListItemCollection lic, ListItem li)
    {
        int i=0;
        for(; i<lic.Count; i++)
        {
            if(int.Parse(li.Value)<=int.Parse(lic[i].Value))
            {
                break;
            }
        }
        return i;
    }
```

```csharp
protected void btnRtoLAll_Click(object sender, EventArgs e)
{
    int n =lbRight .Items.Count;
    for(int i=0; i<n; i++)
    {
        ListItem li=lbRight.Items[0];
        int index=GetInsertIndex(lbLeft.Items, li);
        lbLeft.Items.Insert(index, li);
        lbRight.Items.RemoveAt(0);
    }
    lbLeft.SelectedIndex=-1;
}
protected void btnRtoL_Click(object sender, EventArgs e)
{
    for(int i=lbRight.Items.Count-1; i >=0; i--)
    {
        if(lbRight.Items[i].Selected)
        {
            ListItem li=lbRight.Items[i];
            int index=GetInsertIndex(lbLeft.Items, li);
            lbLeft.Items.Insert(index, li);
            lbRight.Items.RemoveAt(i);
        }
    }
    lbLeft.SelectedIndex=-1;
}
```

（4）运行网站，可以单选或者按住 Ctrl 键进行多选。单击">"按钮将左侧"休息日"列表中的选中项移入右侧"工作日"列表；单击"<"按钮将右侧"工作日"列表中的选中项移入左侧"休息日"列表；单击">>"按钮将左侧"休息日"列表中的所有项都移入右侧"工作日"列表；单击"<<"按钮将右侧"工作日"列表中的所有项都移入左侧"休息日"列表，并为新插入列表中的各项按星期排序，执行效果如图 2.28 所示。

2.4.7 子弹列表控件

BulletedList 控件也可归结为列表控件类型，在工具箱中的图标为 ≡ BulletedList，封装在 System. Web. UI. Control. WebControl 命名空间中的 BulletedList 类中。子弹列表控件的字面意思为像子弹一样排列的列表，可以在一个控件中以有序列表或者无序列表形式呈现内容项，允许用户对内容项进行单击操作，可以进行页面导航或者触发相应事件。BulletedList 控件的常用属性如表 2.16 所示。

图 2.28　ListBox 控件应用页面演示

表 2.16　BulletedList 控件的常用属性

属 性 名	说　明
BulletStyle	获取或设置该控件项目符号列表的样式
DisplayMode	该控件显示的列表的类型
FirstBulletNumber	获取或设置有序列表中列表项目的起始数字
BulletImageUrl	获取或设置该控件列表项目图形符号的 URL，在 BulletStyle 属性值为 CustomImage 时使用
CausesValidation	设置该按钮控件提交表单前是否触发客户端验证
PostBackUrl	获取和设置该 LinkButton 控件从当前页面发送到的 URL

说明：

(1) BulletStyle 属性表示项目符号编号样式值，具有如下枚举值：

- Circle：表示项目符号编号样式设置为"○"。
- CustomImage：表示项目符号编号样式设置为自定义图片，其图片由 BulletImageUrl 属性指定。
- Disc：表示项目符号编号样式设置为"●"。
- LowerAlpha：表示项目符号编号样式设置为小写字母格式，如 a、b、c、d 等 26 个小写英文字母。
- LowerRoman：表示项目符号编号样式设置为小写罗马数字格式，如 i、ii、iii、iv 等。
- NotSet：表示不设置项目符号编号样式，此时将以 Disc 样式为默认样式显示。
- Numbered：表示项目符号编号样式设置为数字格式，如 1、2、3、4 等。
- Square：表示项目符号编号样式设置为"■"。

- UpperAlpha：表示项目符号编号样式设置为大写字母格式，如 A、B、C、D 等 26 个大写英文字母。
- UpperRoman：表示项目符号编号样式设置为大写罗马数字格式，如Ⅰ、Ⅱ、Ⅲ、Ⅳ等。

(2) DisplayMode 属性表示显示模式，具有如下枚举值：
- Text：表示以纯文本形式来表现项目列表。
- HyperLink：表示以超链接形式来表现项目列表。链接文字为某个具体项 ListItem 的 Text 属性，链接目标为 ListItem 的 Value 属性。
- LinkButton：表示以服务器控件 LinkButton 形式来表现项目列表。此时每个 ListItem 项都将表现为 LinkButton，同时以 Click 事件回发到服务器端进行相应操作。

BulletedList 控件的常用事件如表 2.17 所示。

表 2.17 BulletedList 控件的常用事件

事件名	说明
Click	在单击列表控件中的超链接按钮时触发此事件

说明：当 BulletedList 控件的 DisplayMode 属性为 LinkButton 时，BulletedList 控件中的某项被单击时触发。将被单击项在所有项目列表中的索引号（从 0 开始）作为传回参数传回服务器端。

【例 2-16】 在 chapter2 网站根目录下创建名为 example2-16 的网页，页面内包含三个 BulletedList 控件，练习 BulletedList 控件的相关属性和事件。

具体创建步骤如下：

(1) 在 chapter2 网站根目录下的 image 文件夹中添加图书的图标文件 book.ico。

(2) 添加相关控件，设计页面如图 2.29 所示。

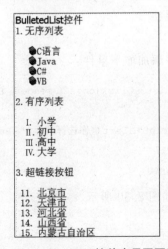

图 2.29 BulletedList 控件应用页面设计

(3) 设置控件属性如下列源文件所示：

```
<form id="form1" runat="server">
    BulletedList 控件<br/>
    1.无序列表 <asp:BulletedList ID="BulletedList1" runat="server" BulletImageUrl="~/image/book.ico" BulletStyle="CustomImage">
        <asp:ListItem>C 语言</asp:ListItem>
        <asp:ListItem>Java</asp:ListItem>
        <asp:ListItem>C#</asp:ListItem>
        <asp:ListItem>VB</asp:ListItem>
    </asp:BulletedList>
    2.有序列表 <asp:BulletedList ID="BulletedList2" runat="server" BulletStyle="UpperRoman">
        <asp:ListItem>小学</asp:ListItem>
        <asp:ListItem>初中</asp:ListItem>
        <asp:ListItem>高中</asp:ListItem>
        <asp:ListItem>大学</asp:ListItem>
    </asp:BulletedList>
    3.超链接按钮 <asp:BulletedList ID="BulletedList3" runat="server" BulletStyle="Numbered" DisplayMode="LinkButton" FirstBulletNumber="11" OnClick="BulletedList3_Click">
        <asp:ListItem>北京市</asp:ListItem>
        <asp:ListItem>天津市</asp:ListItem>
        <asp:ListItem>河北省</asp:ListItem>
        <asp:ListItem>山西省</asp:ListItem>
        <asp:ListItem>内蒙古自治区</asp:ListItem>
    </asp:BulletedList>
</form>
```

(4) 为 BulletedList3 控件添加如下事件：

```
protected void BulletedList3_Click(object sender, BulletedListEventArgs e)
{
    Response.Write("<script>alert('你选择的是:"+BulletedList3.Items[e.Index].Text+"');</script>");
}
```

(5) 运行网站，执行效果如图 2.30 所示。

图 2.30　BulletedList 控件应用页面演示

第3章 Web 高级控件

本章学习目标
- 熟练掌握 ASP.NET 中视图区域控件的使用方法；
- 熟练掌握 ASP.NET 中文件上传控件的使用方法；
- 熟练掌握 ASP.NET 中日历控件的使用方法；
- 了解 ASP.NET 中广告控件的使用方法；
- 了解 ASP.NET 中向导控件的使用方法。

本章首先介绍 ASP.NET 服务器的部分高级控件应用,然后对 ASP.NET 中的视图区域控件进行详细讲解,通过应用讲解文件上传控件(FileUpload)、日历控件(Calender)和向导控件(Wizard),最后添加.xml 类型的广告文件,并应用于广告控件(AdRotator)中。

3.1 视图区域控件简介

视图区域控件是页面分组、布局、外观设置最常使用的控件,可以通过该控件将某些控件作为一个单元进行管理,也可以在网站运行时为其他控件的创建提供一个容器,或者为页面上某些区域设置独特的外观。视图区域控件主要包含面板控件(Panel)、占位符控件(PlaceHolder)、视图控件(View)和多视图控件(MultiView)等,本节将对这几个控件进行具体讲解。

3.1.1 面板控件

Panel 控件在工具箱中的图标为 Panel,封装在 System.Web.UI.Control.WebControl 命名空间中的 Panel 类中。可以动态地向该控件中添加其他控件和标签,也可以用于将页面拆分为独立排版显示的若干部分。Panel 控件的常用属性如表 3.1 所示。

表 3.1 Panel 控件的常用属性

属性名	说明
BackImageUrl	获取或设置面板控件的背景图像 URL
DefaultButton	获取或设置面板控件的默认按钮
GroupingText	获取或设置面板控件中包含的空间组的标题
Controls	获取面板控件中包含的子控件集合

说明：

(1) 默认按钮属性表示焦点在面板控件内时，按 Enter 键时等效于鼠标左键“单击”该按钮。

(2) Controls 属性中包含子方法 Add()，通过该方法可以动态地向面板控件中添加新的子控件。

【例 3-1】 在 E 盘 ASP. NET 项目代码目录中创建 chapter3 子目录，将其作为网站根目录，创建一个名为 example3-1 的网页，添加面板按钮及其他控件，实现动态添加控件以及隐藏 Panel 功能。

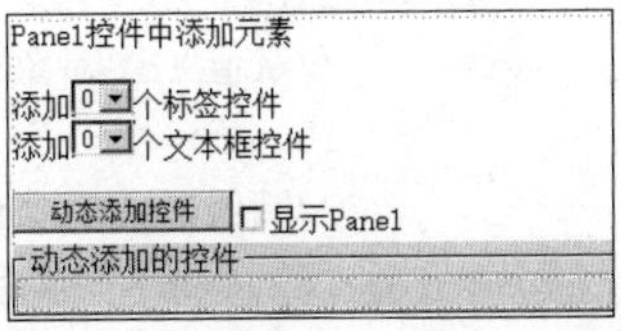

图 3.1 Panel 控件应用页面布局

具体创建步骤如下：

(1) 在 example3-1 页面中添加相应控件，如图 3.1 所示。

(2) 设置控件的相关属性如下列源代码所示：

```
<form id="form1" runat="server">
     Panel 控件中添加元素<br />
      添加<asp:DropDownList ID="ddlLbl" runat="server">
         <asp:ListItem>0</asp:ListItem>
         <asp:ListItem>1</asp:ListItem>
         <asp:ListItem>2</asp:ListItem>
         <asp:ListItem>3</asp:ListItem>
         <asp:ListItem>4</asp:ListItem>
      </asp:DropDownList>
      个标签控件<br />
      添加<asp:DropDownList ID="ddlTxt" runat="server">
         <asp:ListItem>0</asp:ListItem>
         <asp:ListItem>1</asp:ListItem>
         <asp:ListItem>2</asp:ListItem>
         <asp:ListItem>3</asp:ListItem>
         <asp:ListItem>4</asp:ListItem>
      </asp:DropDownList>
      个文本框控件<br />
      <asp:Button ID="btnAdd" runat="server"  Text="动态添加控件" OnClick=
      "btnAdd_Click" />
      <asp:CheckBox ID="chkShow" runat="server" AutoPostBack="True" Text="显
```

```
        示 Panel" OnCheckedChanged="chkShow_CheckedChanged" />
        <asp:Panel ID="Panel1" runat="server" GroupingText="动态添加的控件">
        </asp:Panel>
    </form>
```

(3) 为控件添加事件代码如下：

```csharp
protected void btnAdd_Click(object sender, EventArgs e)
{
    //设置变量 m 的值为 ddlLbl 控件中选中的数值
    int m=int.Parse(ddlLbl.SelectedItem.Value);
    //循环次数为要添加的 label 控件的个数
    for(int i=1; i<=m; i++)
    {
        //实例化一个 Label 控件对象 lbl
        Label lbl=new Label();
        //赋值 lbl 对象的 ID 属性为:"lbl"+i
        lbl.ID="lbl"+i;
        //赋值 lbl 对象的 Text 属性为:"标签控件"+i
        lbl.Text="标签控件"+i.ToString()+"<br>";
        //添加 lbl 控件到 Panel 中
        Panel1.Controls.Add(lbl);
    }
    //设置变量 n 的值为 ddlTxt 控件中选中的数值
    int n=int.Parse(ddlTxt.SelectedItem.Value);
    //循环次数为要添加的 textbox 控件的个数
    for(int i=1; i<=n; i++)
    {
        //实例化一个 TextBox 控件对象 txt
        TextBox txt=new TextBox();
        //赋值 txt 对象的 ID 属性为:"txt"+i
        txt.ID="txt"+i;
        //赋值 txt 对象的 Text 属性为:"标签控件"+i
        txt.Text="文本框控件"+i.ToString();
        //添加 txt 控件到 Panel 中
        Panel1.Controls.Add(txt);
    }
}
protected void chkShow_CheckedChanged(object sender, EventArgs e)
{
    //如果当前状态是没选中
    if(chkShow.Checked)
    {
        Panel1.Visible=true;
        chkShow.Text="显示 Panel";          //CheckBox1 的文本为显示 Panel
```

```
            }
            else
            {
                Panel1.Visible=false;
                chkShow.Text="隐藏 Panel";
            }
        }
```

(4) 网站运行后,根据列表中选中的数值,动态地向面板控件中添加相应数量的标签和文本框控件,单击复选按钮可以显示或隐藏面板控件,部分功能如图 3.2 所示。

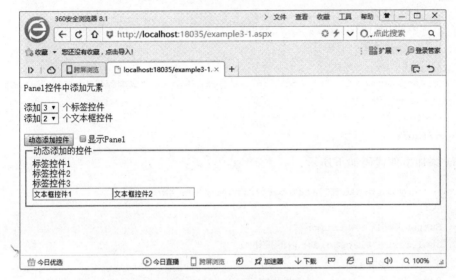

图 3.2 Panel 控件应用页面演示

3.1.2 占位符控件

PlaceHolder 控件在工具箱中的图标为 ![PlaceHolder],封装在 System. Web. UI. Control. WebControl 命名空间中的 PlaceHolder 类中。该控件功能与面板控件类似,也可以作为页面内的一个容器动态地向其内部添加其他控件,不同的是 PlaceHolder 控件没有基于 HTML 的输出,而只是为其他控件标记一个位置。

【例 3-2】 在 E 盘 ASP. NET 项目代码的 chapter3 目录下创建一个名为 example3-2 的网页,向 Panel 控件和 PlaceHolder 控件内分别动态添加控件,对比 HTML 源代码的差异。

具体创建步骤如下:
(1) 在页面中添加相应控件,如图 3.3 所示。
(2) 设置控件的相关属性如下列源代码所示:

```
<form id="form1" runat="server">
    <div>
```

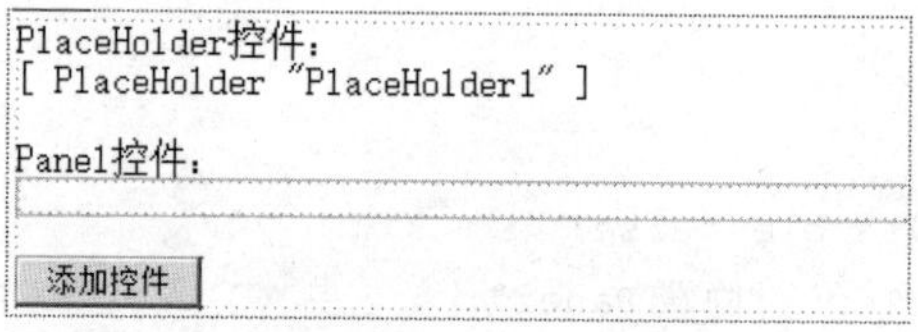

```
PlaceHolder控件：
[ PlaceHolder "PlaceHolder1" ]
Panel控件：

[添加控件]
```

图3.3　PlaceHolder 控件应用页面布局

```
PlaceHolder 控件:<br />
<asp:PlaceHolder ID="PlaceHolder1" runat="server"></asp:PlaceHolder>
<br />
<br />
Panel 控件:<asp:Panel ID="Panel1" runat="server">
</asp:Panel>
 <br />
<asp:Button ID="btnAdd" runat="server" Text="添加控件" OnClick="btnAdd_
Click" />
</div>
</form>
```

（3）添加事件代码如下所示：

```
protected void btnAdd_Click(object sender, EventArgs e)
{
    Button btn1=new Button();
    btn1.Text="PlaceHolder 内的按钮";
    btn1.ID="btn1";
    PlaceHolder1.Controls.Add(btn1);
    Button btn2=new Button();
    btn2.Text="Panel 内的按钮";
    btn2.ID="btn1";
    Panel1.Controls.Add(btn2);
}
```

（4）网站运行后，单击"添加控件"按钮的功能如图 3.4 所示。

（5）对比网页运行后的 HTML 源代码，比较 PlaceHolder 控件和 Panel 控件的客户端脚本，如图 3.5 所示。

说明：在网页的 HTML 源文件中，Panel 控件有输出客户端脚本，会产生 DIV 的 HTML 代码，而 PlaceHolder 控件仅仅在服务器端起分组的作用，不会产生额外的 HTML 代码。所以在页面中使用控件有进行分组的情况时，如果客户端的脚本有对分组进行显示或隐藏，以及改变颜色等操作需求时，应该使用 Panel 控件；否则应该使用 PlaceHolder 控件。

3.1.3　视图控件与多视图控件

View 控件在工具箱中的图标为　View，封装在 System. Web. UI. Control.

图 3.4　PlaceHolder 控件应用网页演示

图 3.5　PlaceHolder 控件和 Panel 控件的 HTML 代码比较

WebControl 命名空间中的 View 类中。视图必须包含在 MultiView 控件中，可以作为其他控件的容器，没有外观，只有被激活时才会显示，用于将页面拆分为独立显示的若干部分。

MultiView 控件又称多视图控件，在工具箱中的图标为 ■ MultiView，封装在

System.Web.UI.Control.WebControl 命名空间中的 MultiView 类中。作为使用 View 控件的必选控件，MultiView 控件实际上是作为一个容器来使用。在 MultiView 控件中可以包含若干个 View 控件，通过设置 ActiveViewIndex 属性确定显示某一包含在 MultiView 控件内的 View 视图，当 ActiveViewIndex＝－1 时，所有 View 视图均不显示。MultiView 控件的常用属性如表 3.2 所示。

表 3.2　MultiView 控件的常用属性

属　性　名	说　　明
ActiveViewIndex	获取或设置 MultiView 控件的活动 View 控件的索引

MultiView 控件的常用事件如表 3.3 所示。

表 3.3　MultiView 控件的常用事件

事　件　名	说　　明
ActiveViewChanged	当 MultiView 控件的活动 View 控件发生变化时触发

说明：MultiView 控件内各 View 控件的索引不需要设置，按从上至下自动赋值，初始索引值为 0。

【例 3-3】　在 chapter3 网站根目录下创建名为 example3-3 的网页，页面内包含一个 MultiView 控件和 4 个 View 控件，以及若干其他控件，练习使用视图的切换以及按钮的 CommandName 和 CommanArgument 属性。

具体创建步骤如下：

（1）在 chapter3 网站根目录下新建"上传文件"文件夹，在"上传文件"文件夹中添加卡通数字图片 1.jpg、2.jpg、3.jpg、4.jpg。

（2）按照图 3.6 所示添加相应文本及控件。

（3）设置控件的相关属性如源文件所示：

```
<form id="form1" runat="server">
    <div>
        <asp:RadioButtonList ID="RadioButtonList1" runat="server" AutoPostBack
        ="True" OnSelectedIndexChanged="RadioButtonList1_SelectedIndexChanged"
        RepeatDirection="Horizontal">
            <asp:ListItem>视图 1</asp:ListItem>
            <asp:ListItem>视图 2</asp:ListItem>
            <asp:ListItem>视图 3</asp:ListItem>
            <asp:ListItem>视图 4</asp:ListItem>
        </asp:RadioButtonList>
        <asp:MultiView ID="MultiView1" runat="server" ActiveViewIndex="0"
        OnActiveViewChanged="MultiView1_ActiveViewChanged">
            <asp:View ID="View1" runat="server">
                视图 1    
    <asp:LinkButton ID="LinkButton7" runat="server" CommandArgument="View4"
```

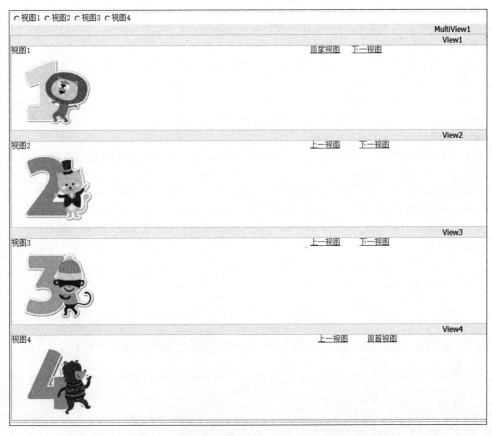

图 3.6 View 控件和 MultiView 控件应用页面布局

```
CommandName="SwitchViewByID">回尾视图</asp:LinkButton> 
<asp:LinkButton ID="LinkButton1" runat="server" CommandName="NextView">下一
视图</asp:LinkButton><br />
<asp:Image ID="Image1" runat="server" ImageUrl="~/上传文件/1.jpg" Width=
"200px" />
            </asp:View>
            <asp:View ID="View2" runat="server">
            视图 2    
<asp:LinkButton ID="LinkButton4" runat="server" CommandName="PrevView">上一视
图</asp:LinkButton> 
<asp:LinkButton ID="LinkButton2" runat="server" CommandName="NextView">下一视
图</asp:LinkButton><br/>
<asp:Image ID="Image2" runat="server" ImageUrl="~/上传文件/2.jpg" Width=
"200px" />
            </asp:View>
            <asp:View ID="View3" runat="server">
视图 3    
<asp:LinkButton ID="LinkButton9" runat="server" CommandName="PrevView">上一视
```

图</asp:LinkButton>
<asp:LinkButton ID="LinkButton10" runat="server" CommandName="NextView">下一视图</asp:LinkButton>
<asp:Image ID="Image3" runat="server" ImageUrl="~/上传文件/3.jpg" Width="200px" />
            </asp:View>
            <asp:View ID="View4" runat="server">
视图 4
<asp:LinkButton ID="LinkButton6" runat="server" CommandName="PrevView">上一视图</asp:LinkButton>
<asp: LinkButton ID ="LinkButton8" runat =" server" CommandArgument ="View1" CommandName="SwitchViewByID">回首视图</asp:LinkButton>
<asp:Image ID="Image4" runat="server" ImageUrl="~/上传文件/4.jpg" Width="200px" />
            </asp:View>
        </asp:MultiView>
    </div>
    </form>

(4) 为 RadioButtonList1 控件和 MultiView1 控件的事件添加如下代码：

```
protected void RadioButtonList1_SelectedIndexChanged(object sender, EventArgs e)
    {
        MultiView1.ActiveViewIndex=RadioButtonList1.SelectedIndex;
    }
protected void MultiView1_ActiveViewChanged(object sender, EventArgs e)
    {
        RadioButtonList1.SelectedIndex=MultiView1.ActiveViewIndex;
    }
```

(5) 运行网站，可以通过单选按钮列表切换视图，也可以通过每个视图中的链接按钮切换视图，部分运行页面如图 3.7 所示。

图 3.7　View 控件和 MultiView 控件应用网页演示

说明：通过设置按钮控件的 CommandName 属性和 CommandArgument 属性可以直接实现视图的切换，CommandName 属性可设置的值如下：
- PrevView：表示切换到上一视图（当前视图索引不是 0）。
- NextView：表示切换到下一视图（当前视图不是索引值最大的视图）。
- SwitchViewByID：表示切换到指定 ID 的视图。具体的 ID 属性值在 CommandArgument 属性中设置。

3.2 文件上传控件

FileUpload 控件又称文件上传控件，在工具箱中的图标为 FileUpload，封装在 System.Web.UI.Control.WebControl 命名空间中的 FileUpload 类中。在网页中显示为一个文本框控件和一个"浏览"按钮的组合，用于允许用户在网页中通过单击按钮完成待上传文件的选择。FileUpload 控件的常用属性如表 3.4 所示。

表 3.4 FileUpload 控件的常用属性

属 性 名	说　　明
FileName	获取客户端上使用 FileUpload 控件上传文件的名称
HasFile	获取一个值，该值指示 FileUpload 控件是否包含文件
FileBytes	获取 FileUpload 控件中所包含文件的字节数
PostedFile	获取 FileUpload 控件上传文件的 HttpPostedFile 对象

说明：
(1) HasFile 属性用来验证 FileUpload 控件确实包含文件，返回值为 True 表示控件包含文件，返回值为 False 则表示控件不包含文件。
(2) PostedFile 属性包含若干二级属性，常用的属性如下：
- ContentLength 属性：获取上传文件的大小（以字节为单位）。
- ContentType 属性：获取上传文件的 MIME 类型。
- FileName 属性：获取上传文件的完整路径及文件名。

FileUpload 控件的常用方法如表 3.5 所示。

表 3.5 FileUpload 控件的常用方法

方 法 名	说　　明
SavaAs()	使用 FileUpload 控件上传文件的内容保存到服务器的指定路径

说明：FileUpload 控件在使用时，用户可以通过单击"浏览"按钮，然后在"选择文件"对话框中选择文件。用户选择了文件后，使用 HasFile 属性确定是否选择了文件，调用文件上传控件的 SaveAs() 方法执行文件的上传。

【例 3-4】 在 chapter3 网站根目录下创建名为 example3-4 的网页，页面内包含一个文件上传控件和若干其他控件，练习使用文件上传控件的相关属性及事件。

具体创建步骤如下：

(1) 在 example3-4 网页添加相应文件上传控件和其他控件,如图 3.8 所示。

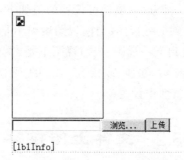

图 3.8　FileUpload 控件应用页面布局

(2) 设置控件相关属性如源文件所示:

```
<form id="form1" runat="server">
    <asp:Image ID="Image1" runat="server" BorderColor="#663300" BorderWidth=
"1px" Width="150px" />
    <br />
    <asp:FileUpload ID="FileUpload1" runat="server" />
    <asp:Button ID="btnOK" runat="server" OnClick="btnOK_Click" Text="上传" />
    <asp:Label ID="lblInfo" runat="server" BorderStyle="None"></asp:Label>
</form>
```

(3) 为按钮控件的事件添加如下代码:

```
protected void btnOK_Click(object sender, EventArgs e)
{
    //判断文件上传控件中是否包含文件
    if(FileUpload1.HasFile)
    {
        //赋值 fileName 变量为文件上传控件中选择的文件名
        string fileName=FileUpload1.FileName;
        //赋值 lastDotIndex 变量为文件名中最后一个"."的索引值
        int lastDotIndex=fileName.LastIndexOf('.');
        //赋值 lastName 变量为文件的扩展名
        string lastName=fileName.Remove(0, lastDotIndex);
        //判断选择的文件扩展名是否为 .jpg|.bmp|.jpeg|.gif 中的一种
        if(lastName ==".jpg" || lastName ==".bmp" || lastName ==".jpeg" ||
lastName ==".gif")
        {
            //判断选择的文件是否大于 1M
            if(FileUpload1.PostedFile.ContentLength <1 * 1024 * 1024)
            {
                //"年年月月日日时时分分秒秒毫毫"格式的时间字符串
                string strTime=DateTime.Now.ToString("yyMMddhhmmssff");
```

```csharp
            //赋值newFileName变量为原文件名加时间字符串构成的新文件名
            string newFileName = fileName.Insert(lastDotIndex, "("+
            strTime+")");
            //赋值path变量为"上传文件"所对应的绝对路径
            string path=Server.MapPath("上传文件");
            //将选中文件保存到指定路径
            FileUpload1.SaveAs(path+@"\"+newFileName);
            //赋值imgUrl变量为新上传的文件名
            string imgUrl=@"上传文件\"+newFileName;
            //为Image1控件的ImageUrl属性赋值
            Image1.ImageUrl=imgUrl;
            //为lblInfo控件的Text属性赋值,显示上传文件的文件名、大小、类型属性
            lblInfo.Text="选择的文件名:"+FileUpload1.FileName+"<br>文件大
            小:"+FileUpload1.PostedFile.ContentLength+"b<br>文件类型:"+
            FileUpload1.PostedFile.ContentType;
        }
        else
        {
            lblInfo.Text="图像大小必须小于1MB";
        }
    }
    else
    {
        lblInfo.Text=" 请选择正确图像文件(.jpg|.bmp|.jpeg|.gif)";
    }
}
else
{
    lblInfo.Text="请选择图像";
}
}
```

(4) 运行网站,不选择文件,单击"上传"按钮,提示"请选择图像";选择非图像文件,提示"请选择正确图像文件(.jpg|.bmp|.jpeg|.gif)";选择的文件大于1MB,提示"图像大小必须小于1MB";选择小于1MB的.gif图像,可实现图片文件以新文件名上传,如 cat(20170801022037188).jpg。在image1控件中显示图像,在lblInfo控件中显示相关属性。部分执行效果如图3.9所示。

说明:

(1) 上传文件名中添加时间字符串可有效防止文件同名覆盖问题。

(2) 以文件扩展名进行类型验证的方法,不会对文件内容进行检测,对于被恶意修改扩展名的文件无法识别判断。

(3) 路径中使用到的@符号可以使后续字符串内容不做转义字符处理,如"@//"等价于"////"字符串。

图 3.9　FileUpload 控件应用页面演示

（4）Server.MapPath("上传文件")；Server 内置对象中的 MapPat()方法可将相对路径转换为绝对路径,本书第 5 章将做详细讲解。

（5）系统默认上传文件大小为 4096KB,如果要上传超过此大小的文件会出现错误界面。但可以对 web.config 文件做一下配置,设置文件大小。在解决方案中找到配置文件 Web.config,添加如下代码：

```
<configuration>
    <system.web>
    <httpRuntime maxRequestLength="4096" executionTimeout="120"/>
    </system.web>
</configuration>
```

其中 maxRequestLength 属性限制文件上传的大小,以千字节为单位,默认值为 4096KB,而最大上限为 2 097 151KB,大约是 2GB；executionTimeout 属性限制文件上传的时间,以秒为单位,默认值为 90s,可设置该属性值延长或缩短上传时间。

3.3　日　历　控　件

Calender 控件又称日历控件,在工具箱中的图标为 Calendar ,封装在 System.Web.UI.Control.WebControl 命名空间中的 Calender 类中。用户可通过该日历控件导航到任意一年的任意一天,且具有自动套用格式方便用户选择使用。Calendar 控件也是一个相当复杂的控件,具有大量的编程和格式选项。Calender 控件的常用属性如表 3.6 所示。

表 3.6 Calender 控件的常用属性

属 性 名	说 明
Caption	获取或设置与日历控件关联的标题
SelectedDate	获取或设置选定的在控件中突出显示的特定日期
ShowNextPrevMonth	获取或设置是否允许用户进行月份导航
SelectionMode	获取或设置日历控件的选择模式
VisibleDate	获取或设置日期用于确定日历中显示的月份

说明：

(1) 通过 SelectionMode 属性可以设置日历控件的选择模式，具有如下枚举值：

- None：表示禁用所有日期选择。
- Day：表示用户可以选择一天，每个日期都将包含带有日期编号的链接。
- DayWeek：表示用户可以选择一天或者一周，除了日期编号的链接外，日历的左侧会额外添加一个带有周选择链接的列。
- DayWeekMonth：表示用户可以选择一天、一周或一月，除了日期编号的链接外，日历的左侧会额外添加一个带有周和月选择链接的列。

(2) 如果 SelectionMode 属性值为 DayWeek 或者 DayWeekMonth，则 SelectedDate 属性值为选中日期中的第一天。

Calender 控件的常用事件如表 3.7 所示。

表 3.7 Calender 控件的常用事件

事 件 名	说 明
SelectionChanged	当更改选择的日期时发生

【例 3-5】 在 E 盘 ASP.NET 项目代码的 chapter3 目录下创建名为 example3-5 的网页，实现 Calender 控件选择模式的设置以及日期的选择。

具体创建步骤如下：

(1) 在页面中添加相应控件，如图 3.10 所示。

图 3.10 Calender 控件应用页面布局

（2）单击 Calender 控件右上角的 图标，选择"自动套用格式"中的"专业型 2"，其他控件的属性设置如下列源文件：

```
<form id="form1" runat="server">
    <div>
        <asp:Calendar ID="Calendar1" runat="server" BackColor="White"
        BorderColor="Black" Font-Names="Verdana" Font-Size="9pt" ForeColor=
        "Black" Height="250px" OnSelectionChanged="Calendar1_
        SelectionChanged" Width="330px" BorderStyle="Solid" CellSpacing="1"
        NextPrevFormat="ShortMonth">
            <SelectedDayStyle BackColor="#333399" ForeColor="White" />
            <TodayDayStyle BackColor="#999999" ForeColor="White" />
            <OtherMonthDayStyle ForeColor="#999999" />
            <DayStyle BackColor="#CCCCCC" />
            <NextPrevStyle Font-Size="8pt" ForeColor="White" Font-Bold="True" />
            <DayHeaderStyle Font-Bold="True" Height="8pt" Font-Size="8pt"
            ForeColor="#333333" />
            <TitleStyle BackColor="#333399" Font-Bold="True" Font-Size="12pt"
            ForeColor="White" BorderStyle="Solid" Height="12pt" />
        </asp:Calendar>
        <br />
        日历选择模式：<asp:DropDownList ID="ddlMode" runat="server"
        AutoPostBack="True" OnSelectedIndexChanged="ddlMode_
        SelectedIndexChanged">
            <asp:ListItem Value="None">不选择</asp:ListItem>
            <asp:ListItem Value="Day">天</asp:ListItem>
            <asp:ListItem Value="DayWeek">天、周</asp:ListItem>
            <asp:ListItem Value="DayWeekMonth">天、周、月</asp:ListItem>
        </asp:DropDownList>
        <br />
        <br />
        当前选中的日期是：<asp:Label ID="lblDate" runat="server"></asp:Label>
        <br />
        选中的天是：<asp:Label ID="lblDay" runat="server"></asp:Label>
        <br />
        选中的月是：<asp:Label ID="lblMonth" runat="server"></asp:Label>
        <br />
        选中的年是：<asp:Label ID="lblYear" runat="server"></asp:Label>
        <br />
    </div>
</form>
```

（3）为各控件添加事件代码如下：

```
protected void ddlMode_SelectedIndexChanged(object sender, EventArgs e)
```

```
    {
        switch(ddlMode.SelectedValue)
        {
            case "None":
                Calendar1.SelectionMode=CalendarSelectionMode.None;
                break;
            case "DayWeekMonth":
                Calendar1.SelectionMode=CalendarSelectionMode.DayWeekMonth;
                break;
            case "DayWeek":
                Calendar1.SelectionMode=CalendarSelectionMode.DayWeek;
                break;
            case "Day":
                Calendar1.SelectionMode=CalendarSelectionMode.Day;
                break;
        }
    }
    protected void Calendar1_SelectionChanged(object sender, EventArgs e)
    {
        lblDate.Text=Calendar1.SelectedDate.ToShortDateString();
        lblDay.Text=Calendar1.SelectedDate.Day.ToString()+"日";
        lblMonth.Text=Calendar1.SelectedDate.Month.ToString()+"月";
        lblYear.Text=Calendar1.SelectedDate.Year.ToString()+"年";
    }
```

（4）网站运行效果如图 3.11 所示。

图 3.11　Calender 控件应用页面演示

3.4 广告控件

AdRotator 控件又称广告控件,在工具箱中的图标为 AdRotator,封装在 System.Web.UI.Control.WebControl 命名空间中的 AdRotator 类中。用于在页面上显示广告图像序列,并能通过单击广告图片实现链接跳转。AdRotator 控件的常用属性如表 3.8 所示。

表 3.8 AdRotator 控件的常用属性

属性	说明
AdvertisementFile	获取或设置包含 ad 信息的 XML 文件的路径
Target	获取或设置打开 URL 的位置

AdRotator 控件使用 XML 文件存储 ad 信息。XML 文件使用＜Advertisements＞开始和结束。在＜Advertisements＞标签内部有若干个定义每条 ad 的＜Ad＞标签,标签中预定义的元素如表 3.9 所示。

表 3.9 ＜Ad＞标签中预定义元素

标签名	说明
＜ImageUrl＞	表示图像文件的路径
＜NavigateUrl＞	表示所链接的 URL
＜AlternateText＞	表示图像的替换文本
＜Keyword＞	表示 ad 的类别
＜Impressions＞	表示广告显示权重,所有的 Impressions 之和不能超过 2 048 000 000-1

【例 3-6】 在 chapter3 网站根目录下创建名为 example3-6 的网页,页面内包含一个广告控件,练习使用广告控件和广告文件。

具体创建步骤如下:

(1) 在 chapter3 网站根目录下添加"广告文件"文件夹,并包含"方正电脑.gif""广东证券.gif""雀巢咖啡.gif""招商银行.gif"等 4 张图片。

(2) 在 chapter3 网站根目录下添加 XML 文件,并命名为 AdRotatorFile.xml,编写文件内容如下:

```
<?xml version="1.0" encoding="utf-8" ?>
<Advertisements>
  <Ad>
    <ImageUrl>广告图片/方正电脑.gif</ImageUrl>
    <NavigateUrl>http://www.founderpc.cn</NavigateUrl>
    <AlternateText>欢迎访问方正电脑</AlternateText>
    <Keyword>方正</Keyword>
    <Impressions>20</Impressions>
  </Ad>
  <Ad>
```

```
        <ImageUrl>广告图片/广东证券.gif</ImageUrl>
        <NavigateUrl>http://www.gzs.com.cn</NavigateUrl>
        <AlternateText>欢迎访问广东证券</AlternateText>
        <Keyword>广东证券</Keyword>
        <Impressions>80</Impressions>
    </Ad>
    <Ad>
        <ImageUrl>广告图片/雀巢咖啡.gif</ImageUrl>
        <NavigateUrl>http://www.nescafe.com.cn</NavigateUrl>
        <AlternateText>欢迎访问雀巢咖啡</AlternateText>
        <Keyword>雀巢咖啡</Keyword>
        <Impressions>30</Impressions>
    </Ad>
    <Ad>
        <ImageUrl>广告图片/招商银行.gif</ImageUrl>
        <NavigateUrl>http://www.cmbchina.com</NavigateUrl>
        <AlternateText>欢迎访问招商银行</AlternateText>
        <Keyword>招商银行</Keyword>
        <Impressions>70</Impressions>
    </Ad>
</Advertisements>
```

（3）在名为 example3-6 的网页中添加 AdRotator 控件，并设置相关属性如下列源文件所示：

```
<form id="form1" runat="server">
    <asp:AdRotator ID="AdRotator1" runat="server" AdvertisementFile="~/AdRotatorFile.xml" />
</form>
```

（4）运行页面，将按照权重随机显示每一个广告。广告在每次页面载入时更改，每一个广告出现的频率通过"<Impressions>权重</Impressions>"属性来确定。本示例中"广东证券"的权重为 80，所有广告的权重和为 200，则每刷新页面 200 次，"广东证券"的广告将会以 80 次的频数进行显示。部分页面如图 3.12 所示。

图 3.12　AdRotator 控件应用页面演示

3.5 向导控件

Wizard 控件在工具箱中的图标为 **Wizard**，封装在 System.Web.UI.Control.WebControl 命名空间中的 Wizard 类中。Wizard 控件提供了一种简单的机制，使用户能够轻松地生成步骤、添加新步骤或重新安排步骤顺序，不需要编写代码即可生成线性或非线性的导航，也可实现自定义控件的用户导航。Wizard 控件的常用属性如表 3.10 所示。

表 3.10 Wizard 控件的常用属性

属 性 名	说 明
ActiveStep	获取 WizardSteps 集合中当前显示给用户的步骤
ActiveStepIndex	获取或设置当前向用户显示的步骤
CancelButtonImageUrl	获取或设置为"取消"按钮显示的图像的 URL
CancelButtonText	获取或设置为"取消"按钮显示的文本标题
CancelButtonType	获取或设置呈现为"取消"按钮的按钮类型
CompleteStep	获取对最终用户账户创建步骤的引用
CreateUserButtonText	获取或设置在"创建用户"按钮上显示的文本标题
CreateUserButtonType	获取或设置呈现为"创建用户"按钮的按钮类型
Email	获取或设置用户输入的电子邮件地址
FinishDestinationPageUrl	获取或设置当用户单击"完成"按钮时将重定向到的 URL
HeaderText	获取或设置在控件上的标题区域显示的文本标题
Question	获取或设置用户输入的密码恢复确认问题
QuestionRequiredErrorMessage	获取或设置由于用户未输入密码确认问题而显示的错误信息
StepNextButtonImageUrl	获取或设置为"下一步"按钮显示的图像的 URL
StepNextButtonStyle	获取一个对 Style 对象的引用,该对象定义"下一步"按钮的设置
StepNextButtonText	获取或设置为"下一步"按钮显示的文本标题
StepNextButtonType	获取或设置呈现为"下一步"按钮的按钮类型
StepPreviousButtonImageUrl	获取或设置为"上一步"显示的图像的 URL
StepPreviousButtonStyle	获取一个对 Style 对象的引用,该对象定义"上一步"按钮的设置
StepPreviousButtonText	获取或设置为"上一步"按钮显示的文本标题
StepPreviousButtonType	获取或设置呈现为"上一步"按钮的按钮类型
StepStyle	获取一个对 Style 对象的引用
Style	获取在 Web 服务器控件外部标记上呈现为样式属性的文本属性的集合

续表

属 性 名	说　　明
TabIndex	获取或设置 Web 服务器控件的选项卡索引
ToolTip	获取或设置当鼠标指针悬停在 Web 服务器控件上时显示的文本
Visible	获取或设置一个值,该值指示服务器控件是否作为 UI 呈现在页上
WizardSteps	获取一个包含为该控件定义的所有 WizardStepsBase 对象集合

说明:

(1) Wizard 控件可以用在下列工作中:

① 收集多个步骤中的相关信息。

② 用于收集用户输入的大型 Web 网页可分割成较小的逻辑步骤。

③ 允许线性或非线性地导航各个步骤。

(2) Wizard 控件可区分成如下 4 大区域,如图 3.13 所示。

- 向导步骤(WizardStep)区域。Wizard 控件使用多个步骤来描绘用户输入的不同部分。每个步骤的内容添加在标记<asp:WizardStep>中,所有的<asp:WizardStep>又都包含在<WizardSteps>标记中。实际应用时,每次只能显示一个<asp:WizardStep>定义的内容。

图 3.13　Wizard 控件区域划分

- 标题(Header)区域。用于在步骤顶部提供一致信息,此项是可选元素。
- 侧栏(Sidebar)区域。此项也是可选元素,通常显示在向导左边,包含所有步骤的列表,并提供在各个步骤间的跳转。
- 导航按钮(Navigation)区域。Wizard 内置的导航功能,它会根据步骤类型(StepType)设置值的不同而呈现不同的导航按钮。

Wizard 控件区域划分如图 3.13 所示。

Wizard 控件的常用事件如表 3.11 所示。

表 3.11　Wizard 控件的常用事件

事 件 名	说　　明
ActiveStepChanged	当切换控件中显示的步骤时发生
CancelButtonClick	当单击"取消"按钮时发生
FinishButtonClick	当单击"完成"按钮时发生
NextButtonClick	当单击"下一步"按钮时发生
PreviousButtonClick	当单击"上一步"按钮时发生
SiderBarButtonClick	当单击侧边栏中的按钮时发生

说明:NextButtonClick、PreviousButtonClick 和 SiderBarButtonClick 事件如不自主添加,控件中也可自动实现"步骤"间的跳转。

【例 3-7】　在 chapter3 网站根目录下创建名为 example3-7 的网页,页面内包含一个

Wizard 控件和若干其他基本控件,添加 Wizard 的 Steps 属性并进行应用。

具体创建步骤如下:

(1) 在 chapter3 网站根目录下添加 Wizard 控件,右击▷按钮,从弹出的快捷菜单中选择"添加/移除 Wizard Steps"命令。或者单击"属性"窗口中 Wizard Steps 属性后面的…按钮,出现"WizardStep 集合编辑器"对话框,如图 3.14 所示。

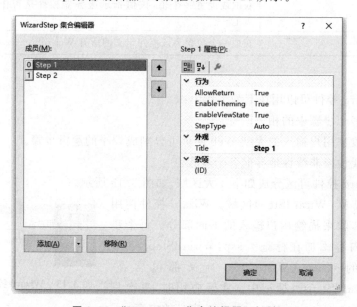

图 3.14 "WizardStep 集合编辑器"对话框

(2) 添加 5 个 Wizard Step,默认类型为 Step,即 5 个步骤,最后一步设置 StepType 属性为 Complete,其余均为 Auto 属性,如图 3.15 所示。

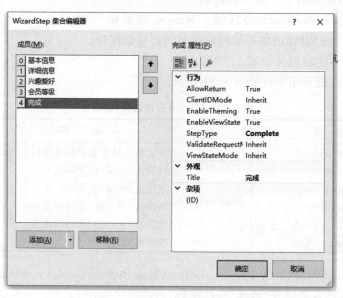

图 3.15 WizardStep 集合编辑器设置

说明：每个 WizardStep 步骤都会有一个 StepType 属性，它最主要的作用是决定每个步骤中的导航 Button 按钮会如何被显示：StepType 的枚举值如下：
- Start：开始步骤。
- Step：阶段步骤。
- Finish：完成步骤。
- Complete：结束步骤。
- Auto：自动，系统自动识别其为何种 StepType 类型。

（3）按照每个 Step 的界面添加相应的控件，如图 3.16～图 3.20 所示。

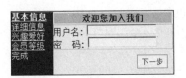
图 3.16 "基本信息"步骤布局

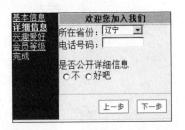
图 3.17 "详细信息"步骤布局

图 3.18 "兴趣爱好"步骤布局

图 3.19 "会员等级"步骤布局

图 3.20 "完成"步骤布局

（4）设置控件的属性如以下源代码所示：

```
<form id="form1" runat="server">
    <div>
        <p>
            <asp:Wizard ID =" Wizard2" runat =" server" ActiveStepIndex =" 0"
BackColor="#FFFBD6" BorderColor="#FFDFAD"
            BorderWidth="1px" Font - Names ="Verdana" Font - Size ="Medium"
OnActiveStepChanged="Wizard2_ActiveStepChanged" Width="295px"
OnFinishButtonClick="Wizard2_FinishButtonClick">
            <SideBarStyle  BackColor =" # 990000" Font - Size =" 0.9em"
VerticalAlign="Top" />
            <NavigationButtonStyle BackColor="White" BorderColor="#CC9966"
BorderStyle="Solid"
                BorderWidth="1px" Font-Names="Verdana" Font-Size="0.8em"
                ForeColor="#990000" />
            <WizardSteps>
                <asp:WizardStep runat="server" Title="基本信息">
            用户名：
```

```
        <asp:TextBox ID="txtName" runat="server" Width="119px"
        TextMode="Password"></asp:TextBox>
        <br />
        密 码：
        <asp:TextBox ID="txtPwd" runat="server" Width="117px">
        </asp:TextBox>
    </asp:WizardStep>
    <asp:WizardStep runat="server" Title="详细信息">
        所在省份：<asp:DropDownList ID="ddlPro" runat="server"
        Width="75px">
            <asp:ListItem>辽宁</asp:ListItem>
            <asp:ListItem>吉林</asp:ListItem>
            <asp:ListItem>山东</asp:ListItem>
            <asp:ListItem>河北</asp:ListItem>
            <asp:ListItem>上海</asp:ListItem>
            <asp:ListItem>北京</asp:ListItem>
        </asp:DropDownList>
        <br />
        电话号码：<asp:TextBox ID="txtTel" runat="server" Width=
        "70px"></asp:TextBox>
        <br />
        <br />
        是否公开详细信息<br />
        <asp:RadioButtonList ID="rbtnlCheck" runat="server"
        RepeatDirection="Horizontal">
            <asp:ListItem>不</asp:ListItem>
            <asp:ListItem>好吧</asp:ListItem>
        </asp:RadioButtonList>
         </asp:WizardStep>
    <asp:TemplatedWizardStep runat="server" Title="兴趣爱好" ID
    ="mb">
        <ContentTemplate>
            <asp:CheckBoxList ID="chklLikes" runat="server"
            RepeatColumns="3" RepeatDirection="Horizontal">
                <asp:ListItem>谈天</asp:ListItem>
                <asp:ListItem>说地</asp:ListItem>
                <asp:ListItem>军事</asp:ListItem>
                <asp:ListItem>做梦</asp:ListItem>
                <asp:ListItem>服饰</asp:ListItem>
            </asp:CheckBoxList>
        </ContentTemplate>
    </asp:TemplatedWizardStep>
    <asp:WizardStep runat="server" Title="会员等级">
        <asp:DropDownList ID="ddlGrade" runat="server">
```

```
                    <asp:ListItem>普通会员</asp:ListItem>
                    <asp:ListItem>高级会员</asp:ListItem>
                    <asp:ListItem>VIP会员</asp:ListItem>
                </asp:DropDownList>
            </asp:WizardStep>
            <asp:WizardStep runat="server" StepType="Complete" Title=
            "完成">
                注册成功:您的注册信息如下,请牢记!<br />
                用户名:<asp:Label ID="lblName" runat="server" Text="">
                </asp:Label>
                <br />
                密 码:<asp:Label ID="lblPwd" runat="server" Text=""></
                asp:Label>
                <br />
                <asp:Label ID="lblPro" runat="server" Text=""></asp:
                Label>
                <br />
                <asp:Label ID="lblTel" runat="server" Text=""></asp:
                Label>
                <br />
                您订阅了以下相关期刊:<br />
                <asp:PlaceHolder ID =" ph " runat =" server " > </asp:
                PlaceHolder>
            </asp:WizardStep>
        </WizardSteps>
        <SideBarButtonStyle ForeColor="White" />
        <HeaderStyle BackColor=" # FFCC66 " BorderColor =" # FFFBD6 "
        BorderStyle="Solid" BorderWidth="2px"
            Font-Bold="True" Font - Size =" 0.9em" ForeColor =" #333333"
            HorizontalAlign="Center" />
        <HeaderTemplate>
            欢迎您加入我们
        </HeaderTemplate>
    </asp:Wizard>
              </p>
</form>
```

(5) 添加相关事件的对应代码如下:

```
protected void Wizard2_ActiveStepChanged(object sender, EventArgs e)
    {
        lblName.Text=txtName.Text;
        lblPwd.Text=txtPwd.Text;
        if(rbtnlCheck.SelectedValue =="不")
        {
```

```
        lblPro.Text="用户隐藏了详细信息";
        lblTel.Visible=false;
    }
    else
    {
        lblPro.Text="省 份:"+ddlPro.Text;
        lblTel.Text="电 话:"+txtTel.Text;
    }
    CheckBoxList chkl = (CheckBoxList) mb.ContentTemplateContainer.FindControl("chklLikes");
    for(int i=0; i<chkl.Items.Count; i++)
    {
        if(chkl.Items[i].Selected)
        {
            Label lbl=new Label();
            lbl.ID="lbl"+i;
            lbl.Text=chkl.Items[i].Text+"<br>";
            ph.Controls.Add(lbl);
        }
    }
}
protected void Wizard2_FinishButtonClick(object sender, WizardNavigationEventArgs e)
{
    string name="尊敬的:"+txtName.Text;
    Response.Write("<script>alert('"+name+"感谢您注册')</script>");
}
```

（6）运行网页，填写每个步骤信息可以完成会员注册的信息收集，执行效果如图 3.21~图 3.26 所示。

图 3.21 "基本信息"步骤演示

图 3.22 "详细信息"步骤演示

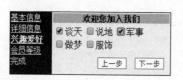

图 3.23 "兴趣爱好"步骤演示

图 3.24 "会员等级"步骤演示

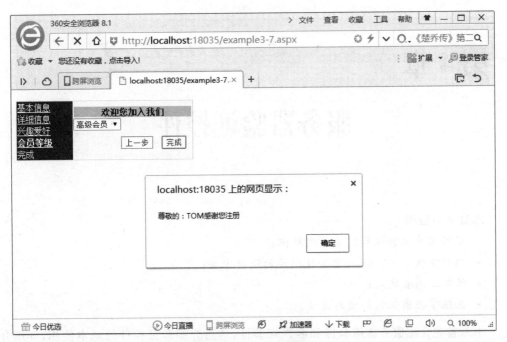

图 3.25 "完成"步骤演示

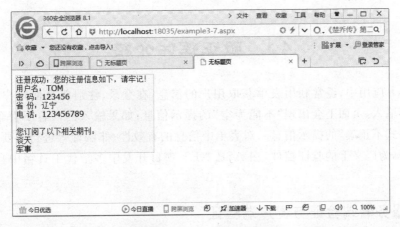

图 3.26 Wizard 控件页面演示

第 4 章 服务器验证控件

本章学习目标
- 了解客户端验证和服务器端验证；
- 熟练掌握 ASP.NET 中验证控件的使用方法；
- 了解正则表达式；
- 熟练掌握验证组的使用方法。

本章首先介绍服务器端验证和客户端验证，然后介绍验证控件的基本使用，详细介绍服务器验证控件的使用，对正则表达式进行基本讲解，最后讲解验证组的概念及具体应用。

4.1 验证控件介绍

在 Web 应用中，经常利用表单获取用户的信息，在登录、注册等页面用户输入信息时，如果不输入，页面上会出现"不能为空"的提示信息；如果输入的内容不符合标准，则会出现"格式不正确"的提示信息。对表单中信息的有效性、非法性等进行必要的验证的控件可以称为广义上的验证控件，在 ASP.NET 项目开发中多指代工具箱中自带的"验证"控件。

4.1.1 服务器端验证与客户端验证

在 ASP.NET Web 开发中，可以在服务器端进行验证，也可以在客户端进行验证，下面对两种验证进行简单比较。

客户端的验证基本上用脚本代码实现，如 JavaScript 或 VBScript 等，验证过程不提交到远程服务器，可以为用户提供快速反馈，给人一种运行桌面应用程序的感觉，使用户能够及时察觉所填写数据的不合法性。客户端验证具有如下的优缺点：

(1) 优点：本地机验证，方便、快捷，减少服务器负载，缩短用户等待时间，用户体验好。

(2) 缺点：只适用于满足字符、数字等特定规则的一些应用，无法适应复杂的规则，兼容性不好。

服务器端验证基本上用高级语言编写代码实现，如 C♯ 或 VB 等，所有的过程都交到远程服务器处理，以免出现一些漏洞或者不应该的异常。服务器端验证是构建安全 Web 应用程序所必需的，不管在客户端一侧输入的是什么，都将其从客户端送往服务器做最后处理，验证所有数据的有效性。服务器端验证具有如下的优缺点：

（1）优点：远程服务器验证，适合于复杂的规则，安全性高，兼容性强。方便、快捷，减少服务器负载，缩短用户等待时间。

（2）缺点：服务器负载重，用户等待时间长，用户体验一般。

总之，两种验证各有利弊，选择哪种验证应以适用、高效、快速为标准，按照具体项目需求而定。如果只进行数字验证、字符检测、简单规则条件、为空判断等验证，通常选择客户端验证。对于涉及数据库、复杂算法、复杂规则条件等的验证，基本采用服务器端验证。

4.1.2 验证控件的使用方法

ASP.NET 2012 为 Web 开发提供了 6 种验证控件，用于对网页上的控件进行验证，通常用来验证 TextBox 控件的文本内容。绝大多数验证控件的验证方式都是客户端验证，只有在特殊需要时才会进行服务器端验证。

页面在"回发"给服务器之前，每个验证控件都检查其所验证的控件内容是否有效，并相应地设置该控件的 IsValid 属性值，如果属性值是 False，说明所验证控件内容没有通过验证。所有验证控件所在的页面也有一个 IsValid 属性，只有页面中所有验证控件的 IsValid 属性都为 True，该页面的 IsValid 属性才为 True，此时页面才会"回发"给服务器。

此外，验证控件还可以自动显示输出验证的错误提示，可以设置验证控件的 ErrorMessage 属性值为需要显示的提示文本，如果验证未通过则会显示该错误信息。同时还可以使用 ValidationSummary 控件来自动汇总页面中所有未通过验证控件的 ErrorMessage 属性。

4.1.3 验证控件的公共属性

所有的验证控件都继承于 BaseValidator 类，所以它们共享几个重要的公共属性，正确地设置和使用这些属性是使用验证控件的关键，部分公共属性如表 4.1 所示。

表 4.1 验证控件的公共属性

属 性 名	说　　明
ControlToValidate	获取或设置验证控件所验证的控件 ID
Display	获取或设置指定的验证控件的显示形式
EnableClientScript	指示是否启用客户端验证
Enabled	获取或设置指示是否启用验证控件

续表

属 性 名	说 明
ErrorMessage	获取或设置当验证失败时显示的错误提示信息
ForeColor	获取或设置错误提示文本的颜色
IsValid	获取或设置 ControlToValidate 属性所指定的输入控件是否通过验证
SetFocusOnError	获取或设置验证失败时焦点是否被设置在 ControlToValidate 属性所指定的控件内
ValidationGroup	获取或设置指定此验证控件所属的验证组的名称

说明：

（1）Display 属性具有如下三个枚举值：

- None：指定只在 ValidationSummary 控件中显示错误信息，错误信息不会显示在验证控件中。
- Static：静态显示，指定不希望网页的布局在验证程序控件显示错误信息时改变。显示页面时将在页面上为错误信息分配空间，同一输入控件的多个验证程序将在页面上占据不同的位置。
- Dynamic：流式显示，指定希望在验证失败时在网页上动态放置错误信息。页面上没有为验证内容分配的空间，页面动态更改以显示错误信息，多个验证程序可以在页面上共享同一个物理位置。

（2）ErrorMessage 属性不会将特殊字符转换为 HTML 实体。如小于号字符"＜"不转换为"<"，可以将 HTML 元素（如 <img> 元素）嵌入到该属性值中。

4.2 常见的验证控件

ASP.NET 2012 中内置的验证控件有 6 个，分别为必填验证控件（RequiredFieldValidator）、范围验证控件（RangeValidator）、正则表达式验证控件（RegularExpressionValidator）、比较验证控件（CompareValidator）、用户自定义验证控件（CustomValidator）和验证控件汇总（ValidationSummary），如图 4.1 所示。

图 4.1 "工具箱"中的所有验证控件

4.2.1 必填验证控件

RequiredFieldValidator 控件在工具箱中的图标为 RequiredFieldValidator，封装在 System.Web.UI.Control.WebControl 命名空间中的 RequiredFieldValidator 类中。RequiredFieldValidator 控件提供了一种验证文本框控件的非空的机制，确保网页中的某些重要数据必须填写。RequiredFieldValidator 控件除了具有公共属性外，特殊属性如表4.2所示。

表 4.2 RequiredFieldValidator 控件的特殊属性

属 性 名	说 明
InitialValue	获取或设置输入的初始值

说明：InitialValue 属性可以起到提示的作用，也具有排除某一特定值的作用，只有当 InitialValue 属性值在页面提交服务器时发生改变才可以通过验证。

【例 4-1】 在 E 盘 ASP.NET 项目代码目录中创建 chapter4 子目录，将其作为网站根目录，创建名为 example4-1 的网页，页面内包含两个必填验证控件，对文本框进行非空验证。

具体创建步骤如下：

(1) 在页面中添加相应控件，如图 4.2 所示。

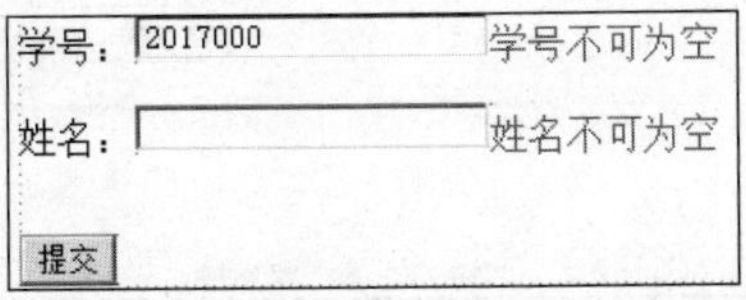

图 4.2 RequiredFieldValidator 控件应用页面布局

(2) 设置相关控件的属性如下列源代码所示：

```
<form id="form1" runat="server">
    学号:<asp:TextBox ID="txtNum" runat="server">2017000</asp:TextBox>
    <asp:RequiredFieldValidator ID="RequiredFieldValidator1" runat="server" ControlToValidate="txtNum" ErrorMessage="学号不可为空" ForeColor="Red" InitialValue="2017000" SetFocusOnError="True"></asp:RequiredFieldValidator>
    <br />
    姓名:<asp:TextBox ID="txtName" runat="server"></asp:TextBox>
    <asp:RequiredFieldValidator ID="RequiredFieldValidator2" runat="server" ControlToValidate="txtName" ErrorMessage="姓名不可为空" ForeColor="Red" SetFocusOnError="True"></asp:RequiredFieldValidator>
    <br />
    <asp:Button ID="btnSubmit" runat="server" OnClick="btnSubmit_Click" Text="提交" />
```

```
</form>
```

(3) 为控件事件添加 C♯ 代码如下：

```
protected void btnSubmit_Click(object sender, EventArgs e)
{
    Response.Write("<script>alert('学号:"+txtNum.Text+",姓名:"+txtName.Text
    +"');</script>");
}
```

(4) 运行页面，当某一文本框未填写，对应必填验证控件会显示错误信息，并自动设置焦点到该文本框。如果学号内 2017000 未修改也不能通过验证，通过验证后的效果如图 4.3 所示。

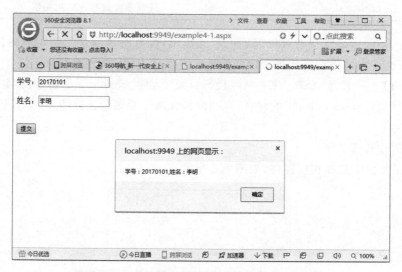

图 4.3　RequiredFieldValidator 控件应用页面演示

说明：如果网页运行中出现如图 4.4 所示错误信息，是因为在 Visual Studio 2012 的开发所使用的 Framework 4.5 的版本内，很多控件默认应用了隐式的验证方式 (Unobtrusive ValidationMode)，但并未对其进行赋值，必须手动对其进行设置。

可以对网站的 Web.Config 文件进行手动设置，填写如下标签：

```
<appSettings>
    <add key="ValidationSettings:UnobtrusiveValidationMode" value="None" />
</appSettings>
```

如果只做验证控件的小应用，也可以简单地将下列标签内容中的 targetFramework 值都设置为 4.0。

```
<system.web>
    <compilation debug="false" targetFramework="4.0" />
    <httpRuntime targetFramework="4.0" />
</system.web>
```

图 4.4 RequiredFieldValidator 控件运行错误信息

4.2.2 范围验证控件

RangeValidator 控件在工具箱中的图标为 ![RangeValidator]，封装在 System. Web. UI. Control. WebControl 命名空间中的 RangeValidator 类中。RangeValidator 控件提供指定类型输入值的范围验证功能，确保网页中的某些重要数据在上限和下限之间。RangeValidator 控件除了具有公共属性外，特殊属性如表 4.3 所示。

表 4.3 RangeValidator 控件的特殊属性

属 性 名	说　　明
MaximumValue	获取或设置所验证控件允许输入的最大值
MinimumValue	获取或设置所验证控件允许输入的最小值
Type	获取或设置所验证控件用于比较的值的类型

说明：

Type 属性值具有如下枚举类型：
- Currency：货币数据类型。
- Date：时间数据类型。
- Double：双精度浮点数据类型。
- Integer：整行数据类型。

- String：字符串数据类型。

【例 4-2】 在 E 盘 ASP.NET 项目代码的 chapter4 目录下创建名为 example4-2 的网页，使用 RangeValidator 控件进行范围验证。

具体创建步骤如下：

(1) 在页面中添加相应控件，如图 4.5 所示。

图 4.5 RangeValidator 控件应用页面布局

(2) 按照如下源文件设置控件的相关属性值。

```
<form id="form1" runat="server">
    <div>
            请输入介于 2017.01.01—2017.12.31 的日期<br />
            <asp:TextBox ID="txtDate" runat="server"></asp:TextBox>
            <asp:RangeValidator ID="RangeValidator1" runat="server" ErrorMessage
            ="日期必须介于 2017.01.01—2017.12.31 的日期" MaximumValue="2017-12-31"
            MinimumValue="2017-01-01" Type="Date" ControlToValidate="txtDate"
            ForeColor="Red"></asp:RangeValidator>
            <br />
            输入 1~100 的整数:<br />
            <asp:TextBox ID="txtNums" runat="server"></asp:TextBox>
            <asp:RangeValidator ID="RangeValidator2" runat="server" ErrorMessage
            ="数值必须在 1~100" ControlToValidate="txtDate" ForeColor="Red"
            MaximumValue="100" MinimumValue="1" Type="Integer"></asp:
            RangeValidator>
            <br />
            <asp:Button ID="btnSubmit" runat="server" Text="提交" />
        </div>
</form>
```

(3) 为控件添加事件，并编辑代码如下：

```
protected void btnSubmit_Click(object sender, EventArgs e)
{
    Response.Write("<script>alert('日期:"+txtDate.Text+",数字:" + txtNums.Text+"');</script>");
}
```

(4) 运行页面，日期范围必须在 2017 年内，数值范围必须为 1～100，通过验证后的效果如图 4.6 所示。

说明：

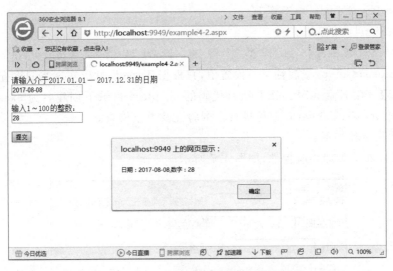

图 4.6 RangeValidator 控件应用页面演示

（1）如果输入值无法转换为指定的数据类型，验证也不会失败。

（2）如果 MaximumValue 属性值不大于等于 MinimumValue 属性值，则程序会直接报错。

（3）String 类型的范围比较规则为：首先比较首字母所对应的 ASCII 码，如果相同则依次向后比较，直到出现不同字符，比较出大小关系。

4.2.3 比较验证控件

CompareValidator 控件在工具箱中的图标为 ![CompareValidator]，封装在 System. Web. UI. Control. WebControl 命名空间中的 CompareValidator 类中。CompareValidator 控件可实现网页中的某些重要数据与固定值或其他控件值的某种特定比较关系。CompareValidator 控件除了具有公共属性外，特殊属性如表 4.3 所示。

表 4.4 CompareValidator 控件的特殊属性

属 性 名	说　明
ControlToCompare	获取或设置与所验证的输入控件进行比较的另一个输入控件
ValueToCompare	获取或设置与所验证的输入控件进行比较的常数值
Type	获取或设置所验证控件用于比较的值的类型
Operator	获取或设置要执行的比较操作

说明：

Operator 属性具有如下枚举值：

- Equal：等于。
- GreaterThan：大于。
- GreaterThanEqual：大于等于。
- LessThan：小于。

- LessThanEqual：小于等于。
- NotEqual：不等于。
- DataTypeCheck：数据类型检测，设为该值时 ControlToCompare 和 ValueToCompare 属性可不设置值，只根据 Type 属性值实现类型检查。

【例 4-3】 在 E 盘 ASP.NET 项目代码的 chapter4 目录下创建名为 example4-3 的网页，使用 CompareValidator 控件进行范围验证及类型检查。

具体创建步骤如下：

(1) 在页面中添加相应控件，如图 4.7 所示。

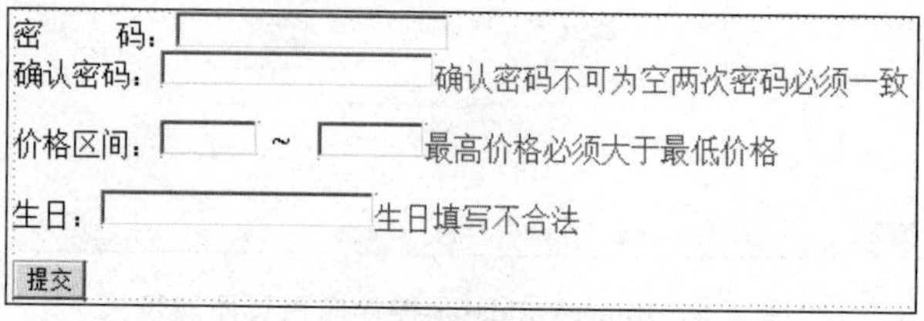

图 4.7 CompareValidator 控件应用页面布局

(2) 按照如下源文件设置控件的相关属性值。

```
<form id="form1" runat="server">
  <div>
    密 码:<asp:TextBox ID="txtPwd" runat="server"></asp:TextBox>
    <br />
    确认密码:<asp:TextBox ID="txtRePwd" runat="server"></asp:TextBox>
    <asp: RequiredFieldValidator ID =" RequiredFieldValidator1" runat =
    "server" ErrorMessage ="确认密码不可为空" ForeColor =" Red"
    ControlToValidate =" txtRePwd" Display =" Dynamic" ></asp:
    RequiredFieldValidator>
    <asp: CompareValidator ID =" CompareValidator3" runat =" server"
    ErrorMessage="两次密码必须一致" ForeColor="Red" ControlToCompare=
    "txtPwd" ControlToValidate =" txtRePwd" Display =" Dynamic" ></asp:
    CompareValidator>
    <br />
    价格区间:<asp:TextBox ID="txtMinPrice" runat="server" Width="45px"></
    asp:TextBox>
    ~<asp:TextBox ID=" txtMaxPrice" runat=" server" Width=" 50px"></asp:
    TextBox>
    <asp: CompareValidator ID =" CompareValidator2" runat =" server"
    ControlToCompare =" txtMinPrice" ControlToValidate =" txtMaxPrice"
    ErrorMessage="最高价格必须大于最低价格" ForeColor=" Red" Operator=
    "GreaterThan" SetFocusOnError =" True" Type =" Integer" ></asp:
    CompareValidator>
    <br />
    生日:<asp:TextBox ID="txtBirthDay" runat="server"></asp:TextBox>
    <asp: CompareValidator ID =" CompareValidator4" runat =" server"
    ErrorMessage="生日填写不合法" ForeColor=" Red" ControlToValidate =
```

```
        "txtBirthDay" Operator =" DataTypeCheck " Type =" Date " > </asp:
        CompareValidator>
        <br />
    <asp:Button ID="btnSubmit" runat="server" Text="提交" OnClick="btnSubmit_
        Click" />
    </div>
</form>
```

(3) 为控件添加事件，并编辑代码如下：

```
protected void btnSubmit_Click(object sender, EventArgs e)
{
    Response.Write("<script>alert('通过验证');</script>");
}
```

(4) 运行页面，验证"确认密码"必须与"密码"一致，最高价格必须大于最低价格，"生日"输入的必须是日期类型，未通过验证时的效果如图 4.8 所示。

图 4.8　CompareValidator 控件应用页面演示

4.2.4　正则表达式验证控件

RegularExpressValidator 控件在工具箱中的图标为 RegularExpressionValidator，封装在 System.Web.UI.Control.WebControl 命名空间中的 RegularExpressValidator 类中。RegularExpressValidator 控件可使用系统提供的正则表达式完成某些特定验证，也可以通过自定义正则表达式实现各种特定的验证。该控件除了具有公共属性外，最重要的属性便是 ValidationExpression 属性，该属性由正则表达式字符组成，常用的表达式字符如表 4.5 所示。

表 4.5　正则表达式字符说明

正则表达式字符	说　　明
\	将下一个字符标记为特殊字符、原义字符、向后引用、八进制转义符
^	匹配输入字符串的开始位置

续表

正则表达式字符	说　明
$	匹配输入字符串的结束位置
*	匹配前面的子表达式0次或多次
+	匹配前面的子表达式1次或多次
{n}	n是一个非负整数,匹配确定的n次
{n,}	n是一个非负整数,至少匹配n次
{n,m}	m和n均为非负整数,其中n≤m,最少匹配n次且最多匹配m次
?	匹配前面表达式0次或1次
x|y	匹配x或y
[xyz]	字符集合,匹配所包含的任意一个字符
[^xyz]	负值字符集合,匹配未包含的任意字符
[a-z]	字符范围,匹配指定范围内的任意字符
[^a-z]	负值字符范围,匹配任何不在指定范围内的任意字符
\d	匹配一个数字字符,等价于[0-9]
\D	匹配一个非数字字符,等价于[^0-9]
\f	匹配一个换页符,等价于\x0c和\cL
\n	匹配一个换行符,等价于\x0a和\cJ
\r	匹配一个回车符,等价于\x0d和\cM

【例4-4】 在E盘ASP.NET项目代码的chapter4目录下创建名为example4-4的网页,使用RegularExpressValidator控件进行正则验证。

具体创建步骤如下:

(1)在页面中添加相应控件,如图4.9所示。

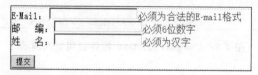

图4.9　CompareValidator控件应用页面布局

(2)设置RegularExpressValidator控件的ValidationExpression属性,如图4.10所示。单击…按钮,在"正则表达式编辑器"对话框中选择系统预定的正则表达式或者设置自定义的Custom表达式,各控件的相关属性设置如下列源文件所示:

```
<form id="form1" runat="server">
    E-mail:<asp:TextBox ID="txtEmail" runat="server"></asp:TextBox>
    <asp: RegularExpressionValidator ID =" RegularExpressionValidator1 "
runat="server" ErrorMessage="必须为合法的E-mail格式" ControlToValidate=
"txtEmail" ForeColor="Red" ValidationExpression="\w+([-+.']\w+)*@\w
+([-.]\w+)*\.\w+([-.]\w+)*"></asp:RegularExpressionValidator>
    <br />
    邮 编:<asp:TextBox ID="txtNode" runat="server"></asp:TextBox>
    <asp: RegularExpressionValidator ID =" RegularExpressionValidator2 "
```

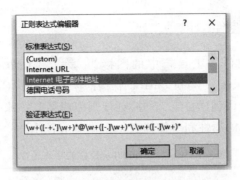

图 4.10 "正则表达式编辑器"对话框

```
runat="server" ErrorMessage="必须 6 位数字" ControlToValidate="txtNode"
ForeColor =" Red " ValidationExpression =" \ d { 6 }" > </asp:
RegularExpressionValidator>
<br />
姓 名:<asp:TextBox ID="txtName" runat="server"></asp:TextBox>
<asp: RegularExpressionValidator ID =" RegularExpressionValidator3 "
runat="server" ErrorMessage="必须为汉字" ControlToValidate="txtName"
ForeColor="Red" ValidationExpression="^[\u4e00-\u9fa5]{0,}$"></asp:
RegularExpressionValidator>
<br />
<asp:Button ID="btnSubmit" runat="server" Text="提交" OnClick="btnSubmit_
Click" />
</form>
```

(3) 为控件添加事件,并编辑代码如下:

```
protected void btnSubmit_Click(object sender, EventArgs e)
{
    Response.Write("<script>alert('通过验证');</script>");
}
```

(4) 运行页面,相关控件未通过验证时的效果如图 4.11 所示。

图 4.11 CompareValidator 控件应用页面演示

4.2.5 自定义验证控件

CustomValidator 控件在工具箱中的图标为 **CustomValidator**,封装在 System.Web.UI.Control.WebControl 命名空间中的 CustomValidator 类中。CustomValidator 控件允许创建自定义的验证规则完成某些特殊的验证。该控件除了具有公共属性外,其他特殊的属性和事件如表 4.6 和表 4.7 所示。

表 4.6 CustomValidator 控件的特殊属性

属 性 名	说 明
ClientValidationFunction	获取或设置脚本函数,可实现 CustomValidator 控件的客户端验证

表 4.7 CustomValidator 控件的特殊事件

事 件 名	说 明
OnServerValidate	当页面提交时触发服务器验证

【例 4-5】 在 E 盘 ASP.NET 项目代码的 chapter4 目录下创建名为 example4-5 的网页,使用 CustomValidator 控件进行客户端验证和服务器端验证。

具体创建步骤如下:

(1) 在页面中添加相应控件,如图 4.12 所示。

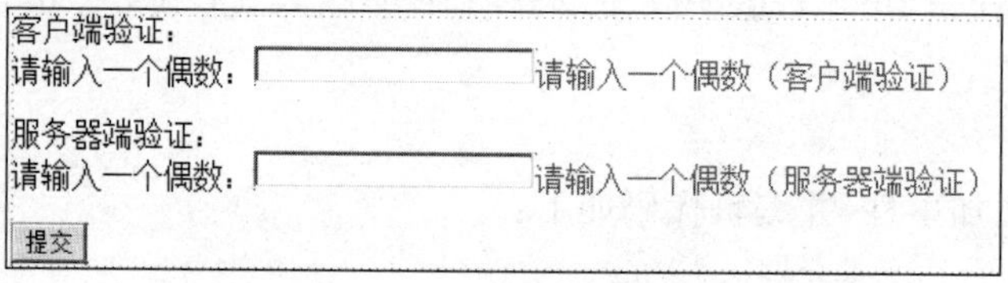

图 4.12 CustomValidator 控件应用页面布局

(2) 按照如下源文件设置控件的相关属性值。

```
<form id="form1" runat="server">
    客户端验证:<br />
    请输入一个偶数:<asp:TextBox ID="txtNum1" runat="server"></asp:TextBox>
    <asp:CustomValidator ID =" CustomValidator1 " runat =" server "
    ErrorMessage="请输入一个偶数(客户端验证)" ClientValidationFunction=
    " IsEven " ControlToValidate =" txtNum1 " ForeColor =" Red " > </asp:
    CustomValidator>
    <br />
    服务器端验证:<br />
    请输入一个偶数:<asp:TextBox ID="txtNum2" runat="server"></asp:TextBox>
    <asp:CustomValidator ID =" CustomValidator2 " runat =" server "
    ErrorMessage="请输入一个偶数(服务器端验证)" OnServerValidate ="
    CustomValidator1 _ ServerValidate " ControlToValidate =" txtNum2 "
```

```
            ForeColor="Red"></asp:CustomValidator>
        <br />
    <asp:Button ID="btnSubmit" runat="server" Text="提交" OnClick="btnSubmit_Click" />
    </form>
```

(3) 在源文件的<head>标签内构建 javascript 脚本函数，对应代码如下：

```
<head runat="server">
<meta http-equiv="Content-Type" content="text/html; charset=utf-8"/>
    <title></title>
    <script type="text/javascript">
        function IsEven(source, args)
        {
            if(args.Value %2 ==0)
            {
                arg.IsValid=true;
            }
            else
            {
                args.IsValid=false;
            }
        }
    </script>
</head>
```

(4) 为控件添加事件，并编辑代码如下：

```
protected void CustomValidator1_ServerValidate(object source, ServerValidateEventArgs args)
{
    args.IsValid= (int.Parse(args.Value)%2 ==0);
}
protected void btnSubmit_Click(object sender, EventArgs e)
{
    if(CustomValidator2.IsValid)
    {
        Response.Write("<script>alert('通过验证');</script>");
    }
    else
    {
        Response.Write("<script>alert('未通过验证');</script>");
    }
}
```

说明：args 变量中的 IsValid 表示对应验证控件是否通过验证，True 为通过验证；

Value 属性表示被该控件所验证的控件内的文本值。

（5）网页运行后，第一个控件内数值为客户端验证，不需要提交服务器，只有该值验证通过才可将页面整体提交至服务器，否则页面未提交至服务器，如图 4.13 所示。第二个控件内数值为服务器端验证，执行服务器端 C♯ 代码完成验证操作，执行效果如图 4.14 所示。

图 4.13　CustomValidator 控件客户端验证演示

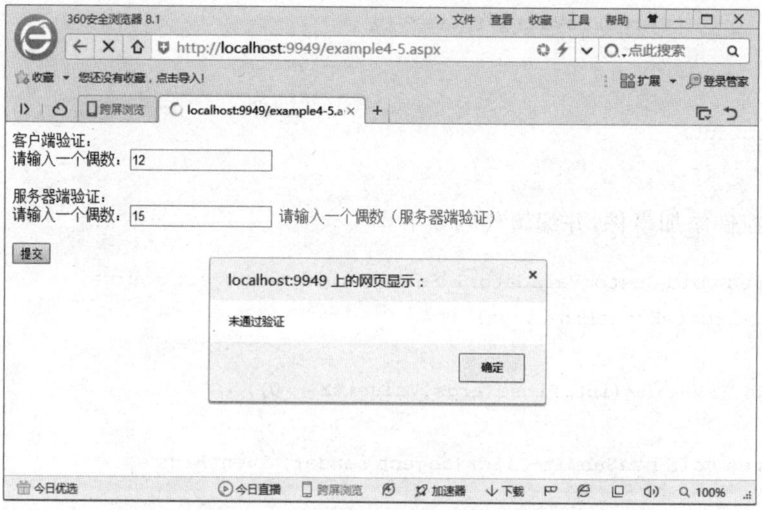

图 4.14　CustomValidator 控件服务器端验证演示

说明：关于客户端验证和服务器端验证前文已经详细讲解，客户端验证比较快，可以实现本地验证，减少用户的等待时间，客户体验比较友好。服务器端的验证更安全，代码在客户端是看不到的，而客户端验证的代码在网页上可以通过"源文件"查看。

4.2.6　验证汇总控件

ValidationSummary 控件在工具箱中的图标为 ValidationSummary，封装在 System.Web.UI.Control.WebControl 命名空间中的 ValidationSummary 类中。

ValidationSummary 控件用于在网页、消息框或在这两者中内联显示所有验证错误的摘要，其属性如表 4.8 所示。

表 4.8　ValidationSummary 控件属性

属 性 名	说　　明
DisplayMode	获取或设置如何显示摘要
ForeColor	获取或设置控件的前景色
HeaderText	获取或设置控件中的标题文本
ShowMessageBox	获取或设置是否在消息框中显示验证摘要
ShowSummary	获取或设置是否显示验证摘要

说明：

(1) DisplayMode 属性具有如下枚举值：

- BulletList：子弹列表形式显示。
- List：普通列表形式显示。
- SingleParagraph：单行文字形式显示。

(2) 控件中显示的错误消息是由每个验证控件的 ErrorMessage 属性值规定的，如果未设置验证控件的 ErrorMessage 属性，就不会显示该验证控件的错误消息。

【例 4-6】　在 E 盘 ASP.NET 项目代码的 chapter4 目录下创建名为 example4-6 的网页，使用 ValidationSummary 控件的验证信息汇总功能。

具体创建步骤如下：

(1) 按照图 4.15 所示添加相应控件。

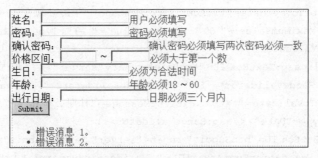

图 4.15　ValidationSummary 控件应用页面布局

(2) 按照如下源文件设置控件的相关属性值。

```
<form id="form1" runat="server">
    姓名：<asp:TextBox ID="txtName" runat="server"></asp:TextBox>
    <asp:RequiredFieldValidator ID="RequiredFieldValidator1" runat="server"
    ControlToValidate="txtName" ErrorMessage="用户必须填写" ForeColor="Red"
    SetFocusOnError="True"></asp:RequiredFieldValidator><br />
    密码：<asp:TextBox ID="txtPwd" runat="server"></asp:TextBox>
    <asp:RequiredFieldValidator ID="RequiredFieldValidator2" runat="
    server" ControlToValidate="txtPwd" ErrorMessage="密码必须填写" ForeColor
```

="Red" SetFocusOnError="True"></asp:RequiredFieldValidator>
确认密码:<asp:TextBox ID="txtRePwd" runat="server"></asp:TextBox>
<asp:RequiredFieldValidator ID =" RequiredFieldValidator3 " runat =
"server" ControlToValidate="txtRePwd" Display="Dynamic" ErrorMessage=
"确认密码必须填写" ForeColor =" Red" SetFocusOnError=" True" > </asp:
RequiredFieldValidator>
<asp:CompareValidator ID =" .CompareValidator1 " runat =" server "
ControlToCompare =" txtPwd" ControlToValidate =" txtRePwd" Display =
"Dynamic" ErrorMessage =" 两次密码必须一致" ForeColor =" Red "
SetFocusOnError="True"></asp:CompareValidator>
价格区间:<asp:TextBox ID="txtMin" runat="server" Width="53px"></asp:
TextBox>~<asp:TextBox ID="txtMax" runat="server" Width="57px"></asp:
TextBox>
<asp: CompareValidator ID =" CompareValidator2 " runat =" server "
ControlToCompare="txtMin" ControlToValidate="txtMax" ErrorMessage="必
须大于第一个数" ForeColor="Red" Operator="GreaterThan" SetFocusOnError=
"True" Type="Integer"></asp:CompareValidator>
生日:<asp:TextBox ID="txtBirthday" runat="server"></asp:TextBox>
<asp: CompareValidator ID =" CompareValidator3 " runat =" server "
ControlToValidate="txtBirthday" ErrorMessage="必须为合法时间" ForeColor
="Red" Operator="DataTypeCheck" Type="Date"></asp:CompareValidator>

年龄:<asp:TextBox ID="txtAge" runat="server"></asp:TextBox>
<asp: RangeValidator ID =" RangeValidator1 " runat =" server "
ControlToValidate="txtAge" ErrorMessage="年龄必须在 18~60" ForeColor="
Red" MaximumValue =" 60" MinimumValue =" 18" Type =" Integer " > </asp:
RangeValidator>
出行日期:<asp:TextBox ID="txtDate" runat="server"></asp:TextBox>
<asp: RangeValidator ID =" RangeValidator2 " runat =" server "
ControlToValidate="txtDate" ErrorMessage="日期必须在三个月内" ForeColor=
"Red" Type="Date"></asp:RangeValidator>
<asp:Button ID="btnSubmit" runat="server" Text="Submit" />
<asp: ValidationSummary ID =" ValidationSummary1 " runat =" server "
DisplayMode=" BulletList" ForeColor="Red" ShowMessageBox="True" />
</form>
```

(3) 为控件添加事件,并编辑代码如下:

```
protected void Page_Load(object sender, EventArgs e)
{
    RangeValidator2.MinimumValue=DateTime.Now.ToShortDateString();
    RangeValidator2.MaximumValue=DateTime.Now.AddMonths(3).ToShortDateString();
}
```

(4) 运行网站,执行效果如图 4.16 所示。
```

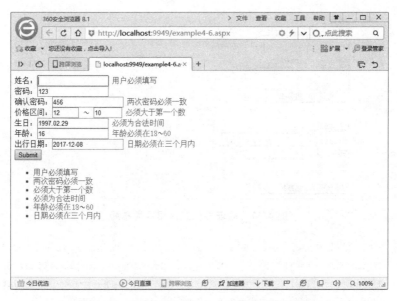

图 4.16 ValidationSummary 控件应用页面演示

4.3 验证控件组的使用

验证控件组也称为验证组，它不是一个单独的控件，而是验证控件的一个分组划分。在具体应用中，一个页面往往包含了若干输入文本框，如果在提交表单时对所有控件都进行验证，则会降低网页运行效率。通常将页面上的验证控件归为若干组，对每个验证组分别执行验证，对应的每一组验证控件称为一个验证组。

将归属于同一验证组的所有控件的 ValidationGroup 属性设置为同一个名称（字符串）即创建了一个验证组，验证组名可以设置为任何名称，但必须对该组的所有成员使用相同的名称。然后对应设置按钮、单选按钮、复选框等触发验证的控件的 ValidationGroup 属性值，指定在"回发"时将要进行验证的验证组，只要该验证组内所有验证均通过就会"回发"到服务器，而不对其他验证组进行验证。

【例 4-7】 在 E 盘 ASP.NET 项目代码的 chapter4 目录下创建名为 example4-7 的网页，使用验证组进行分组验证。

具体创建步骤如下：

(1) 按照图 4.17 所示添加相应控件。

(2) 按照如下源文件设置控件的相关属性值。

```
<form id="form1" runat="server">
    验证组 1:<br />
    请输入介于 2017.01.01—2017.12.31 的日期<br />
    <asp:TextBox ID="txtDate" runat="server"></asp:TextBox>
    <asp:RangeValidator ID="RangeValidator1" runat="server" ErrorMessage
```

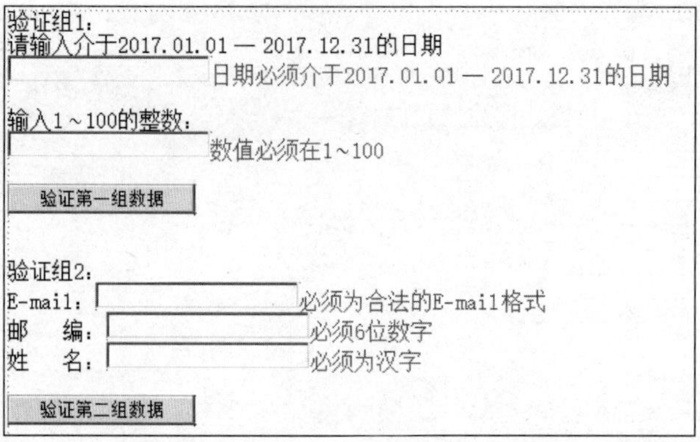

图 4.17 验证控件组应用页面布局

```
="日期必须介于 2017.01.01—2017.12.31" MaximumValue="2017-12-31"
MinimumValue="2017-01-01" Type="Date" ControlToValidate="txtDate"
ForeColor="Red" ValidationGroup="Valid1"></asp:RangeValidator>
 <br />
输入 1~100 的整数:<br />
<asp:TextBox ID="txtNums" runat="server"></asp:TextBox>
<asp:RangeValidator ID="RangeValidator2" runat="server" ErrorMessage
="数值必须在 1～100" ControlToValidate="txtNums" ForeColor="Red"
MaximumValue="100" MinimumValue="1" Type="Integer" ValidationGroup="
Valid1"></asp:RangeValidator>
 <br />
<asp:Button ID="btn1" runat="server" OnClick="btn1_Click" Text="验证第
一组数据" ValidationGroup="Valid1" />
<br />
验证组 2:<br />
E-mail:<asp:TextBox ID="txtEmail" runat="server"></asp:TextBox>
<asp: RegularExpressionValidator ID=" RegularExpressionValidator1 "
runat="server" ErrorMessage="必须为合法的E-mail格式" ControlToValidate
="txtEmail" ForeColor="Red" ValidationExpression="\w+([-+.']\w+)*@\
w+([-.]\w+)*\.\w+([-.]\w+)*" ValidationGroup="Valid2"></asp:
RegularExpressionValidator>
  邮 编:<asp:TextBox ID="txtNode" runat="server"></asp:TextBox>
<asp: RegularExpressionValidator  ID=" RegularExpressionValidator2 "
runat="server" ErrorMessage="必须6位数字" ControlToValidate="txtNode"
ForeColor="Red" ValidationExpression="\d{6}" ValidationGroup="Valid2"
></asp:RegularExpressionValidator>
<br />
姓 名:<asp:TextBox ID="txtName" runat="server"></asp:TextBox>
<asp: RegularExpressionValidator  ID=" RegularExpressionValidator3 "
runat="server" ErrorMessage="必须为汉字" ControlToValidate="txtName"
ForeColor="Red" ValidationExpression="^[\u4e00-\u9fa5]{0,}$"
```

```
        ValidationGroup="Valid2"></asp:RegularExpressionValidator>
         <br />
        <asp:Button ID="btn2" runat="server" Text="验证第二组数据" OnClick="
        btn2_Click" ValidationGroup="Valid2" />
</form>
```

(3) 为控件添加事件,并编辑代码如下:

```
protected void btn1_Click(object sender, EventArgs e)
{
    Response.Write("<script>alert('第一个验证组通过验证');</script>");
}
protected void btn2_Click(object sender, EventArgs e)
{
    Response.Write("<script>alert('第二个验证组通过验证');</script>");
}
```

(4) 运行页面,单击"验证第一组数据"按钮时只对 ValidationGroup 属性值为 Valid1 的控件进行验证,如图 4.18 所示。单击"验证第二组数据"按钮时只会对 ValidationGroup 属性值为 Valid2 的控件进行验证。

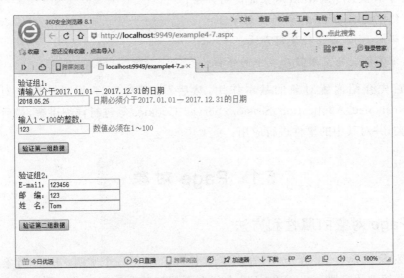

图 4.18 验证控件组应用页面演示

说明:如果某一触发验证的控件未设置 ValidationGroup 属性值,则将只触发验证同样未设置 ValidationGroup 属性值的验证控件;如果希望该控件对所有验证控件均不触发验证,可设置其 CausesValidation 属性值为 False。

第 5 章 ASP.NET 内置对象

本章学习目标
- 了解内置对象的基本原理；
- 熟练掌握 Page 对象的使用方法；
- 熟练掌握 Response 对象的使用方法；
- 熟练掌握 Request 对象的使用方法；
- 熟练掌握 Server 对象的使用方法；
- 熟练掌握 Application 对象的使用方法；
- 熟练掌握 Session 对象的使用方法；
- 了解 Cookie 对象的使用方法；
- 熟练掌握全局应用程序类中的事件。

本章首先介绍内置对象的基本作用，然后对 ASP.NET 提供的内置对象 Page、Request、Response、Application、Session、Server、Cookies 等进行详细讲解，最后添加全局应用程序类，并对其中的事件进行应用。

5.1 Page 对象

5.1.1 Page 对象的属性和方法

Page 对象是 System.Web.UI 命名空间中 Page 类的一个实例。Page 对象是网页中所有服务器控件的容器，在 ASP.NET 中每个页面都派生自 Page 类，并继承这个类所有公开的方法和属性。Page 对象的主要属性如表 5.1 所示。

表 5.1 Page 对象的主要属性

属 性 名	说 明
IsPostBack	获取一个值,指示页面为第一次呈现还是回发加载
IsValid	获取一个值,指示页面验证是否成功

说明：

（1）IsPostBack 属性可以检查.aspx 页是否为"回发"，常用于判断页面是否为首次加载,首次加载该值为 False。

(2) IsValid 属性用于判断页面中所有输入的内容是否通过验证,当使用服务器端验证时通常使用该属性。

Page 对象的主要事件如表 5.2 所示。

表 5.2 Page 对象的主要事件

事 件 名	说 明
PreInit	在页面初始化时发生
PreLoad	在页面 Load 事件之前发生
Load	在服务器加载到 Page 对象时发生
Init	当服务器控件初始化时发生
PreRender	在加载控件之后、呈现之前发生
Unload	当服务器控件从内存中卸载时发生
InitComplete	在页初始化完成时发生
LoadComplete	在页加载结束时发生

5.1.2 Page 对象的应用

在后台 C# 代码中默认提供了 Page. Load 事件所对应的方法 Page_Load(),而对于其他的事件则可以直接编写其对应的方法,不需要如控件一样在源中声明事件。各事件触发执行的先后顺序为 Page. PreInit、Page. Init、Page. InitComplete、Page. PreLoad、Page. Load、Page. LoadComplete、Page. PreRender 和 Page. Unload。

【例 5-1】 在 E 盘 ASP. NET 项目代码目录中创建 chapter5 子目录,将其作为网站根目录,创建名为 example5-1 的网页,演示加载页面时 Page 对象的各种事件的触发执行顺序。

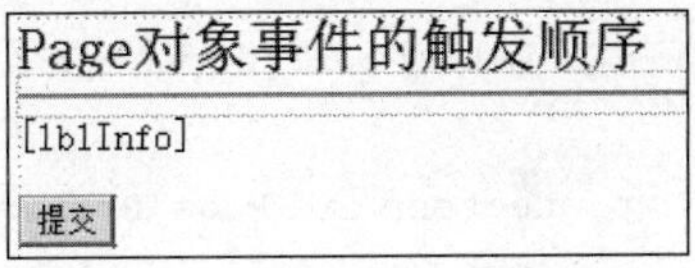

图 5.1 Page 对象应用页面设计

具体创建步骤如下:

(1) 在页面中添加相应控件,如图 5.1 所示。

(2) 设置相关控件的属性如下列源代码所示:

```
<form id="form1" runat="server">
    <span class="auto-style1">Page 对象事件的触发顺序</span><hr>
    <asp:Label ID="lblInfo" runat="server"></asp:Label>
    <br />
    <asp:Button ID="btnSubmit" runat="server" OnClick="btnSubmit_Click" Text
    ="提交" />
</form>
```

(3) 为事件添加 C# 代码如下:

```
protected void Page_Load(object sender, EventArgs e)
{
    if(!IsPostBack)
    {
```

```csharp
            lblInfo.Text +="页面第一次加载";
        }
        else
        {
            lblInfo.Text +="页面第二次或第二次以上加载";
        }
        lblInfo.Text +="触发了 Page 对象的 Load 事件<br>";
    }
    protected void Page_Init(object sender, EventArgs e)
    {
        lblInfo.Text +="触发了 Page 对象的 Init 事件<br>";
    }
    protected void Page_PreInit(object sender, EventArgs e)
    {
        lblInfo.Text +="触发了 Page 对象的 PreInit 事件<br>";
    }
    protected void Page_InitComplete(object sender, EventArgs e)
    {
        lblInfo.Text +="触发了 Page 对象的 InitComplete 事件<br>";
    }
    protected void Page_PreLoad(object sender, EventArgs e)
    {
        lblInfo.Text +="触发了 Page 对象的 PreLoad 事件<br>";
    }
    protected void Page_LoadComplete(object sender, EventArgs e)
    {
        lblInfo.Text +="触发了 Page 对象的 LoadComplete 事件<br>";
    }
    protected void Page_PreRender(object sender, EventArgs e)
    {
        lblInfo.Text +="触发了 Page 对象的 PreRender 事件<br>";
    }
    protected void Page_Unload(object sender, EventArgs e)
    {
        lblInfo.Text +="触发了 Page 对象的 Unload 事件<br>";
    }
    protected void btnSubmit_Click(object sender, EventArgs e)
    {
        lblInfo.Text +="触发了按钮的 Click 事件<br>";
    }
```

(4) 运行页面，页面显示相关事件执行顺序，如图 5.2 所示。单击"提交"按钮，页面显示"回发"时相关事件执行的顺序，如图 5.3 所示。

图 5.2　页面初次加载 Page 对象事件演示

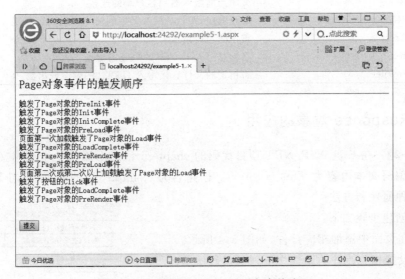

图 5.3　页面"回发"时 Page 对象事件演示

5.2　Response 对象

5.2.1　Response 对象的属性和方法

　　Response 对象是 HttpResponse 类的一个实例,该类主要封装来自 ASP.NET 操作的 HTTP 响应信息,可以提供对当前页的输出流访问,可以控制服务器发送给浏览器的信息,包括直接发送信息给浏览器、重新定向浏览器到另一个 URL 以及设置 Cookie 值等。Response 对象的主要属性如表 5.3 所示,主要方法如表 5.4 所示。

表 5.3 Response 对象的主要属性

属 性 名	说　　明
Buffer	获取或设置一个值,该值指示是否缓冲输出,并在完成处理整个响应之后将其发送
BufferOutput	获取或设置一个值,该值指示是否缓冲输出,并在完成处理整个页之后将其发送
Cache	获取 Web 页的缓存策略(过期时间、保密性、变化子句)
Charset	获取或设置输出流的 HTTP 字符集
Cookie	获取响应的 Cookie 集合
Expires	获取或设置在浏览器上缓存的页过期前的分钟数

表 5.4 Response 对象的主要方法

方 法 名	说　　明
AppendCookie()	向响应对象的 Cookie 集合中增加一个 Cookie 对象
Clear()	清空缓冲区中的所有内容输出
Close()	关闭当前服务器到客户端的连接
End()	终止响应,并且将缓冲区中的输出发送到客户端
Redirect()	重定向当前请求
Write()	将信息写入 HTTP 的响应输出流
WriteFile()	将指定的文件直接写入 HTTP 的响应输出流

5.2.2 Response 对象的应用

【例 5-2】 在 E 盘 ASP.NET 项目代码的 chapter5 目录下添加一个文本文件,命名为 1.txt,编写文本内容为 This is a text。创建名为 example5-2 的网页,练习 Response 对象的各种属性和方法。

具体创建步骤如下:
(1) 在页面中添加相应控件,如图 5.4 所示。
(2) 设置相关控件的属性如下列源代码所示:

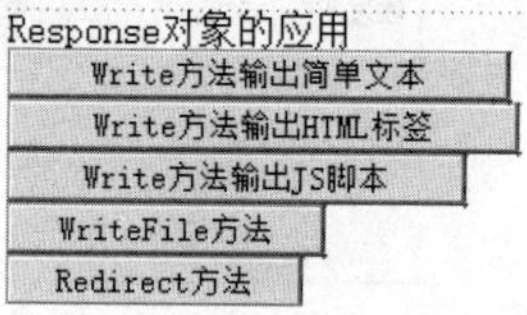

图 5.4 Response 对象应用页面设计

```
<form id="form1" runat="server">
    <div>
        Response对象的应用<br />
        <asp:Button ID="btnWriteTxt" runat="server"  Text="Write方法输出简单文本" OnClick="btnWriteTxt_Click" />
        <br />
        <asp:Button ID="btnWriteHTML" runat="server"  Text="Write方法输出HTML标签" OnClick="btnWriteHTML_Click" />
        <br />
        <asp:Button ID="btnWriteJS" runat="server"  Text="Write方法输出JS脚本" OnClick="btnWriteJS_Click" />
        <br />
        <asp:Button ID="btnWriteFile" runat="server"  Text="WriteFile方法" OnClick="btnWriteFile_Click" />
```

```
        <br />
        <asp:Button ID="btnRedirect" runat="server"  Text="Redirect 方法"
        OnClick="btnRedirect_Click" />
    </div>
</form>
```

(3) 为事件添加 C♯代码如下：

```
protected void btnWriteTxt_Click(object sender, EventArgs e)
{
    Response.Write("普通文字输出");
}
protected void btnWriteHTML_Click(object sender, EventArgs e)
{
    Response.Write("<a href=123>包含 html 标签的文本</a>");
}
protected void btnWriteJS_Click(object sender, EventArgs e)
{
    Response.Write("<script>alert('包含脚本文本');</script>");
}
protected void btnWriteFile_Click(object sender, EventArgs e)
{
    Response.WriteFile(@"E:\ASP.NET 项目代码\chapter51.txt");
}
protected void btnRedirect_Click(object sender, EventArgs e)
{
    Response.Redirect("example5-1.aspx");
}
```

(4) 运行页面，单击相关按钮可获取 Response 对象各方法和属性基本功能，单击"WriteFile 方法"按钮运行时如图 5.5 所示。

图 5.5　Response 对象应用页面演示

5.3 Request 对象

5.3.1 Request 对象的属性和方法

Request 对象是 System. Web. HttpRequest 类的实例,当客户请求 ASP. NET 页面时,所有的请求信息,包括请求报头、请求方法、客户端基本信息等被封装在 Request 对象中,利用 Request 对象可以读取这些请求信息。Request 对象的主要属性如表 5.5 所示,主要方法如表 5.6 所示。

表 5.5 Request 对象的主要属性

属 性 名	说 明
Browser	获取有关正在请求的客户端的浏览器功能的信息
Cookies	获取客户端发送的 Cookie 的集合
Form	获取表单变量的集合
FilePath	获取当前请求的虚拟路径
Param	获取地址栏中的参数集合
QueryString	获取 HTTP 查询字符串变量集合
UserHostAddress	获取远程客户端的 IP 主机地址
Url	获取有关当前请求的 URL 信息
UserHostName	获取远程客户端的 DNS 名称

表 5.6 Request 对象的主要方法

方 法 名	说 明
BinaryRead()	执行对当前输入流进行指定字节数的二进制读取
MapPath()	将请求 URL 中的虚拟路径映射到服务器上的物理路径
SaveAs()	将 HTTP 请求保存到文件中

5.3.2 Request 对象的应用

【例 5-3】 在 E 盘 ASP. NET 项目代码的 chapter5 目录下创建名为 example5-3 的网页,练习使用 Request 对象的各种属性。

具体创建步骤如下:
(1) 在页面中添加相应控件,如图 5.6 所示。
(2) 设置相关控件的属性如下列源代码所示:

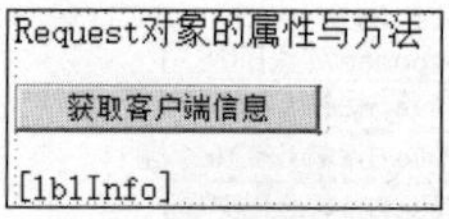

```
<form id="form1" runat="server">
    Request 对象的属性与方法<br />
    <br />
    <asp:Button ID="btnGetInfo" runat="server" OnClick="btnGetInfo_Click"
    Text="获取客户端信息" />
```

图 5.6 Request 对象应用页面设计

```
        <br />
        <asp:Label ID="lblInfo" runat="server"></asp:Label>
</form>
```

(3) 为事件添加 C#代码如下：

```
protected void btnGetInfo_Click(object sender, EventArgs e)
    {
        lblInfo.Text="<br>客户端浏览器名称:"+Request.Browser.Type
            +"<br>版本号:"+Request.Browser.Version
            +"<br>客户端使用的操作系统:"+Request.Browser.Platform
            +"<br>客户端 IP 地址::"+Request.UserHostAddress
            +"<br>当前请求的 URL:"+Request.Url
            +"<br>当前请求的虚拟路径:"+Request.Path
            +"<br>当前请求的物理路径:"+Request.PhysicalPath;
    }
```

(4) 运行页面，单击相关按钮，运行结果如图 5.7 所示。

图 5.7　Request 对象应用页面演示

【例 5-4】　在 E 盘 ASP.NET 项目代码的 chapter5 目录下创建 example5-4 网页和 example5-4-2 网页，练习使用 Response 对象和 Request 对象进行地址栏传值。

具体创建步骤如下：

(1) 在 example5-4 网页和 example5-4-2 网页中添加相应控件，如图 5.8 和图 5.9 所示。

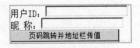

图 5.8　Request 对象应用的 example5-4 网页设计　　图 5.9　Request 对象应用的 example5-4-2 网页设计

(2) 设置相关控件的属性如下列源代码所示：

example5-4.aspx 页：

```
<form id="form1" runat="server">
    用户 ID:<asp:TextBox ID="txtID" runat="server"></asp:TextBox>
          
    <br />
    昵 称:<asp:TextBox ID="txtName" runat="server"></asp:TextBox>
    <br />
    <asp:Button ID="btnRedirect" runat="server" onclick="btnRedirect_Click" Text="页码跳转并地址栏传值" />
</form>
```

example5-4-2.aspx 页：

```
<form id="form1" runat="server">
    欢迎登录<br />
    ID:<asp:Label ID="lblID" runat="server"></asp:Label>
    <br />
    Name:<asp:Label ID="lblName" runat="server"></asp:Label>
</form>
```

(3) 为事件添加 C#代码如下：

example5-4.cs：

```
protected void btnRedirect_Click(object sender, EventArgs e)
{
    Response.Redirect("example5-4-2.aspx?id="+txtID.Text+"&name="+txtName.Text);
}
```

example5-4-2.cs：

```
protected void Page_Load(object sender, EventArgs e)
{
    if(Request.Params["id"] !=null && Request["name"] !=null)
    {
        lblID.Text=Request.Params["id"].ToString();
        lblName.Text=Request.Params["name"].ToString();
    }
    else
    {
        Response.Redirect("example5-4.aspx");
    }
}
```

(4) 运行页面，在 example5-4 页输入用户名、昵称，单击按钮提交服务器，如图 5.10

所示。在 example5-4-2 页获取地址栏中的参数值显示在页面中,如图 5.11 所示。

图 5.10　Request 对象应用页面演示 1

图 5.11　Request 对象应用页面演示 2

5.4　Server 对象

5.4.1　Server 对象的属性和方法

Server 对象是 HttpServerUtility 类的一个实例,提供一些对服务器的属性和方法的访问功能,可以处理页面请求时所需的功能,如建立 COM 对象、字符串的编译码等工作。Server 对象的主要属性如表 5.7 所示,主要方法如表 5.8 所示。

表 5.7　Server 对象的主要属性

属　性　名	说　　明
MachineName	获取服务器的名称
ScriptTimeOut	获取或设置请求的超时值(s)

表 5.8 Server 对象的主要方法

方 法 名	说 明
Execute()	执行指定的资源,并且在执行完之后再执行本页的代码
HtmlDecode()	对 HTML 编码的字符串进行解码
HtmlEncode()	对要在浏览器中显示的字符串进行 HTML 编码
MapPath()	获取指定相对路径在服务器上的物理路径
Transfer()	停止执行当前程序,执行指定的资源
UrlDecode()	对已被编码的 URL 字符串进行解码
UrlEncode()	将代表 URL 的字符串进行编码,以便通过 URL 从 Web 服务器到客户端进行可靠的 HTTP 传输

5.4.2 Server 对象的应用

【例 5-5】 在 E 盘 ASP.NET 项目代码的 chapter5 目录下创建名为 example5-5 的网页,练习使用 Server 对象的各种属性。

具体创建步骤如下:

(1) 在页面中添加相应控件,如图 5.12 所示。

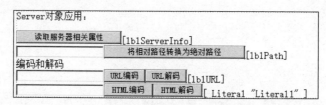

图 5.12 Server 对象应用页面设计

(2) 设置相关控件的属性如下列源代码所示:

```
<form id="form1" runat="server">
    <div>
        Server 对象应用:<br />
        <br />
        <asp:Button ID="btnServerInfo" runat="server"  Text="读取服务器相关属性" OnClick="btnServerInfo_Click" />
        <asp:Label ID="lblServerInfo" runat="server"></asp:Label>
        <br />
        <asp:TextBox ID="txtPath" runat="server"></asp:TextBox>
        <asp:Button ID="btnPath" runat="server" Text="将相对路径转换为绝对路径" OnClick="btnPath_Click" />
        <asp:Label ID="lblPath" runat="server"></asp:Label>
        <br />
        编码和解码<br />
```

```
        <asp:TextBox ID="txtURL" runat="server"></asp:TextBox>
        <asp:Button ID="btnURlEncode" runat="server" Text="URL 编码" OnClick
        ="btnURlEncode_Click" />
        <asp:Button ID="btnURLDecode" runat="server" Text="URL 解码" OnClick
        ="btnURLDecode_Click" />
        <asp:Label ID="lblURL" runat="server"></asp:Label>
        <br />
        <asp:TextBox ID="txtHtml" runat="server"></asp:TextBox>
        <asp:Button ID ="btnHTMLEncode" runat =" server" Text =" HTML 编码"
        OnClick="btnHTMLEncode_Click" />
        <asp:Button ID =" btnHTMLDecode" runat =" server" Text =" HTML 解码"
        OnClick="btnHTMLDecode_Click" />
        <asp:Literal ID="Literal1" runat="server" Mode="Encode"></asp:Literal>
    </div>
</form>
```

(3) 为事件添加 C#代码如下：

```
protected void btnPath_Click(object sender, EventArgs e)
{
    lblPath.Text=Server.MapPath(txtPath.Text);
}
protected void btnServerInfo_Click(object sender, EventArgs e)
{
    lblServerInfo.Text="<br>服务器计算机名:"+Server.MachineName
        +"<br>页面请求超时时间:"+Server.ScriptTimeout.ToString()+"秒";
}
protected void btnURlEncode_Click(object sender, EventArgs e)
{
    lblURL.Text=Server.UrlEncode(txtURL.Text);
}
protected void btnURLDecode_Click(object sender, EventArgs e)
{
    lblURL.Text=Server.UrlDecode(txtURL.Text);
}
protected void btnHTMLEncode_Click(object sender, EventArgs e)
{
    Literal1.Text=Server.HtmlEncode(txtHtml.Text);
}
protected void btnHTMLDecode_Click(object sender, EventArgs e)
{
    Literal1.Text=Server.HtmlDecode(txtHtml.Text);
}
```

(4) 运行页面,单击相关按钮可获取服务器相关属性,实现 URL 编码与解码,

HTML 编码与解码,如图 5.13 所示。

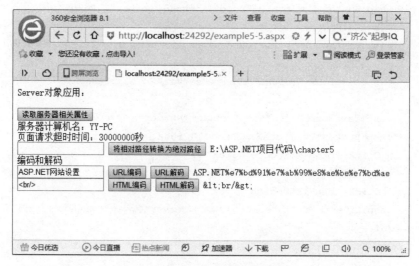

图 5.13　Server 对象应用页面演示

说明:页面运行时会出现如图 5.14 所示错误,需要在对应.aspx 源文件的<Page>标签内设置如下属性。

`<%@ Page validateRequest="false" %>`

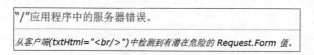

图 5.14　Server 对象应用时错误信息

5.5　Aplication 对象

5.5.1　Aplication 对象的属性和方法

Application 对象是 HttpApplicationState 类的一个实例,可以在多个请求、连接之间共享公用信息,也可以在各个请求连接之间充当信息传递的管道,使用 Application 对象保存希望传递的变量。由于在整个应用程序生存周期中 Application 对象都是有效的,所以在不同的页面中都可以对它进行存取,就如同 C 语言中的全局变量一样方便。Application 对象的主要属性如表 5.9 所示,主要方法如表 5.10 所示。

表 5.9　Application 对象的主要属性

属 性 名	说　　明
AllKeys	获取 HttpApplicationState 集合中的访问键
Count	获取 HttpApplicationState 集合中的对象数

表 5.10 Application 对象的主要方法

方 法 名	说 明
Add()	新增一个新的 Application 对象变量
Clear()	清除全部的 Application 对象变量
GetKey()	按索引关键字获取变量名称
Get()	按索引关键字或变数名称得到变量值
Remove()	按变量名称删除一个 Application 对象
RemoveAt()	按索引名称删除一个 Application 对象
RemoveAll()	删除所有 Application 对象
Lock()	锁定全部的 Application 变量
Set()	使用变量名更新一个 Application 对象变量的内容
UnLock()	解除锁定的 Application 变量

5.5.2 Aplication 对象的应用

【例 5-6】 在 E 盘 ASP.NET 项目代码的 chapter5 目录下创建名为 example5-6 的网页，创建简单聊天室练习 Application 对象的使用。

具体创建步骤如下：

(1) 在页面中添加相应控件，如图 5.15 所示。

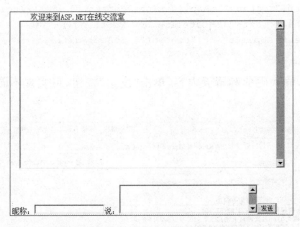

图 5.15 Application 对象应用页面设计

(2) 在网站根目录下添加一个全局应用程序文件 Global.asax，在 Application_Start 事件下添加代码，在网站运行时初始化聊天内容。关于 Global.asax 的具体讲解见 5.8 节。

```
void Application_Start(object sender, EventArgs e)
{
    Application["content"]="";
}
```

(3) 设置相关控件的属性如下列源代码所示：

```
<form id="form1" runat="server">
    <div>
          欢迎来到ASP.NET在线交流室<br />
 <asp:TextBox ID="txtShow" runat="server" Height="302px" TextMode="MultiLine" Width="561px"></asp:TextBox>
        <br />
        昵称:<asp:TextBox ID="txtName" runat="server"></asp:TextBox>
        说:<asp:TextBox ID="txtChart" runat="server" Height="54px" TextMode="MultiLine" Width="290px"></asp:TextBox>
        <asp:Button ID="btnSend" runat="server" Text="发送" OnClick="btnSend_Click" />
    </div>
</form>
```

(4) 为事件添加 C#代码如下：

```
protected void Page_Load(object sender, EventArgs e)
{
    txtShow.Text=Application["content"].ToString();
}
protected void btnSend_Click(object sender, EventArgs e)
{
    Application["content"]=Application["content"].ToString()+txtName.Text+"说:"+txtChart.Text+"("+DateTime.Now.ToString()+")\n";
    txtShow.Text=Application["content"].ToString();
}
```

(5) 运行页面，输入昵称和聊天内容，单击"发送"按钮，可实现不同用户之间的聊天，如图 5.16 所示。

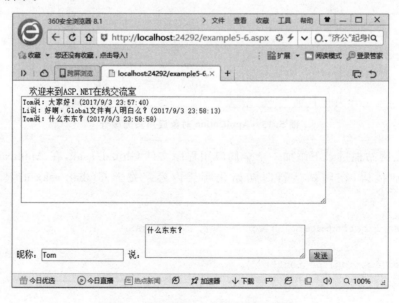

图 5.16　Application 对象应用页面演示

5.6 Session 对象

5.6.1 Session 对象的属性和方法

Session 对象是 HttpSessionState 的一个实例,该类为当前用户会话提供信息,可用于存储会话范围内的信息,以及管理会话。Session 对象的变量只是对一个用户有效,不同用户的会话信息用不同的 Session 对象变量存储。在网络环境下,Session 对象的变量是有生命周期的,如果在规定的时间没有对 Session 对象的变量刷新,系统会终止这些变量。

当用户第一次请求给定的应用程序中的.aspx 文件时,ASP.NET 将生成一个 SessionID。SessionID 是由复杂算法生成的号码,它唯一标识每个用户会话。在新会话开始时,服务器将 SessionID 作为一个 cookie 存储在用户的 Web 浏览器中。Session 对象的主要属性如表 5.11 所示,主要方法如表 5.12 所示。

表 5.11 Session 对象的主要属性

属 性 名	说 明
Count	获取会话状态集合中 Session 对象的个数
TimeOut	获取或设置在会话状态提供程序终止会话之前各请求之间所允许的超时期限(以分钟为单位)
SessionID	获取用于标识会话的唯一会话 ID

表 5.12 Session 对象的主要方法

方 法 名	说 明
Add()	新增一个 Session 对象变量
Clear()	清除全部的 Session 对象变量
CopyTo()	将 Session 对象复制到一维数组中
Get()	按索引关键字或变数名称得到变量值
Remove()	按变量名称删除一个 Session 对象
RemoveAt()	按索引名称删除一个 Session 对象
RemoveAll()	删除所有 Session 对象

5.6.2 Session 对象的应用

【例 5-7】在 E 盘 ASP.NET 项目代码的 chapter5 目录下创建名为 example5-7 和 example5-7-2 的网页,练习 Session 对象的各种属性的使用。

具体创建步骤如下:

(1) 在页面中添加相应控件,如图 5.17 和图 5.18 所示。

(2) 设置相关控件的属性如下列源代码所示:

图 5.17　Session 对象应用 example5-7 页面设计

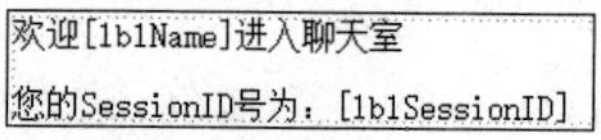

图 5.18　Session 对象应用 example5-7-2 页面设计

example5-7 页：

```
<form id="form1" runat="server">
    Session对象页面间传值<br />
    用户名：<asp:TextBox ID="txtName" runat="server"></asp:TextBox>
    <asp:Button ID="btnLogin" runat="server"  Text="进入聊天室"
    OnClick="btnLogin_Click" />
</form>
```

example5-7-2 页：

```
<form id="form1" runat="server">
    欢迎<asp:Label ID="lblName" runat="server"></asp:Label>进入聊天室<br />
    您的SessionID号为：<asp:Label ID="lblSessionID" runat="server"></asp:Label>
</form>
```

(3) 为事件添加 C♯ 代码如下：

example5-7.cs：

```
protected void btnLogin_Click(object sender, EventArgs e)
{
    Session["name"]=txtName.Text;
    Response.Redirect("example5-7-2.aspx");
}
```

example5-7-2.cs：

```
protected void Page_Load(object sender, EventArgs e)
{
    //判断如果Session["name"]值为null,则跳转回登录页
    if(Session["name"] !=null)
    {
        lblName.Text=Session["name"].ToString();
        lblSessionID.Text=Session.SessionID;
    }
    else
    {
```

```
        Response.Redirect("example5-6.aspx");
    }
}
```

（4）运行页面，填写用户名，单击按钮后进入聊天室页面，不同会话对应不同 SessionID 值，Session["name"]值不共享，如图 5.19 和图 5.20 所示。

图 5.19　Session 对象页面演示 1

图 5.20　Session 对象页面演示 2

5.7　Cookie 对象

5.7.1　Cookie 对象的属性和方法

Cookie 对象是 HttpCookie 类的对象，是保存在客户端的一小段文本信息（4KB 左右），可以保存少量数据，伴随着用户请求和页面在 Web 服务器和浏览器之间传递。用户每次访问站点时,Web 应用程序都可以读取 Cookie 包含的信息。

Cookie 对象跟 Session、Application 类似,也用来保存相关信息,但 Cookie 和其他对象的最大不同是 Cookie 将信息保存在客户端,而 Session 和 Application 是保存在服务器端。无论何时用户连接到服务器,Web 站点都可以访问 Cookie 信息,既方便用户的使用,也方便网站对用户的管理。

可以通过 HttpRequest 的 Cookies 集合访问客户端的 Cookie 文件,通过 HttpResponse 的 Cookies 集合创建新的 Cookie 文件传输保存到客户端。Cookie 对象的主要属性如表 5.13 所示,主要方法如表 5.14 所示。

表 5.13 Cookie 对象的主要属性

属 性 名	说　　明
Name	获取或设置 Cookie 的名称
Value	获取或设置 Cookie 的 Value
Values	获取在单个 Cookie 对象中包含的键值对的集合
Expires	获取或设置 Cookie 的过期日期和时间
Version	获取或设置 Cookie 符合的 HTTP 状态维护版本

表 5.14 Cookie 对象的主要方法

方 法 名	说　　明
Add()	新增一个 Cookie 变量
Clear()	清除 Cookie 集合内的变量
Get()	通过变量名或索引得到 Cookie 的变量值
GetKey()	以索引值获取 Cookie 的变量名称
Remove()	通过 Cookie 变量名删除 Cookie 变量

5.7.2 Cookie 对象的应用

【例 5-8】 在 E 盘 ASP. NET 项目代码的 chapter5 目录下创建名为 example5-8 的网页,练习使用 Request 对象的各种属性。

具体创建步骤如下:
(1) 在页面中添加相应控件,如图 5.21 所示。
(2) 设置相关控件的属性如下列源代码所示:

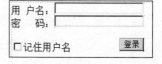

图 5.21 Cookie 对象应用页面设计

```
<form id="form1" runat="server">
    <div>
        用 户 名:<asp:TextBox ID="txtID" runat="server"></asp:TextBox>
        <br />
        密 码:< asp: TextBox ID =" txtPwd" runat =" server" TextMode ="
Password"></asp:TextBox><br />
        <asp:CheckBox ID="chkRem" runat="server" Text="记住用户名" /> 
    
        <asp:Button ID="btnLogin" runat="server" OnClick="btnLogin_Click" Text
```

```
        ="登录" />
        <br />
    </div>
</form>
```

(3) 为事件添加 C#代码如下：

```
protected void Page_Init(object sender, EventArgs e)
{
    if(Request.Cookies["login"] !=null)
    {
        txtID.Text=Request.Cookies["login"].Values["id"];
    }
}
protected void btnLogin_Click(object sender, EventArgs e)
{
    if(chkRem.Checked)
    {
        HttpCookie cookie=new HttpCookie("login");
        cookie.Values.Add("id", txtID.Text);
        cookie.Expires=DateTime.Now.AddMonths(1);
        Response.Cookies.Add(cookie);
    }
    Response.Redirect("example5-7-2.aspx");
}
```

(4) 运行页面，选中"记住用户名"复选框，可将用户名存入 Cookie 文件，下次登录时从客户端的 Cookie 文件中自动读取该用户信息，如图 5.22 所示。

图 5.22　Cookie 对象应用页面演示

说明：由于浏览器不会传递 Cookies 过期时间，而且无法删除客户端的文件，所以无论是修改或者删除 Cookies 都是创建新的 Cookies 去覆盖原有的 Cookies 以达到修改或删除的效果。

5.8 全局应用程序类 Global.asax 文件

Global.asax 文件也称为 ASP.NET 应用程序文件,位于应用程序根目录下,是一个可选文件,提供了一种响应应用程序级事件的方法。ASP.NET 页面框架能够自动识别出对 Global.asax 文件所做的任何更改,在 Global.asax 被更改后 ASP.NET 页面框架会重新启动应用程序,关闭所有的浏览器会话,去除所有状态信息,并重新启动应用程序域。

默认的 Global.asax 文件基本模板代码如下:

```
<%@ Application Language="C#" %>
<script runat="server">
    void Application_Start(object sender, EventArgs e)
    {
        //在应用程序启动时运行的代码
    }
    void Application_End(object sender, EventArgs e)
    {
        //在应用程序关闭时运行的代码
    }
    void Application_Error(object sender, EventArgs e)
    {
        //在出现未处理的错误时运行的代码
    }
    void Session_Start(object sender, EventArgs e)
    {
        //在新会话启动时运行的代码
    }
    void Session_End(object sender, EventArgs e)
    {
        //在会话结束时运行的代码
        //注意: 只有在 Web.config 文件中的 sessionstate 模式设置为
        //InProc 时才会引发 Session_End 事件。如果会话模式设置为 StateServer
        //或 SQLServer,则不引发该事件
    }
</script>
```

Global.asax 中对应事件及相关说明如表 5.15 所示。

表 5.15　Global.asax 中处理的事件

事件名	说明
Application_Start	在应用程序(网站)第一次运行时触发执行
Session_Start	在每个会话第一次访问应用程序时触发执行
Application_Error	在应用程序的用户抛出一个错误时触发。它适合于提供应用程序级的错误处理,或者把错误记录到服务器的事件日志中
Session_End	在会话超时、失效时触发执行
Application_End	在应用程序(网站)结束时触发。因为 ASP.NET 内有很好的垃圾处理机制,可以有效地完成关闭和清理剩余对象的任务,所以通常该事件使用较少

【例 5-9】 在 E 盘 ASP.NET 项目代码的 chapter5 目录下创建名为 example5-9 的网页,在 Global.asax 文件中添加相关事件,综合使用 Session 对象和 Application 对象。具体创建步骤如下:

(1) 在页面中添加相应控件,如图 5.23 所示。

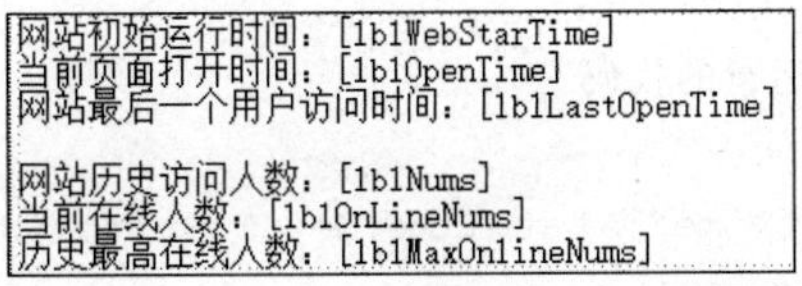

```
网站初始运行时间：[lblWebStarTime]
当前页面打开时间：[lblOpenTime]
网站最后一个用户访问时间：[lblLastOpenTime]

网站历史访问人数：[lblNums]
当前在线人数：[lblOnLineNums]
历史最高在线人数：[lblMaxOnlineNums]
```

图 5.23　Global.asax 文件应用页面设计

(2) 设置相关控件的属性如下列源代码所示:

```
<form id="form1" runat="server">
    <div>
        网站初始运行时间:<asp:Label ID="lblWebStarTime" runat="server"></asp:Label><br />
        当前页面打开时间:< asp:Label ID="lblOpenTime" runat="server"></asp:Label>
        <br />
        网站最后一个用户访问时间:<asp:Label ID="lblLastOpenTime" runat="server"></asp:Label>
        <br />
        网站历史访问人数:<asp:Label ID="lblNums" runat="server"></asp:Label>
        <br />
        当前在线人数:<asp:Label ID="lblOnLineNums" runat="server" Text=""></asp:Label>
        <br />
        历史最高在线人数:<asp:Label ID="lblMaxOnlineNums" runat="server" Text=""></asp:Label>
    </div>
</form>
```

(3) 为事件添加 C# 代码如下：

example5-9.cs：

```csharp
protected void Page_Load(object sender, EventArgs e)
{
    lblWebStarTime.Text=Application["startTime"].ToString();
    lblOpenTime.Text=Session["openTime"].ToString();
    lblLastOpenTime.Text=Application["lastOpenTime"].ToString();
    lblNums.Text=Application["nums"].ToString();
    lblOnLineNums.Text=Application["online"].ToString();
    lblMaxOnlineNums.Text=Application["maxOnline"].ToString();
}
```

Global.asax：

```csharp
void Application_Start(object sender, EventArgs e)
{
    Application["content"]="";
    //在应用程序启动时运行的代码
    //设置网站初始运行时间
    Application["startTime"]=DateTime.Now.ToString();
    //设置网站访问总人数为 0
    Application["nums"]=0;
    //设置网站在线人数为 0
    Application["online"]=0;
    //设置历史最高在线人数为 0
    Application["maxOnline"]=0;
}
void Session_Start(object sender, EventArgs e)
{
    //设置 Session 失效时间为 1 分钟
    Session.Timeout=1;
    //设置当前会话打开时间
    Session["openTime"]=DateTime.Now.ToString();
    Application.Lock();
    //设置整个网站内最新会话打开时间
    Application["lastOpenTime"]=DateTime.Now.ToString();
    //新会话打开,设置访问人数加 1
    Application["nums"]=(int)Application["nums"]+1;
    //新会话打开,设置在线人数加 1
    Application["online"]=(int)Application["online"]+1;
    //如果当前在线人数大于历史最高在线人数,则重新赋值历史最高在线人数
    if((int)Application["online"]>(int)Application["maxOnline"])
    {
        Application["maxOnline"]=Application["online"];
```

}
　　Application.UnLock();
}
void Session_End(object sender, EventArgs e)
{
　　Application.Lock();
　　//会话关闭,设置在线人数减 1
　　Application["online"]=(int)Application["online"]-1;
　　Application.UnLock();
}

（4）运行页面,打开多个浏览器输入网址 http://localhost:24292/example5-9.aspx,模拟多用户访问网站,分析各事件的触发执行以及 Application 对象和 Session 对象的作用范围,如图 5.24 所示。

图 5.24　Global.asax 文件应用页面演示

说明：

（1）Session.Timeout 属性表示 Session 失效时间,默认值为 20 分钟,页面处于非活动状态或者关闭 20 分钟后触发 Seeion_End 事件。Session.Timeout 的最小值为 1(1 分钟),最大值为 1440(24 小时)。该数值越小越会早触发 Seeion_End 事件,但短有效期会让登录等操作很快失效；数值越大有效期越长,但较晚触发 Seeion_End 事件也会导致同步性较差。

（2）Application 对象的值为网站中所有会话共享,可能会出现两个或者多个用户同时对这一变量进行操作而产生冲突,而 Application.Lock() 和 Application.Unlock() 就是为了解决这一问题的,使用 Lock() 就能确保在某一时段所有连接到服务器的用户之中只有一个用户能获得存取或修改该 Application 变量的权限(即对该公共变量进行锁定操作),其他任何用户只能等当前权限用户执行 UnLock() 结束其锁定或者当前 ASP.NET 程序终止执行。

（3）本实例只做了最基本的网站人数统计,网站的实际应用中可在 Application_End 事件内添加代码,将网站关闭时的统计信息存入数据库或文件,在 Application_Start 事件内添加代码,在网站再次运行时读取该统计信息。

第 6 章 主题、母版页与用户控件

本章学习目标
- 了解主题的基本使用方法；
- 熟练掌握母版页的使用方法；
- 熟练掌握用户控件的使用方法。

本章首先介绍主题的概念，创建主题并进行主题的动态选择应用，然后讲解母版页的基本原理及应用，最后讲解自定义控件的应用以及 Web 窗体与自定义控件的转换。

6.1 主　　题

6.1.1 主题的简单应用

在 Web 应用程序开发中，良好的 Web 应用界面能够让访问者耳目一新，网站的美观主要涉及页面的布局和控件的属性设置，具体实现中通过 CSS 可以控制静态页面布局以及各标签的样式，但服务器控件的大部分属性无法通过 CSS 样式表进行控制，为了解决这一问题，ASP.NET 提供了"主题"这一新外观设置方式。

主题(Theme)是外观设置的集合，包括一系列元素，如皮肤(.skin 文件)、样式表(.css 文件)、图像等资源，通过主题的设置能够定义页面和控件的样式。主题文件的创建方法如图 6.1 所示，主题文件通常保存在 Web 应用程序的特殊目录下，创建外观文件时 Visual Studio 2012 会提示是否将文件存放到特定目录，如图 6.2 所示。

单击"是"按钮，主题文件会存放在 App_Themes 文件夹中。可以根据需要在外观模板中分别设置网站默认外观标记和包含皮肤 SkinId 属性的命名外观标记，主题提示文本如下：

```
<%--
默认的外观模板。以下外观仅作为实例提供。
1.命名的控件外观。SkinId 的定义应唯一,因为在同一主题中不允许一个控件类型有重复的 SkinId。
<asp:GridView runat="server" SkinId="gridviewSkin" BackColor="White" >
   <AlternatingRowStyle BackColor="Blue" />
```

第 6 章　主题、母版页与用户控件　　129

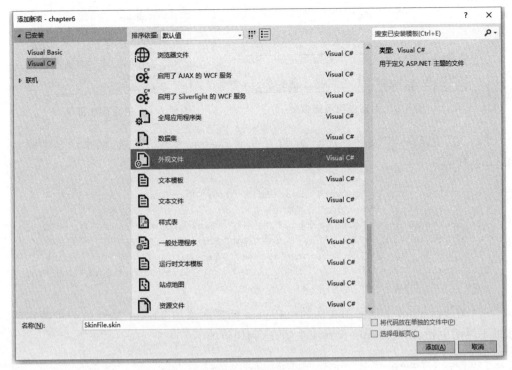

图 6.1　创建新外观文件

图 6.2　将主题文件存放在系统文件夹

```
</asp:GridView>
```
2. 默认外观。未定义 SkinId。在同一主题中每个控件类型只允许有一个默认的控件外观。
```
<asp:Image runat="server" ImageUrl="~/images/image1.jpg" />
--%>
```

【例 6-1】　在 E 盘 ASP.NET 项目代码目录中创建 chapter6 子目录，将其作为网站根目录，创建名为 example6-1 的网页。

具体创建步骤如下：

（1）在 example6-1 网页添加若干 Button 按钮，如图 6.3 所示。

（2）在网站根目录下添加名为"主题1.skin"的皮肤文件，存放在 App_Themes 文件夹的子文件夹 Theme1 内，如图 6.4 所示。

图 6.3 主题应用页面设计　　　　图 6.4 主题存放目录

(3) 对"主题.skin"文件进行配置,设置一个 Button 的默认主题,两个命名主题 red 和 blue,代码如下:

```
<asp:Button runat="server" Font-Bold="True" Font-Names="Algerian" ForeColor="#669999" Height="30px" />
<asp:Button SkinID="blue" runat="server" BackColor="#3333CC" BorderStyle="Dashed" BorderWidth="1px" Font-Size="30pt" ForeColor="#FFFF99" />
<asp:Button SkinID="red" runat="server" BackColor="Red" Font-Bold="True" Font-Italic="True" Font-Overline="True" Font-Size="25pt" Font-Strikeout="True" Font-Underline="True" />
```

(4) 在 example6-1 页面源文件的<Page>标签内添加 Theme 属性进行主题声明,如果不声明主题,则页面无法找到该主题,示例代码如下:

```
<%@ Page Language="C#" AutoEventWireup="true" CodeFile="example6-1.aspx.cs" Inherits="example6_1" Theme="Theme1" %>
```

(5) 设置"命名主题 1"和"命名主题 2"按钮的 SkinID 属性值,分别赋值为 red 和 blue。可以在源文件中直接设置,也可以在"属性"窗口中选择,如图 6.5 所示。

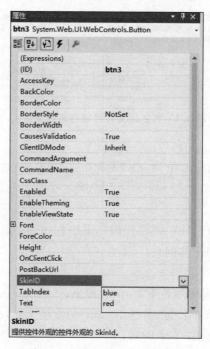

图 6.5 控件主题 ID 属性设置

(6) 运行页面,前两个按钮直接应用默认主题,后两个按钮应用对应的命名主题,显示外观如图 6.6 所示。

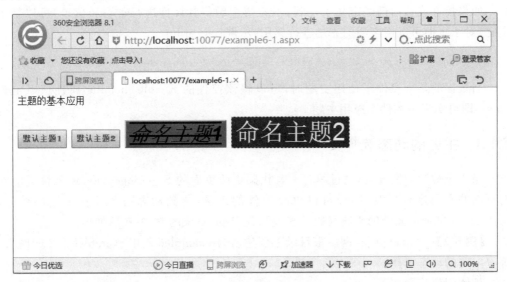

图 6.6　主题应用页面演示

说明:每个控件的皮肤标签内包含的属性与该控件声明标签内包含的属性基本相同,比较简单的构建皮肤标签的方法是直接将已经设置好外观的控件标签粘贴到皮肤文件中,然后去掉唯一标识的 ID 属性和呈现文本外观的 Text 等属性,其中 ID 属性是必须要去掉的。

6.1.2　页面主题和全局主题

主题文件可以应用于网站内的一个或多个页面,这种主题文件称为"页面主题"。主题文件也可以应用于网站的每一个页面,使得每个页面都使用默认的主题,这种主题文件称为"全局主题"。页面主题可以灵活地设置每个页面的风格,例 6-1 使用的就是页面主题;而全局主题可以使整个网站中的页面保持一致的风格,大型网站通常采用全局主题。

使用全局主题时需要修改 Web.config 配置文件中的<pages>配置节进行主题的全局设定,添加代码如下,则网站中的所有页面均使用 Theme1 中的主题。

```
<system.web>
    <pages theme=" Theme1">
    </pages>
</system.web>
```

当一个控件使用主题后,对于页面中该控件的属性的编写是没有任何效果的,也就是说即使页面上控件已经具备自己的属性设置,但是只要应用了默认主题或者命名主题,在主题中存在的部分属性将会服从主题属性设置。对于页面而言,如果既存在页面主题也存在全局主题,页面主题的属性将会被全局属性更改,全局属性中没有设置的属性将继续保留。

如果控件或页面已经定义了外观,不希望主题将其属性进行重写和覆盖,可以禁用主题,对于页面可以用声明的方法进行禁用,示例代码如下:

```
<%@ Page Language="C#" AutoEventWireup="true" EnableTheming="false" %>
```

当页面的某个控件不使用主题时,可以将该控件的 EnableTheming 属性值赋值为 False,即可实现该控件不应用主题。

6.1.3 主题的动态选择

当主题被制作完成后,通过编写 C♯代码更改页面的 StyleSheetTheme 属性就能够对页面的主题进行更改,同样可以更改控件的主题,达到动态更改控件主题的效果。StyleSheetTheme 属性的更改代码只能编写在 Page 对象的 PreInit 事件中。

【例 6-2】 在 chapter6 网站根目录下创建名为 example6-2 和 example6-2-2 的网页,练习主题的动态选择。

具体创建步骤如下:

(1)在 example6-2 和 example6-2-2 页面分别添加若干控件,如图 6.7 和图 6.8 所示。

图 6.7 动态主题应用 example6-2 页面设计　　图 6.8 动态主题应用 example6-2-2 页面设计

(2)在"属性"窗口或"源"视图中修改控件属性如下:

example6-2 页:

```
<form id="form1" runat="server">
    <div>
        请选择网站风格<br />
        <asp:RadioButtonList ID="rbtnlTheme" runat="server" RepeatDirection="Horizontal">
            <asp:ListItem Selected =" True " Value =" Theme2 "> 彩色世界 </asp:ListItem>
            <asp:ListItem Value="Theme3">深沉典雅</asp:ListItem>
        </asp:RadioButtonList>
        <br />
        <asp:Button ID="btnLogin" runat="server" OnClick="btnLogin_Click" Text="进入网站" />
```

```
        </div>
    </form>
```

example6-2-2 页：

```
<form id="form1" runat="server">
    <div>
      <asp:Label ID="lblInfo" runat="server" Text="欢迎来到 ASP.NET 学习小站">
      </asp:Label>
      <br />
      <asp:Calendar ID="Calendar1" runat="server" ForeColor="Gray"></asp:Calendar>
    </div>
    </form>
```

(3) 为页面添加相关事件,并编辑代码如下：

example6-2.cs：

```
protected void btnLogin_Click(object sender, EventArgs e)
{
    Session["theme"]=rbtnlTheme.SelectedValue;
    Response.Redirect("example6-2-2.aspx");
}
```

example6-2-2.cs：

```
protected void Page_PreInit(object sender, EventArgs e)
{
    //如果未选择主题,跳转页面
    if(Session["theme"] ==null)
    {
        Response.Redirect("example6-2.aspx");
    }
    else
    {
        //设置页面应用的主题
        Page.Theme=Session["theme"].ToString();
    }
}
```

(4) 在网站根目录下添加名为 Theme1 和 Theme2 的文件夹以及"主题 2.skin"和"主题 3.skin"的皮肤文件,如图 6.9 所示。

(5) 在"主题 2.skin"和"主题 3.skin"中设置主题属性,代码如下：

主题 2.skin：

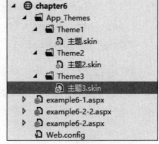

图 6.9 主题文件结构图

```
<asp:Calendar runat="server" BackColor="#FFFFCC" BorderColor="#FFCC66"
BorderWidth="1px" DayNameFormat="Shortest" Font-Names="Verdana"
    Font-Size="8pt" ForeColor="#663399" Height="200px" ShowGridLines=
    "True" Width="220px">
    <DayHeaderStyle BackColor="#FFCC66" Font-Bold="True" Height="1px" />
    <NextPrevStyle Font-Size="9pt" ForeColor="#FFFFCC" />
    <OtherMonthDayStyle ForeColor="#CC9966" />
    <SelectedDayStyle BackColor="#CCCCFF" Font-Bold="True" />
    <SelectorStyle BackColor="#FFCC66" />
    <TitleStyle BackColor="#990000" Font-Bold="True" Font-Size="9pt"
    ForeColor="#FFFFCC" />
    <TodayDayStyle BackColor="#FFCC66" ForeColor="White" />
</asp:Calendar>
<asp:Label runat="server" Font-Bold="True" Font-Italic="True" Font-Size=
"30pt" ForeColor="Red" ></asp:Label>
```

主题3. skin：

```
<asp:Calendar  runat="server" BackColor="White" BorderColor="Black"
DayNameFormat="Shortest"
    Font-Names="Times New Roman" Font-Size="10pt" ForeColor="Black"
    Height="220px"
    NextPrevFormat="FullMonth" TitleFormat="Month" Width="400px">
    <DayHeaderStyle BackColor="#CCCCCC" Font-Bold="True" Font-Size=
    "7pt" ForeColor="#333333" Height="10pt" />
    <DayStyle Width="14%" />
    <NextPrevStyle Font-Size="8pt" ForeColor="White" />
    <OtherMonthDayStyle ForeColor="#999999" />
    <SelectedDayStyle BackColor="#CC3333" ForeColor="White" />
    <SelectorStyle BackColor="#CCCCCC" Font-Bold="True" Font-Names=
    "Verdana" Font-Size="8pt" ForeColor="#333333" Width="1%" />
    <TitleStyle BackColor="Black" Font-Bold="True" Font-Size="13pt"
    ForeColor="White" Height="14pt" />
    <TodayDayStyle BackColor="#CCCC99" />
</asp:Calendar>
<asp:Label runat="server" Font-Bold="True" Font-Size="30pt" ForeColor=
"Gray" ></asp:Label>
```

（6）运行example6-2页面，选择网站风格后单击"进入网站"按钮，如图6.10所示。选择"深沉典雅"单选按钮后，example6-2-2页面的运行效果如图6.11所示。

图 6.10 主题选择页面

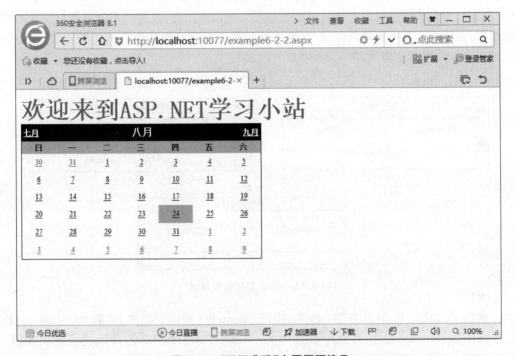

图 6.11 "深沉典雅"主题页面演示

6.2 母 版 页

  在 Web 应用开发过程中,有很多页面的布局及基本内容都是相同的,如导航栏、版权信息等。在 ASP.NET 中,可以使用 CSS 和主题实现多页面的布局问题,同时 ASP.NET4.5 还提供了更加方便实用、更加健壮的母版页技术。

6.2.1 母版页基础

母版页是用来设置页面公共部分外观和功能的模板,是一种特殊的ASP.NET网页文件,开发人员能够使用母版页定义某一组页面的呈现样式,从而实现定义整个网站页面的呈现样式。

母版页的使用与普通页面类似,母版页的扩展名以.master结尾,可以在页面内放置HTML控件和Web控件等。母版页仅仅是一个页面模板,不能被浏览器直接查看,必须被其他页面使用后才能进行显示。它的使用跟普通页面一样,可以可视化的设计,也可以编写后置代码。与普通页面不一样的是,它包含ContentPlaceHolder控件,ContentPlaceHolder控件是预留显示内容的页面区域。

母版页和内容页有着严格的对应关系,母版页中包含多少个ContentPlaceHolder控件,内容页中也必须设置多少个与其相对应的Content控件,当客户端浏览器向服务器发出请求,要求浏览某个内容页面时,引擎将同时执行内容页和母版页的代码,并将最终结果发送给客户端浏览器,如图6.12所示。

图6.12 母版页和内容窗体

在母版页运行后,内容窗体中的Content控件会被映射到母版页的ContentPlaceHolder控件,并向母版页中的ContentPlaceHolder控件填充自定义控件。母版页和内容窗体将会整合形成结果页面,然后呈现给用户的浏览器。母版页运行的具体步骤如下:

(1) 通过URL指令加载内容页面。
(2) 处理页面指令。
(3) 将更新过内容的母版页合并到内容页面的控件集合里。
(4) 将单独的ContentPlaceHolder控件的内容合并到相对的母版页中。
(5) 加载合并的页面并显示给浏览器。

6.2.2 母版页的应用

从用户的角度来说,母版页和内容窗体的运行并没有什么本质的区别,在运行的过程中 URL 是唯一的。而从开发人员的角度来说，母版页和内容窗体分别是单独而离散的页面，分别进行各自的工作，在运行后合并生成相应的结果页面呈现给用户。下面以具体示例来讲解母版页的应用。

【例 6-3】 在 chapter6 网站根目录下创建一个母版页，简单设置母版页，并添加内容页 example6-3，使其继承自该母版页。

具体创建步骤如下：

（1）在网站根目录下用鼠标右击"添加项"选项，从弹出的快捷菜单中选择"母版页"命令，向项目中添加一个母版页，如图 6.13 所示。

图 6.13　添加母版页

（2）对 MasterPage.master 母版页进行页面布局，拆分为图 6.14 所示的 5 部分，母版页最终的页面设计如图 6.15 所示。

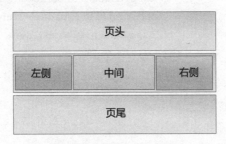

图 6.14　母版页页面布局

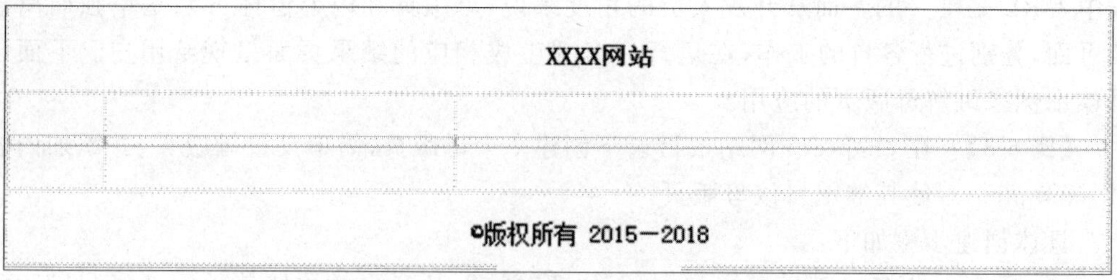

图 6.15　母版页最终布局效果

(3) 在页头和页尾两部分分别设置文本内容,对中部内容项添加 ContentPlaceHolder 控件,设置源文件如下:

```
<form id="form1" runat="server">
    <div>
    <table class="style1">
      <tr>
          <td class="style2">
              XXXX 网站</td>
      </tr>
      <tr>
          <td class="auto-style1">
              <table class="style1">
                  <tr>
                      <td class="style4">
                          <asp:ContentPlaceHolder id=
                          "ContentPlaceHolder1" runat="server">
                           </asp:ContentPlaceHolder>
                      </td>
                      <td class="style5">
                        <asp:ContentPlaceHolder id="ContentPlaceHolder2"
                        runat="server">
                       </asp:ContentPlaceHolder></td>
                      <td class="style6">
                          <asp:ContentPlaceHolder id=
                          "ContentPlaceHolder3" runat="server">
                          </asp:ContentPlaceHolder>
                      </td>
                  </tr>
              </table>
          </td>
      </tr>
      <tr>
          <td class="style3">
          &copy;版权所有 2015—2018
```

```
            </td>
        </tr>
    </table>
</div>
</form>
```

（4）添加内容页 example6-3，在创建 Web 窗体时选中"选择母版页"复选框，如图 6.16 所示。单击"添加"按钮，系统会提示选择相应的母版页，选择相应的母版页后单击"确定"按钮即可创建内容页窗体，如图 6.17 所示。

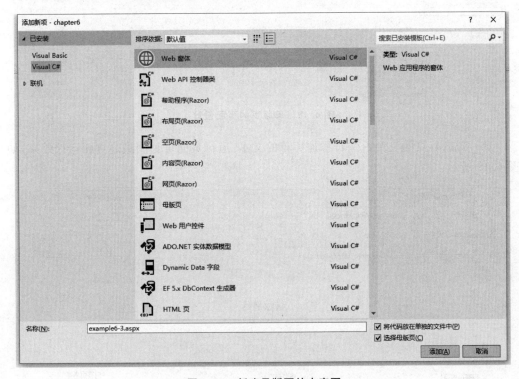

图 6.16 新建母版页的内容页

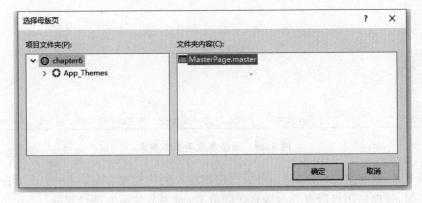

图 6.17 母版页的选择

（5）内容页如图 6.18 所示，继承了母版页的基本页面布局，对应母版页的三个 ContentPlaceHolder 控件，自动创建三个对应的 Content 控件区，可在该内容标签内增加控件或自定义内容。

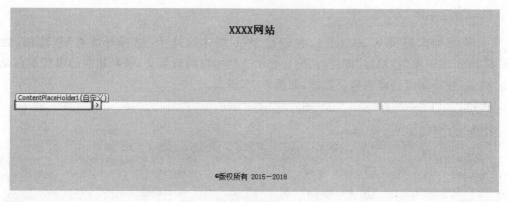

图 6.18　母版页的页面设计

（6）向内容页的三个占位符添加简单的文本，运行页面可见到最终页面运行效果，如图 6.19 所示。

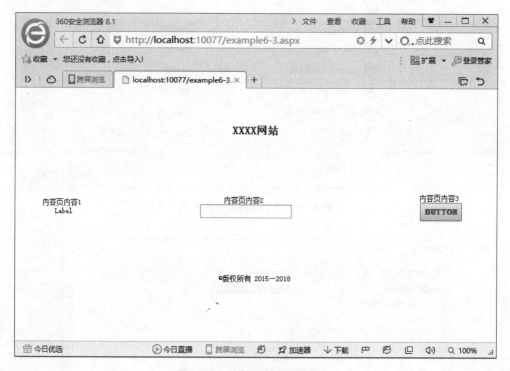

图 6.19　母版页应用页面演示

当编写 Web 应用时，可以使用母版页设计较大型的框架布局，对一个页面进行整体的样式控制，可以使用母版页与母版页之间嵌套，对细节的地方进行细分。

6.3 用户控件

在本章前两节的讲解中了解到,使用主题可以增强属性设置的可复用性,使用母版页可以增强页面设计的可复用性,本节将要讲解的自定义控件可以提升控件的可复用性。在 ASP 编程中,开发人员经常使用 Include 方式包含其他文件,从而简化编程过程。而在 ASP.NET 中,使用控件能够提高应用程序中控件的复用性。在 ASP.NET 中提供的用户控件,允许用户进行控件组合并编写代码实现某些特定功能。

6.3.1 用户控件基础

开发人员可以根据应用程序的需求,方便地定义和编写用户控件,所使用的编程技术与编写 Web 窗体的技术相同,并且当对控件进行修改时,可将所有使用该控件的页面同步更改。

用户控件创建完毕后会生成一个.ascx 页面,源文件如下:

```
<%@ Control Language="C#" AutoEventWireup="true" CodeFile="UserLogin.ascx.cs" Inherits="UserLogin" %>
```

.ascx 页面结构与.aspx 页面编辑区域基本没有太大区别,只是用户控件中没有 `<html><body>` 等标记,因为.ascx 页面是作为控件被引用到其他页面,引用的页面中已经包含 `<body><html>` 等标记。

用户控件的使用方法与系统提供的控件基本一致,可以在解决方案内用鼠标左键按住.ascx 文件直接向页面中进行拖曳添加,对应页面的源中会同步添加 `<ucl>` 标签,并在页面的 Page 标签下生成 Register 标签,基本内容如下:

```
<%@ Register src="UserLogin.ascx" tagname="UserLogin" tagprefix="uc1" %>
```

在标签内声明了用户控件的引用,其主要的属性如表 6.1 所示。

表 6.1 Register 标签的主要属性

属性名	说明
tagPrefix	定义控件位置的命名空间。有了命名空间的制约,就可以在同一个页面中使用不同功能的同名控件
tagName	指向所用控件的名字
src	用户控件的文件路径,可以为相对路径或绝对路径,但不能使用物理路径

说明:

(1) 物理路径(Physical path)是指硬盘上文件的路径,如 d:\asp\html\a.html。

(2) 绝对路径(Absolute Path)是带有网址的路径。如一个域名 www.asp.com,其域名指向 d:\asp,那么文件就可以表示为 http://www.asp.com/html/a.html。

6.3.2 用户控件的应用

在网站程序开发中,导航控件经常使用用户控件实现,当功能发生改变时只需要修改用户控件即可,用户控件的使用如同函数调用一样方便。

【例 6-4】 在 chapter6 网站根目录下创建一个用户控件,使用基本控件组合一个简单的登录功能的用户控件,添加内容页 example6-4 并在该页中使用登录用户控件。

具体创建步骤如下:

(1) 在网站根目录下用鼠标右击"添加项"选项,向项目中添加一个名为 UserLogin.ascx 的 Web 用户控件,如图 6.20 所示。

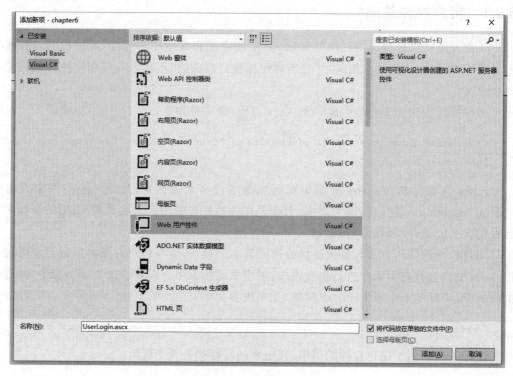

图 6.20 创建用户控件

(2) 向 UserLogin.ascx 控件内添加基本动态控件,页面设计如图 6.21 所示。

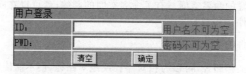

图 6.21 用户控件页面设计

(3) 设置用户控件内各控件属性如下列源代码所示:

```
<style type="text/css">
    .auto-style1 {
```

```
            width: 26%;
        }
        .auto-style2 {
            color: #000000;
            background-color: #C0C0C0;
        }
        .auto-style3 {
            background-color: #C0C0C0;
        }
        .auto-style4 {
            width: 1062px;
            color: #000000;
            background-color: #C0C0C0;
        }
        .auto-style5 {
            width: 478px;
            color: #000000;
            background-color: #C0C0C0;
        }
        .auto-style6 {
            color: #000000;
            width: 707px;
            background-color: #C0C0C0;
        }
</style>
<table class="auto-style1">
<tr>
<td class="auto-style2" colspan="3">用户登录</td>
</tr>
<tr>
<td class="auto-style6">ID:</td>
<td class="auto-style3" colspan="2">
<asp:TextBox ID="txtID" runat="server"></asp:TextBox>
< asp: RequiredFieldValidator ID =" RequiredFieldValidator1 " runat =" server"
ErrorMessage="用户名不可为空" ControlToValidate =" txtID" ForeColor =" Red"
SetFocusOnError="True"></asp:RequiredFieldValidator>
</td>
</tr>
<tr>
<td class="auto-style6">PWD:</td>
<td class="auto-style3" colspan="2">
< asp: TextBox ID =" txtPassword" runat =" server" TextMode =" Password" > </asp:
TextBox>
< asp: RequiredFieldValidator ID =" RequiredFieldValidator2" runat =" server"
ErrorMessage="密码不可为空" ControlToValidate="txtPassword" ForeColor="Red"
```

```
SetFocusOnError="True"></asp:RequiredFieldValidator>
</td>
</tr>
<tr>
<td class="auto-style6"> </td>
<td class="auto-style5">
<asp:Button ID="btnClear" runat="server" OnClick="btnClear_Click" Text="清空" />
</td>
<td class="auto-style4">
<asp:Button ID="btnLogin" runat="server" OnClick="btnLogin_Click" Text="确定" />
    </td>
  </tr>
</table>
```

（4）为 UserLogin.ascx 内的控件添加事件，编辑代码如下：

```
protected void btnClear_Click(object sender, EventArgs e)
{
    txtID.Text="";
    txtPassword.Text ="";
    txtID.Focus();
}
protected void btnLogin_Click(object sender, EventArgs e)
{
    if(txtID.Text =="admin" && txtPassword.Text =="123456")
    {
        Response.Write("<script>alert('登录成功!');location='admin.aspx';</script>");
    }
    else
    {
        Response.Write("<script>alert('用户名或者密码错误!');</script>");
    }
}
```

（5）在网站根目录下添加页面 example6-4.aspx。

（6）在解决方案中用鼠标按住 UserLogin.ascx 控件的图标 UserLogin.ascx，拖曳添加到 example6-4.aspx 页面中。

（7）运行 example6-4 页面，可以直接使用 UserLogin.ascx 用户控件的所有功能，如图 6.22 所示。

6.3.3 将 Web 窗体转换成用户控件

在编写用户控件时会发现 Web 窗体的结构和用户控件的结构基本相同，如果已经

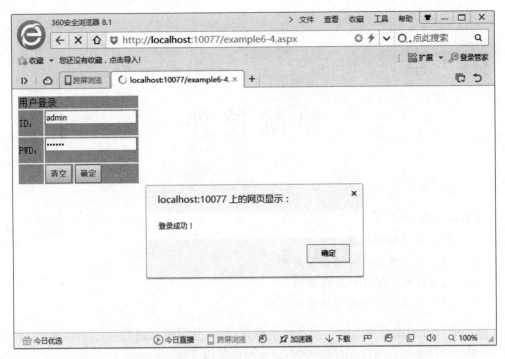

图 6.22　用户控件应用页面演示

开发了 Web 窗体，并在应用程序全局中多次使用 Web 窗体，那么就可以将 Web 窗体改成用户控件。

Web 窗体和用户控件的区别如下：

（1）Web 窗体中有＜body＞＜html＞＜head＞等标记，而用户控件没有。

（2）Web 窗体和用户控件所声明的方法不同。

在了解以上区别后，可以很容易地将 Web 窗体转换成用户控件。首先需要删除＜body＞＜html＞＜head＞等标记。在删除标记后，对窗体的声明方式进行更改。对于 Web 窗体，其标记方式如下面代码所示：

```
<%@ Page Language="C#" AutoEventWireup="true" CodeBehind="Default.aspx.cs" Inherits="_11_1._Default" %>
```

而对于用户控件，声明代码如下：

```
<%@ Control Language="C#" AutoEventWireup="true"CodeBehind="mycontrol.ascx.cs" Inherits="_11_1.mycontrol" %>
```

在将 Web 窗体更改为用户控件时需要将 Page 标签更改为 Control 标签，就可以完成从 Web 窗体向用户控件的转换。

第7章 导航控件

本章学习目标
- 了解站点地图的配置；
- 熟练掌握树状图控件的使用方法；
- 熟练掌握菜单控件的使用方法；
- 了解站点路径控件的使用方法。

本章首先介绍站点地图的作用及基本属性，然后介绍树状图控件(TreeView)、菜单控件(Menu)以及站点路径控件(SiteMapPath)的使用方法。

7.1 站 点 地 图

一个大型的网站通常包含成百上千的网页，在不同页面之间实现快捷方便的导航显得尤为重要。传统的网站导航需要在页面上通过超链接的方式来实现，在页面修改或移动的时候需要在每个页面进行一一修改。在 ASP.NET 网站中可以建立站点地图，把所有的链接地址放在一个专门的文件中进行统一管理，并通过绑定相应的导航控件提供显示和导航链接，方便进行页面的导航管理。

站点地图是一个以 .sitemap 为扩展名的 XML 文件，该文件是一个标准的、有固定格式的 XML 文件，所有导航控件都可以使用 Web.sitemap 文件作为数据源。XML 文件中的＜sitemap＞和 HTML 文件中的＜html＞一样，表示整个文件的开始和结束。siteMapNode 节点表示一个链接或目录节点，允许嵌套，默认情况下该节点有三个属性：url 表示链接地址，如果是父节点可以为空，title 表示在节点上显示的文字，description 为节点描述，一般可以为空。

【例 7-1】 在 E 盘 ASP.NET 项目代码目录中创建 chapter7 子目录，将其作为网站根目录，添加一个站点地图文件，设置相关属性存储某一大学的组织层次结构。

具体创建步骤如下：

(1) 在网站根目录下的 ▲ ⊕ chapter7 图标上右击，从弹出的快捷菜单中选择"添加"→"添加新项"命令，在已安装模板中选择"站点地图"，如图 7.1 所示。

(2) 默认站点地图 Web.sitemap 文件中包含如下 XML 文件：

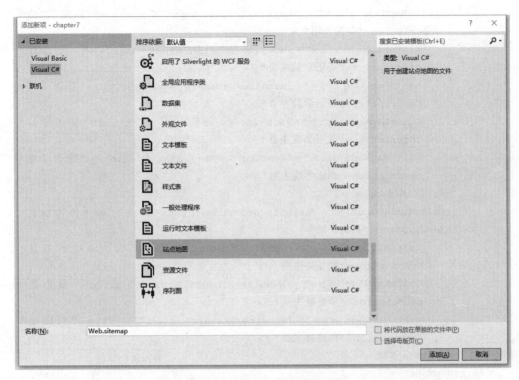

图 7.1 添加"站点地图"模板

```
<?xml version="1.0" encoding="utf-8" ?>
<siteMap xmlns="http://schemas.microsoft.com/AspNet/SiteMap-File-1.0" >
<siteMapNode url="" title=""  description="">
    <siteMapNode url="" title=""  description="" />
    <siteMapNode url="" title=""  description="" />
</siteMapNode>
</siteMap>
```

说明：只有位于根目录下且名称为 Web.sitemap 的站点地图文件才会被自动加载。站点地图内的主要属性如下：

- version：表示 XML 的版本号。
- encoding：表示编码方式。
- url：表示网页的资源路径。
- title：表示显示的文本。
- description：表示鼠标停留在文本上的内容提示。

(3) 在窗口中编辑 XML 文件如下：

```
<?xml version="1.0" encoding="utf-8" ?>
<siteMap xmlns="http://schemas.microsoft.com/AspNet/SiteMap-File-1.0" >
    <siteMapNode url="~/Website/Main.aspx" title="外国语大学" description="
    大学主页">
```

```
        <siteMapNode url =" ~/Website/School. aspx"   title =" 学 院 设 置"
        description="学院介绍" >
            <siteMapNode url =" ~/Website/English. aspx"   title =" 英 语 学 院"
            description="英语学院主页" />
            <siteMapNode url =" ~/Website/Japanese. aspx"   title =" 日 语 学 院"
            description="日语学院主页" />
            <siteMapNode url =" ~/Website/Russia. aspx "   title =" 俄 语 学 院"
            description="俄语学院主页" />
            <siteMapNode url =" ~/Website/Germany. aspx "   title =" 德 语 学 院"
            description="德语学院主页" />
        </siteMapNode>
        <siteMapNode url =" ~/Website/Department. aspx "   title =" 机 构 设 置"
        description="机构介绍" >
            <siteMapNode url =" ~/Website/Academic. aspx "   title =" 教 务 处"
            description="教务处主页" />
            <siteMapNode url =" ~/Website/Student. aspx "   title =" 学 生 处"
            description="学生处主页" />
            <siteMapNode url =" ~/Website/Research. aspx "   title =" 科 研 处"
            description="科研处主页" />
        </siteMapNode>
    </siteMapNode>
</siteMap>
```

(4) 编辑完成的站点地图文件表示 10 个页面的层次关系，如图 7.2 所示。

说明：

(1) 在 url 属性值中，如果列出了不存在的 URL，将导致请求 Web 应用程序失败。

(2) 在 url 属性值中，如果添加了相关参数(如 url ="Second. aspx? id=1")，也有可能导致请求 Web 应用程序失败。

```
外国语大学
    学院设置
        英语学院
        日语学院
        俄语学院
        德语学院
    机构设置
        教务处
        学生处
        科研处
```

图 7.2 站点地图对应的结构图

7.2 树状图控件

7.2.1 TreeView 控件的属性、方法和事件

TreeView 控件在工具箱中的图标为 TreeView，封装在 System. Web. UI. Control. WebControl 命名空间中的 TreeView 类中。TreeView 控件呈现的外观类似一棵数据结构中的树，可以在用户单击某个节点时作出响应更改展开或者折叠状态，并能提供超链接或者复选框的部分功能，在信息管理中具有广泛应用。TreeView 控件的属性众多，主要属性如表 7.1 所示。

表 7.1　TreeView 控件的主要属性

属 性 名	说　　明
CollapseImageUrl	设置节点折叠后显示的图像，默认以"+"表示可展开指示图像
ExpandImageUrl	设置节点展开后显示的图像，默认以"−"表示可折叠指示图像
ExpandDepth	获取或设置初次显示时 TreeView 控件的展开层数
ImageSet	获取或设置用于 TreeView 控件的图像组
Nodes	获取或设置 TreeView 控件中的节点集合
SelectedNode	获取当前在 TreeView 控件中选定的节点
ShowLines	获取或设置是否显示连接子节点和父节点之间的连线
ShowCheckBoxes	获取或设置哪些类型节点将在 TreeView 控件中显示复选框
Target	获取或设置节点被选定时页面的打开目标

说明：

（1）ShowCheckBoxes 属性具有如下枚举值：

- All：复选框均显示所有节点。
- Leaf：对于所有叶节点显示复选框。
- None：不显示复选框。
- Parent：复选框均显示所有父节点。
- Root：复选框均显示所有根节点。

（2）Target 属性具有如下枚举值：

- _blank：没有框架的新窗口。
- _parent：父级框架。
- _search：搜索窗格。
- _self：具有焦点的框架。
- _top：没有框架的完整窗口。

TreeView 控件的主要方法如表 7.2 所示，主要事件如表 7.3 所示。

表 7.2　TreeView 控件的主要方法

方 法 名	说　　明
ExpandAll()	打开 TreeView 控件中的每个节点
FindNode()	检索 TreeView 控件中的指定节点

表 7.3　TreeView 控件的主要事件

事 件 名	说　　明
SelectedNodeChanged	当单击 TreeView 控件中节点时触发
TreeNodeCheckChanged	当"回发"服务器时 TreeView 控件节点所对应的复选框选中状态发生改变时触发
TreeNodeCollapsed	当折叠 TreeView 控件节点时触发
TreeNodeExpanded	当展开 TreeView 控件节点时触发

7.2.2 TreeNodeCollection 类

TreeView 控件中的所有菜单项都是一个 TreeNoe 类的对象,所有的菜单项构成一个 TreeNodeCollection 类型的 Nodes 集合。TreeNodeCollection 类的主要属性和方法如表 7.4 和表 7.5 所示。

表 7.4 TreeNodeCollection 类的主要属性

属性名	说明
Count	获取当前 TreeNodeCollection 对象所包含的菜单项数目

表 7.5 TreeNodeCollection 类的主要方法

方 法 名	说 明
Add()	向 TreeNodeCollection 集合中添加一个 TreeNode 对象
AddAt()	向 TreeNodeCollection 集合中指定索引位置添加一个 TreeNode 对象
Clear()	清空 TreeNodeCollection 集合中的所有 TreeNode 对象
IndexOf()	返回 TreeNodeCollection 集合中指定值的 TreeNode 对象索引,不存在返回 −1
Remove()	从 TreeNodeCollection 集合中移除指定值的 TreeNode 对象
RemoveAt()	从 TreeNodeCollection 集合中移除指定索引的 TreeNode 对象

7.2.3 TreeView 控件的应用

向 TreeView 控件中添加节点可以采用如下方法:
(1) 通过手工方式添加,具体如例 7-2 所示。
(2) 通过数据源控件绑定数据,绑定数据库内容或者站点地图,具体如例 7-3 所示。
(3) 通过程序动态添加菜单项,在节点集合 Nodes 中使用 Add()方法动态添加 Node 节点对象,具体如例 7-4 所示。

【例 7-2】 在 E 盘 ASP.NET 项目代码的 chapter7 目录下创建名为 example7-2 的网页,练习在 TreeView 控件中手动添加节点。

具体创建步骤如下:
(1) 在 example7-2 页面中添加一个 TreeView 控件,单击 TreeView 控件右上角的 ▶ 图标,选择"编辑节点",弹出"TreeView 节点编辑器"对话框,如图 7.3 所示。
(2) 添加相应的根节点和子节点,如图 7.4 所示。
(3) 按照如下源文件设置控件的相关属性值。

```
<form id="form1" runat="server">
  <asp:TreeView ID ="TreeView1" runat ="server" ImageSet =" Inbox "
  OnSelectedNodeChanged ="TreeView1 _ SelectedNodeChanged" ShowCheckBoxes ="
  All">
    <Nodes>
      <asp:TreeNode Text="外国语大学" Value="外国语大学">
```

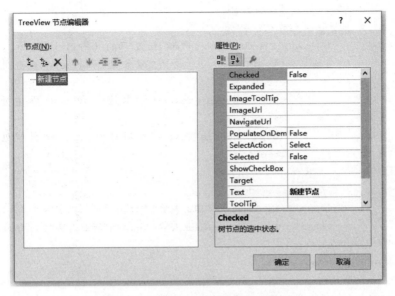

图 7.3 "TreeView 节点编辑器"对话框

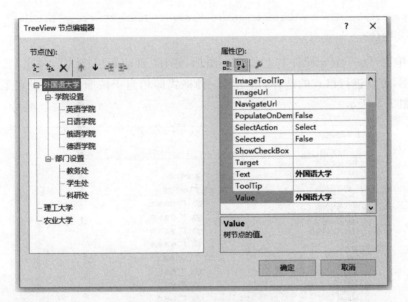

图 7.4 TreeView 节点示意图

```
<asp:TreeNode Text="学院设置" Value="学院设置">
    <asp:TreeNode Text="英语学院" Value="英语学院"></asp:
TreeNode>
    <asp:TreeNode Text="日语学院" Value="日语学院"></asp:
TreeNode>
    <asp:TreeNode Text="俄语学院" Value="俄语学院"></asp:
TreeNode>
    <asp:TreeNode Text="德语学院" Value="德语学院"></asp:
```

```
                        TreeNode>
                    </asp:TreeNode>
                    <asp:TreeNode Text="部门设置" Value="部门设置">
                        <asp:TreeNode Text="教务处" Value="教务处"></asp:
                        TreeNode>
                        <asp:TreeNode Text="学生处" Value="学生处"></asp:
                        TreeNode>
                        <asp:TreeNode Text="科研处" Value="科研处"></asp:
                        TreeNode>
                    </asp:TreeNode>
                </asp:TreeNode>
                <asp:TreeNode Text="理工大学" Value="理工大学"></asp:TreeNode>
                <asp:TreeNode Text="农业大学" Value="农业大学"></asp:TreeNode>
            </Nodes>
        </asp:TreeView>
<br />
        <asp:Button ID="btnSelect" runat="server" OnClick="btnSelect_Click" Text
        ="选择" />
        <asp:Label ID="lblSelect" runat="server" Text=""></asp:Label>
    </form>
```

(4) 单击 TreeView 控件右上角的 ▶ 图标，选择"自动套用格式"，弹出"自动套用格式"对话框，可以进行格式的选择，选定某一种格式即相当于按照该格式设置了若干的属性值，如图 7.5 所示。

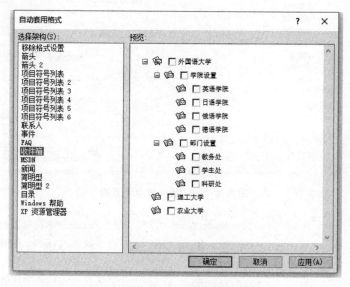

图 7.5　TreeView 控件套用格式

(5) 为控件添加事件，并编辑代码如下：

```
protected void TreeView1_SelectedNodeChanged(object sender, EventArgs e)
```

```
        {
            Response.Write("<script>alert('您单击了:"+TreeView1.SelectedNode.Text
            +"');</script>");
        }
        protected void btnSelect_Click(object sender, EventArgs e)
        {
            lblSelect.Text="";
            for(int i=0; i<TreeView1.CheckedNodes.Count; i++)
            {
                if(TreeView1.CheckedNodes[i].Checked)
                {
                    lblSelect.Text +=TreeView1.CheckedNodes[i].Text+"   ";
                }
            }
        }
```

(6) 运行网站,单击某一节点的执行效果如图 7.6 所示。选择若干复选框后单击"选择"按钮,执行效果如图 7.7 所示。

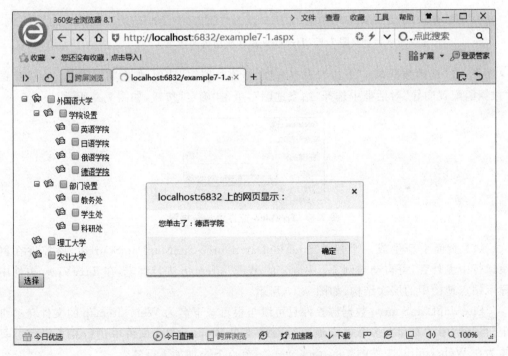

图 7.6 TreeView 控件应用页面演示 1

【例 7-3】 在 E 盘 ASP.NET 项目代码的 chapter7 目录下创建名为 example7-3 的网页,在 TreeView 控件中使用站点地图。

具体创建步骤如下:

(1) 在 example7-3 页面中添加一个 TreeView 控件,单击 TreeView 控件右上角的

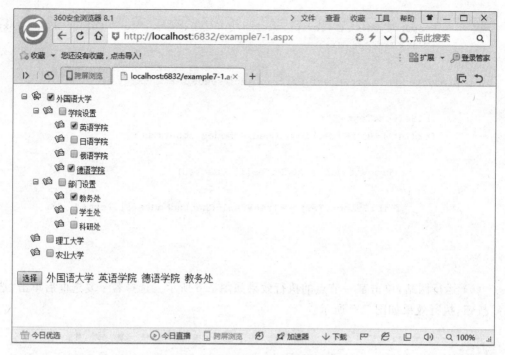

图 7.7 TreeView 控件应用页面演示 2

图标,在"选择数据源:"下拉列表中选择"新建数据源"选项,如图 7.8 所示。在弹出的"数据源配置向导"对话框中选择"站点地图",单击"确定"按钮,如图 7.9 所示。

图 7.8 TreeView 控件添加数据源

(2) 页面上新生成一个控件 SiteMapDataSource-SiteMapDataSource1,该控件在网页运行中无外观,可自动与例 7-1 中创建的 Web.sitemap 进行绑定,在 TreeView 控件中显示站点地图中的层次结构,如图 7.10 所示。

SiteMapDataSource 数据源控件只可以与根目录下名为 Web.sitemap 的文件自动绑定,当网站中需要存在多个站点地图时则需要在 Web.config 文件中进行相关设定。具体为在 Web.config 文件的 <system.web> 节点下添加如下标签:

```
<system.web>
  <siteMap defaultProvider="ASPSiteMapProvider">
    <providers>
      <add name="AspSiteMapProvider" type="System.Web.XmlSiteMapProvider"
        siteMapFile="~/Web.sitemap"/>
      <add name="TwoSiteMapProvider" type="System.Web.XmlSiteMapProvider"
```

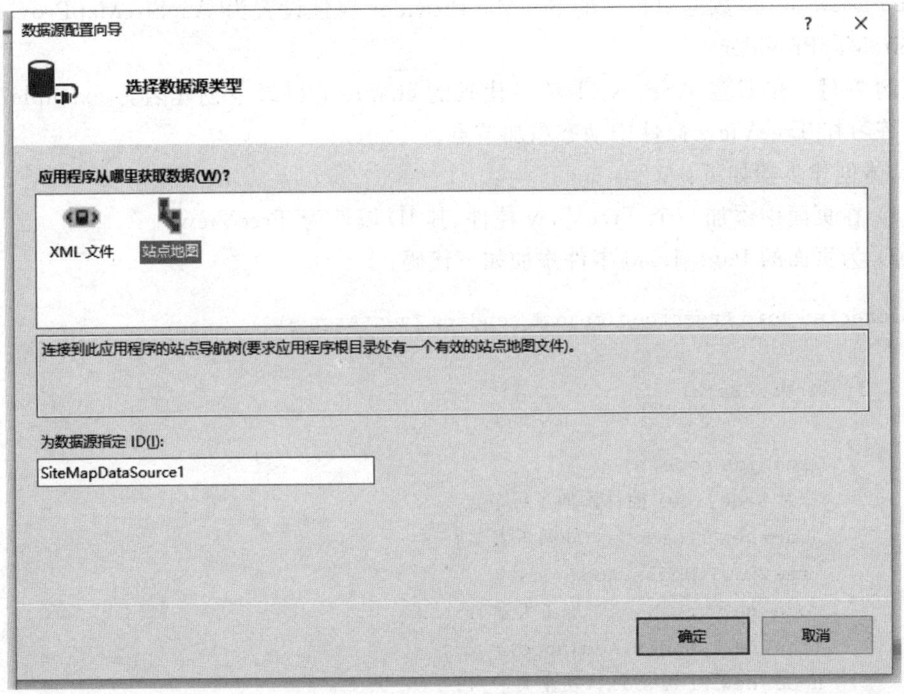

图 7.9 创建站点地图数据源

图 7.10 站点地图数据源显示

```
      siteMapFile="~/Manager/Web.sitemap"/>
    </providers>
  </siteMap>
</system.web>
```

说明：＜siteMap＞标签具有如下属性：
- defaultProvider：默认提供程序。
- Name：提供程序名（自定义名称）。
- Type：提供程序类型 System.Web.XmlSiteMapProvider（固定写法）。
- siteMapFile：站点地图路径（相对路径）。

对于网站中存在的～/Web.sitemap 和 ～/Manager/Web.sitemap 两个站点地图文件，可以将它们与导航控件，如 SiteMapPath、TreeView 和 Menu 等一起使用，方法是将

SiteMapDataSource 数据源控件的 SiteMapProvider 属性设置为 AspSiteMapProvider 或 TwoSiteMapProvider。

【例 7-4】 在 E 盘 ASP.NET 项目代码的 chapter7 目录下创建名为 example7-4 的网页，练习在 TreeView 控件中动态添加节点。

具体创建步骤如下：

(1) 在页面中添加一个 TreeView 控件，其 ID 属性为 TreeView1。

(2) 为页面的 Page_Load 事件添加如下代码：

```
protected void Page_Load(object sender, EventArgs e)
{
    if(!IsPostBack)
    {
        TreeNode node;
        //为 TreeView1 控件添加 1 级节点
        node=new TreeNode("外国语大学");
        TreeView1.Nodes.Add(node);
        node=new TreeNode("理工大学");
        TreeView1.Nodes.Add(node);
        node=new TreeNode("农业大学");
        TreeView1.Nodes.Add(node);
        //为 TreeView1 控件的第一个子节点添加 2 级节点
        node=new TreeNode("院系设置");
        TreeView1.Nodes[0].ChildNodes.Add(node);
        node=new TreeNode("部门设置");
        TreeView1.Nodes[0].ChildNodes.Add(node);
        //为 TreeView1 控件的第一个子节点中的第一个子节点添加 3 级节点
        node=new TreeNode("英语学院");
        TreeView1.Nodes[0].ChildNodes[0].ChildNodes.Add(node);
        node=new TreeNode("日语学院");
        TreeView1.Nodes[0].ChildNodes[0].ChildNodes.Add(node);
        node=new TreeNode("俄语学院");
        TreeView1.Nodes[0].ChildNodes[0].ChildNodes.Add(node);
        node=new TreeNode("德语学院");
        TreeView1.Nodes[0].ChildNodes[0].ChildNodes.Add(node);
        //为 TreeView1 控件的第一个子节点中的第二个子节点添加 3 级节点
        node=new TreeNode("教务处");
        TreeView1.Nodes[0].ChildNodes[1].ChildNodes.Add(node);
        node=new TreeNode("学生处");
        TreeView1.Nodes[0].ChildNodes[1].ChildNodes.Add(node);
        node=new TreeNode("科研处");
        TreeView1.Nodes[0].ChildNodes[1].ChildNodes.Add(node);
    }
}
```

(3) 页面运行效果如图 7.11 所示。

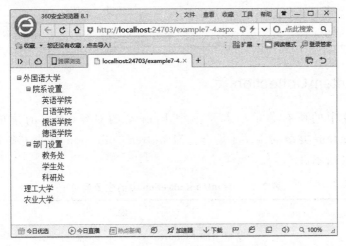

图 7.11　TreeView 控件应用页面演示

7.3　菜单控件

7.3.1　Menu 控件的属性、方法和事件

Menu 控件在工具箱中的图标为 ![Menu]，封装在 System.Web.UI.Control.WebControl 命名空间中的 Menu 类中。Menu 控件呈现与 Windows 应用程序类似的菜单，可以允许用户快速选择不同页面，实现导航功能，在 Web 开发中应用广泛。Menu 控件的属性众多，主要属性如表 7.6 所示。

表 7.6　Menu 控件的主要属性

属　性　名	说　　明
DisappearAfter	获取或设置光标离开后动态菜单的显示时间
Iteams	获取或设置 Menu 控件中的菜单集合
IteamsWrap	获取或设置 Menu 控件中的菜单项文本是否换行
Orientation	获取或设置 Menu 控件的呈现方向
SelectedItem	获取当前在 Menu 控件中选定的菜单项
SelectedValue	获取当前在 Menu 控件中选定的菜单项值
StaticDiaplayLevels	获取当前在 TreeView 控件中选定的节点
Target	获取或设置节点被选定时页面的打开目标

说明：Orientation 属性具有如下枚举值：
- Horizontal：水平方向。
- Vertical：竖直方向。

Menu 控件的主要事件如表 7.7 所示。

表 7.7　Menu 控件的主要事件

事　件　名	说　　明
MenuItemClick	当单击 Menu 控件中的菜单项时触发

7.3.2　MenuItemCollection 类

Menu 控件中的所有菜单项都是一个 Item 类的对象，所有的菜单项构成一个 MenuItemCollection 类型的 Items 集合。MenuItemCollection 类的主要属性和方法如表 7.8 和表 7.9 所示。

表 7.8　MenuItemCollection 类的主要属性

属性名	说　　明
Count	获取当前 MenuItemCollection 对象所包含的菜单项数目

表 7.9　MenuItemCollection 类的主要方法

方 法 名	说　　明
Add()	向 MenuItemCollection 集合中添加一个 MenuItem 对象
AddAt()	向 MenuItemCollection 集合中指定索引位置添加一个 MenuItem 对象
Clear()	清空 MenuItemCollection 集合中的所有 MenuItem 对象
IndexOf()	返回 MenuItemCollection 集合中指定值的 MenuItem 对象索引，不存在返回 −1
Remove()	从 MenuItemCollection 集合中移除指定值的 MenuItem 对象
RemoveAt()	从 MenuItemCollection 集合中移除指定索引的 MenuItem 对象

7.3.3　Menu 控件的应用

向 MenuItem 控件中添加节点可以采用如下方法：

(1) 通过手工方式添加。与 TreeView 控件在例 7-2 中的内容基本一致，不做具体示例。

(2) 通过数据源控件绑定数据，绑定数据库内容或者站点地图，与 TreeView 控件在例 7-3 中的方法基本一致，不做具体示例。

(3) 通过程序动态添加菜单项，在菜单集合 Items 中使用 Add() 动态添加 Item 节点对象，如例 7-5 所示。

【例 7-5】　在 E 盘 ASP.NET 项目代码的 chapter7 目录下创建名为 example7-5 的网页，在 Menu 控件中动态添加节点。

具体创建步骤如下：

(1) 在页面中添加一个 Menu 控件，其 ID 属性为 Menu1。

(2) 设置 Menu1 控件的相关属性如下列源文件所示：

```
<form id="form1" runat="server">
    <div>
```

```
            <asp:Menu ID =" Menu1 " runat =" server " BackColor =" # B5C7DE "
            DynamicHorizontalOffset=" 2" Font - Names =" Verdana " Font - Size =
            "Larger" ForeColor =" # 284E98 " Orientation =" Horizontal "
            StaticDisplayLevels="2" StaticSubMenuIndent="10px">
            <DynamicHoverStyle BackColor="#284E98" ForeColor="White" />
            <DynamicMenuItemStyle HorizontalPadding="5px" VerticalPadding="2px" />
            <DynamicMenuStyle BackColor="#B5C7DE" />
            <DynamicSelectedStyle BackColor="#507CD1" />
            <StaticHoverStyle BackColor="#284E98" ForeColor="White" />
            <StaticMenuItemStyle HorizontalPadding="5px" VerticalPadding="2px" />
            <StaticSelectedStyle BackColor="#507CD1" />
        </asp:Menu>
        </div>
    </form>
```

(3) 为页面的 Page_Load 事件添加如下代码：

```
protected void Page_Load(object sender, EventArgs e)
{
    if(!IsPostBack)
    {
        MenuItem item;
        //为 Menu1 控件添加 1 级节点
        item=new MenuItem("外国语大学");
        Menu1.Items.Add(item);
        item=new MenuItem("理工大学");
        Menu1.Items.Add(item);
        item=new MenuItem("农业大学");
        Menu1.Items.Add(item);
        //为 Menu1 控件的第一个子节点添加 2 级节点
        item=new MenuItem("院系设置");
        Menu1.Items[0].ChildItems.Add(item);
        item=new MenuItem("部门设置");
        Menu1.Items[0].ChildItems.Add(item);
        //为 Menu1 控件的第一个子节点中的第一个子节点添加 3 级节点
        item=new MenuItem("英语学院");
        Menu1.Items[0].ChildItems[0].ChildItems.Add(item);
        item=new MenuItem("日语学院");
        Menu1.Items[0].ChildItems[0].ChildItems.Add(item);
        item=new MenuItem("俄语学院");
        Menu1.Items[0].ChildItems[0].ChildItems.Add(item);
        item=new MenuItem("德语学院");
        Menu1.Items[0].ChildItems[0].ChildItems.Add(item);
        //为 Menu1 控件的第一个子节点中的第二个子节点添加 3 级节点
        item=new MenuItem("教务处");
```

```
            Menu1.Items[0].ChildItems[1].ChildItems.Add(item);
            item=new MenuItem("学生处");
            Menu1.Items[0].ChildItems[1].ChildItems.Add(item);
            item=new MenuItem("科研处");
            Menu1.Items[0].ChildItems[1].ChildItems.Add(item);
        }
    }
```

（4）页面运行效果如图 7.12 所示。

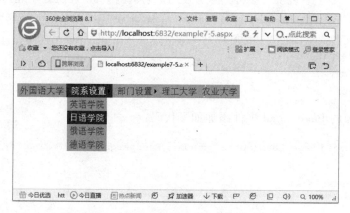

图 7.12　Menu 控件应用页面演示

7.4　站点路径控件

7.4.1　SiteMapPath 控件的属性、方法和事件

SiteMapPath 控件在工具箱中的图标为 ▭ SiteMapPath，封装在 System.Web.UI.Control.WebControl 命名空间中的 SiteMapPath 类中。SiteMapPath 控件也形象地称为"面包条导航"控件，能够提供一种站点定位的方式，动态显示当前页在站点中的相对位置，并提供从当前页向上级页面跳转的链接。

SiteMapPath 控件与站点地图密切相关，可以直接使用站点地图中配置的数据，而不需要通过 SiteMapDataSource 数据源控件，如果页面未在站点地图中标识则无法显示该控件。SiteMapPath 控件的属性众多，属性如表 7.10 所示。

表 7.10　SiteMapPath 控件的主要属性

属　性　名	说　　　明
CurrentNodeStyle	定义当前节点的样式，包括字体、颜色、样式等
NodeStyle	定义导航上每个节点的样式
ParentLevelsDiaplayed	获取或设置在导航路径上显示的相对当前节点的父节点层数
PathSeparator	指定导航路径中节点之间的分隔符

续表

属 性 名	说 明
RootNodeStyle	定义根节点的样式
ShowToolTips	当鼠标悬停于导航路径的某个节点时，是否显示相应的工具提示信息
SiteMapProvider	获取或设置用于呈现站点导航控件的站点提供程序的名称

7.4.2 SiteMapPath 控件的应用

【例 7-6】 在 E 盘 ASP.NET 项目代码目录的 chapter7 子文件中创建 Website 文件夹，按例 7-1 所示站点地图中标识的页面结构在文件夹内添加页面，练习使用 SiteMapPath 控件。

具体创建步骤如下：

(1) 在 Website 文件夹内添加母版页 MasterPage.master，母版页内包含一个 SiteMapPath 控件，其 ID 属性为 SiteMapPath1。

(2) 设置母版页中 SiteMapPath1 控件的属性值如下列源文件所示：

```
<form id="form1" runat="server">
    <div>
        <asp:SiteMapPath ID=" SiteMapPath1" runat=" server" Font-Names=
        "Verdana" Font-Size="Larger" PathSeparator=" -&gt;">
            <CurrentNodeStyle ForeColor="#333333" />
            <NodeStyle Font-Bold="True" ForeColor="#284E98" />
            <PathSeparatorStyle Font-Bold="True" ForeColor="#507CD1" />
            <RootNodeStyle Font-Bold="True" ForeColor="#507CD1" />
        </asp:SiteMapPath>
        <asp:ContentPlaceHolder id="ContentPlaceHolder1" runat="server">
        </asp:ContentPlaceHolder>
    </div>
</form>
```

(3) 在 Website 文件夹内添加继承自 MasterPage.master 母版页的内容页，按照图 7.13 所示命名每个页面，并在页面内添加简单的内容。

图 7.13 添加的内容页

(4) 运行 English.aspx 页面,可显示当前页面在站点地图中标识的网站位置,单击路径的父节点可实现超链接功能,如图 7.14 所示。

图 7.14　SiteMapPath 控件应用页面演示

第 8 章 ASP.NET AJAX 控件

本章学习目标
- 了解 AJAX 的特点及作用;
- 了解脚本管理控件的使用方法;
- 了解脚本管理代理控件的使用方法;
- 熟练掌握更新区域控件的使用方法;
- 了解更新进度控件的使用方法;
- 熟练掌握时钟控件的使用方法。

本章首先介绍 AJAX 的特点和基本应用,然后讲述 ASP.NET 中的 AJAX 控件,对脚本管理控件、脚本管理代理控件、更新区域、更新进度控件、时钟控件的使用方法进行详细讲解。

8.1 ASP.NET AJAX 概述

AJAX(Asynchronous Javascript and XML,异步 JavaScript 和 XML)是一种创建交互式网页应用的网页开发技术,是当前 Web 开发领域最流行的技术。在传统的 Web 开发中,页面进行操作往往需要进行多次"回发",通过每次"回发"才能实现页面的刷新,而使用 AJAX 则不需要产生"回发"就可实现刷新的效果,可以提升用户体验,更加方便地进行 Web 应用程序的交互。

8.1.1 AJAX 基础

在 C/S 应用程序开发中,应用程序基本都安装在本地,客户端响应用户事件的时间非常短,且 C/S 应用程序能够及时捕捉和响应用户的操作,用户体验很好。而 B/S 应用程序开发中,在 Web 端由于每次的交互都需要向服务器发送请求,服务器接收请求和返回请求的时间就取决于服务器的响应时间,用户会感觉比在本地机运行要慢很多。

为了解决这一问题,在用户浏览器和服务器之间设计一个中间层——AJAX 层,改变了传统的 Web 中客户端和服务器的"请求—等待—请求—等待"模式,通过使用 AJAX 层向服务器发送和接收需要的数据,从而不产生页面的刷新,应用模型如图 8.1 所示。

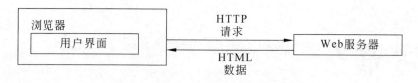

(a) 传统Web应用程序

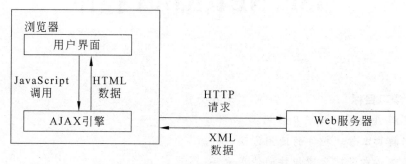

(b) 使用AJAX的Web应用程序

图 8.1 传统 Web 应用和 AJAX Web 应用模型

AJAX 应用使用 SOAP 和其他一些基于 XML 的 Web Service 接口,在客户端采用 JavaScript 处理来自服务器的响应,减少服务器和浏览器之间的"请求—回发"操作,从而减少数据传送量,提升速度,当服务器和客户端之间的信息通信时,用户会感觉到 Web 应用的操作更快了。

结合 AJAX 的原理和特点与传统 Web 应用相比,总结如下:

(1) 传统的 HTML 整页刷新。

传统的 HTML 访问过程为客户端浏览器向服务器发送访问请求,服务器接收到请求后对客户请求进行相应的运算和处理,生成结果后发送回客户端浏览器,客户端浏览器对回送结果进行处理,实现整页的刷新。

(2) AJAX 的局部刷新。

相对于传统的整页刷新,AJAX 的局部更新则显得更加智慧和人性化,当用户在客户端浏览器页面进行相关操作后,AJAX 将自动访问服务器端,对局部页面进行更新。

(3) AJAX 交互。

第一次请求发回一个完整的 Web 页面,以后更新数据并不是将整个页面重新载入,而仅仅是将响应的内容回传。AJAX 是 JavaScript、CSS、DOM、XmlHttpRequest 等技术的集合体,主要应用于异步获取后台数据和局部刷新。

8.1.2 ASP.NET 中的 AJAX

AJAX 技术看似非常的复杂,但其实 AJAX 并不是新技术,只是一些老技术的混合体,将这些技术进行一定的修改、整合和发扬,就形成了 AJAX 技术。主要包括如下技术:

- XHTML：基于 XHTML1.0 规范的 XHTML 技术。
- CSS：基于 CSS2.0 的 CSS 布局的 CSS 编程技术。
- DOM：HTML DOM、XML DOM 等技术。
- JavaScript：JavaScript 编程技术。
- XML：XML DOM、XSLT、XPath 等 XML 编程技术。

AJAX 对技术要求较高，需要熟练掌握 JavaScript 等技术，具体应用中有一定难度。ASP.NET 将这些技术做了封装，在 2007 年年初推出了第一个正式版本，并从早期的 Atlas 更名为 ASP.NET AJAX，在服务器端和客户端分别对应有 ASP.NET 服务器端编程模型和 ASP.NET 客户端编程模型。

ASP.NET AJAX 是一个完整的开发框架，其编程模型比较简单，很容易与现有的 ASP.NET 程序相结合，只需要在页面中拖几个控件，而不必了解深层次的工作原理。在 ASP.NET 4.5 中 AJAX 已经成为.NET 框架的原生功能，创建 ASP.NET 4.5 Web 应用程序就能够直接使用 AJAX 功能。在 ASP.NET 4.5 中，可以直接拖动 AJAX 控件进行 AJAX 开发，并能够同普通控件一同使用，实现页面局部刷新功能。ASP.NET 4.5 中的 AJAX 控件如图 8.2 所示。

图 8.2　ASP.NET 4.5 中的 AJAX 控件

8.1.3　AJAX 简单应用

【例 8-1】　在 E 盘 ASP.NET 项目代码目录中创建 chapter8 子目录，将其作为网站根目录，创建名为 example8-1 的网页，练习简单的 AJAX 应用。

具体创建步骤如下：

(1) 向页面中添加一个脚本管理(ScriptManger)控件，一个标签(Label)控件。
(2) 向页面中添加一个局部更新面板(UpdatePanel)控件。
(3) 向更新面板控件内添加一个标签控件和一个按钮(Button)控件。
(4) 修改各控件属性值如下列源文件所示：

```
<form id="form1" runat="server">
    <div>
    <asp:ScriptManager ID="ScriptManager1" runat="server"></asp:ScriptManager>
        当前时间：<asp:Label ID="lblTime1" runat="server"></asp:Label>
        <asp:UpdatePanel ID=" UpdatePanel11" runat="server">
            <ContentTemplate>
                当前时间(异步处理)：<asp:Label ID="lblTime2" runat="server"></asp:Label>
                <asp:Button ID="btnRef" runat=" server" OnClick="btnRef_Click" Text="更新" />
                <br />
```

```
            </ContentTemplate>
        </asp:UpdatePanel>
    </div>
    </form>
```

（5）在 UpdatePanel1 控件的"属性"窗口中单击 Trigger 属性中的…图标，在弹出的"UpdatePanelTrigger 集合编辑器"对话框中添加异步回发触发器，并设置相关属性如图 8.3 所示。

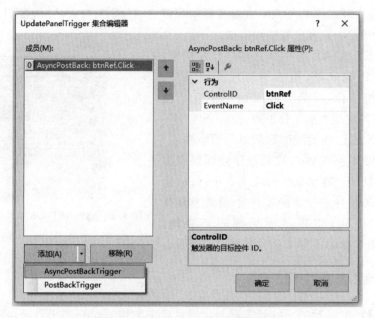

图 8.3　UpdatePanelTrigger 属性设置

（6）为相关事件添加下列事件代码：

```
protected void Page_Load(object sender, EventArgs e)
{
    //赋值标签控件 1 和控件 2 的文本值为当前时间
    lblTime1.Text=  DateTime.Now.ToString();
    lblTime2.Text=DateTime.Now.ToString();
}
protected void btnRef_Click(object sender, EventArgs e)
{
    //赋值标签控件 2 的文本值为当前时间
    lblTime2.Text=DateTime.Now.ToString();
}
```

（7）不论是页面首次加载还是"回发"后呈现到客户端，都能够很明显地感觉到页面整体被刷新，两次显示的时间一致，如图 8.4 所示。使用 UpdatePanel 控件后，单击"更新"按钮页面局部刷新，只会针对 UpdatePanel 控件内的内容进行更新，而不会影响

UpdatePanel 外的控件，运行的页面如图 8.5 所示。

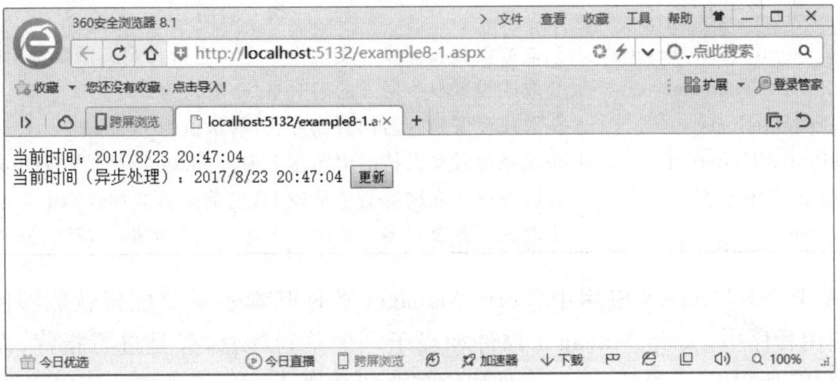

图 8.4　页面整体刷新演示

图 8.5　页面局部刷新演示

说明：页面设计时不需要对 ScriptManager 控件进行任何配置，只需在页面中保证 ScriptManager 控件位于 UpdatePanel 控件之前即可。

8.2　ASP.NET AJAX 控件

8.2.1　脚本管理控件

脚本管理控件是 ASP.NET AJAX 中非常重要的控件，通过使用 ScriptManager 能够进行页面的局部更新的管理。ScriptManager 用来处理页面上的局部更新，同时生成相关的代理脚本实现通过 JavaScript 访问 Web Service。

ScriptManager 只能在页面中被使用一次，每个页面只能有一个 ScriptManager 控件，用来进行页面的全局管理，以及整个页面的局部更新管理。ScriptManager 控件的常用属性如表 8.1 所示。

表 8.1 ScriptManager 控件的常用属性

属 性 名	说 明
AllowCustomErrorRedirect	获取或设置在异步回发过程中是否进行自定义错误重定向
AsyncPostBackTimeout	获取或设置异步回发的超时事件,默认为 90s
EnablePageMethods	获取或设置是否启用页面方法,默认值为 false
EnablePartialRendering	获取或设置在支持的浏览器上为 UpdatePanel 控件启用异步回发
LoadScriptsBeforeUI	获取或设置在浏览器中呈现 UI 之前是否应加载脚本引用
ScriptMode	获取或设置要在多个类型时可加载的脚本类型,默认为 Auto

在 ASP.NET AJAX 应用中,ScriptManager 控件基本不需要配置就能够使用。在 AJAX 应用程序中,ScriptManager 控件相当于一个总指挥官,只是进行指挥,而不进行实际的操作,所以 ScriptManager 控件通常需要同其他 AJAX 控件搭配使用。

8.2.2 脚本管理代理控件

ScriptManager 控件作为整个页面的管理者,能够实现 AJAX 功能,但是一个页面只能使用一个 ScriptManager 控件,如果一个页面中有多个 ScriptManager 控件则会出现异常。如果在母版页中使用了 ScriptManager 控件,那么内容窗体中就不能使用 ScriptManager 控件,否则整合在一起的页面就会出现错误。

为了解决这个问题,就需要使用脚本管理代理(ScriptManagerProxy)控件。ScriptManagerProxy 控件和 ScriptManager 控件的用法十分相似,当母版页和内容页都需要进行局部更新时,可以在母版页使用 ScriptManager 控件进行脚本管理,在内容页中使用 ScriptManagerProxy 控件。

【例 8-2】 在 chapter8 网站根目录下创建名为 MasterPage.master 的母版页,并创建继承自该母版页的内容页 example8-2,练习使用 ScriptManagerProxy 控件。

具体创建步骤如下:

(1) 向母版页和内容页中分别添加 UpdatePanel 控件及相关控件,如图 8.6 和图 8.7 所示。

图 8.6 母版页页面设计

图 8.7 内容页页面设计

(2) 设置各控件的属性,具体如下列源文件所示:

母版页 MasterPage:

```
<form id="form1" runat="server">
    <div>
        <asp:ScriptManager ID="ScriptManager1" runat="server">
```

```
            </asp:ScriptManager>
            <asp:UpdatePanel ID="UpdatePanel1" runat="server">
                <ContentTemplate>
                    母版页时间:<asp:Label ID="lblTime1" runat="server" Text="Label"
                        ></asp:Label>
                        <asp:Button ID="btnRef1" runat="server" OnClick="btnRef1_
                        Click" Text="母版页刷新" />
                </ContentTemplate>
                <Triggers>
                    <asp:AsyncPostBackTrigger ControlID="btnRef1" EventName=
                    "Click" />
                </Triggers>
            </asp:UpdatePanel>
            <asp:ContentPlaceHolder id="ContentPlaceHolder1" runat="server">
            </asp:ContentPlaceHolder>
        </div>
        </form>
```

内容页 example8-2：

```
<asp:Content ID="Content1" ContentPlaceHolderID="head" Runat="Server">
</asp:Content>
<asp:Content ID="Content2" ContentPlaceHolderID="ContentPlaceHolder1" Runat=
"Server">
    <asp:ScriptManagerProxy ID="ScriptManagerProxy1" runat="server">
    </asp:ScriptManagerProxy>
    <asp:UpdatePanel ID="UpdatePanel1" runat="server">
        <ContentTemplate>
            内容页时间:<asp:Label ID="lblTime2" runat="server" Text="Label"></
            asp:Label>
            <asp:Button ID="btnRew2" runat="server" Text="内容页刷新" OnClick=
            "btnRew2_Click" />
        </ContentTemplate>
        <Triggers>
            <asp:AsyncPostBackTrigger ControlID="btnRew2" EventName="Click" />
        </Triggers>
</asp:UpdatePanel>
    </asp:Content>
```

（3）为控件添加事件，并编辑代码如下：

```
MasterPage.master.cs:
protected void btnRef1_Click(object sender, EventArgs e)
{
    lblTime1.Text=DateTime.Now.ToString();
    }
```

example8-2.cs：

```
protected void btnRew2_Click(object sender, EventArgs e)
{
    lblTime2.Text=DateTime.Now.ToString();
}
```

(4) 母版页和内容页都支持 AJAX,可以分别进行异步处理。运行内容页如图 8.8 所示。

图 8.8　ScriptMangerProxy 控件应用页面演示

8.2.3　更新区域控件

更新区域(UpdatePanel)控件是 ASP.NET AJAX 中最常用的控件,UpdatePanel 控件的外观及使用方法与 Panel 控件类似,在 UpdatePanel 控件中放入需要刷新的控件可以实现局部刷新。

UpdatePanel 控件可以用来创建局部更新,开发人员不需要编写任何客户端脚本,直接使用 UpdatePanel 控件就能够进行局部更新,整个页面中只有 UpdatePanel 控件中的服务器控件会进行刷新操作,而页面的其他地方都不会被刷新。UpdatePanel 控件的常用属性如表 8.2 所示。

表 8.2　UpdatePanel 控件的常用属性

属　性　名	说　明
RenderMode	指明 UpdatePanel 控件内呈现的标记应为<div>或<span>
ChildrenAsTriggers	获取或设置在 UpdatePanel 控件的子控件的回发是否导致 UpdatePanel 控件的更新,其默认值为 True
EnableViewState	获取或设置控件是否自动保存其往返过程
Triggers	设置可以导致 UpdatePanel 控件更新的触发器的集合
UpdateMode	获取或设置 UpdatePanel 控件回发的属性,是在每次产生事件时进行更新还是使用 UpdatePanel 控件的 Update 方法再进行更新
Visible	获取或设置 UpdatePanel 控件的可见性

说明：

Triggers 属性的枚举值如下：

- AsyncPostBackTrigger：用来指定某个服务器端控件，以及将其触发的服务器事件作为 UpdatePanel 异步更新的一种触发器。AsyncPostBackTrigger 属性需要配置控件的 ID 和控件产生的事件名。
- PostBackTrigger：用来指定在 UpdatePanel 中的某个控件，并指定其控件产生的事件将使用传统的"回发"方式进行触发。

UpdatePanel 控件要进行动态更新，必须依赖于 ScriptManager 控件。当 ScriptManager 控件允许局部更新时，它会以异步的方式发送到服务器，服务器接受请求后，执行操作并通过 DOM 对象来替换局部代码，其原理如图 8.9 所示。

图 8.9　UpdatePanel 控件异步请求示意图

8.2.4　更新进度控件

使用 ASP.NET AJAX 时页面并没有整体刷新，只是进行了局部刷新，常常会给用户造成网页提交失败的疑惑，以至于用户可能会产生重复操作，甚至非法操作，更新进度（UpdateProgress）控件就是用来解决这个问题的。

当服务器端与客户端进行异步通信时，可以使用 UpdateProgress 控件告知用户页面正在执行中，在服务器端和客户端之间等待时间内，ProgressTemplate 标记会呈现在用户面前，提示用户应用程序正在运行。例如当用户单击按钮提交表单，系统应该提示"正在提交中，请稍后..."，让用户知道应用程序正在运行中，减少用户操作错误，提升用户体验友好度。

【例 8-3】　在 chapter8 网站根目录下创建名为 example8-3 的页面，练习使用 UpdateProgress 控件。

具体创建步骤如下：

（1）在 chapter8 网站根目录下添加图像文件 progress bar.gif。

（2）在 example8-3 页面中添加 ScriptManager 控件和 UpdateProgress 控件，并在 UpdateProgress 控件内添加 Image 控件和相关文字，如图 8.10 所示。

图 8.10　UpdateProgress 控件应用页面布局

（3）设置各控件的属性，具体如下列源文件所示：

```
<form id="form1" runat="server">
<div>
    <asp:ScriptManager ID="ScriptManager1" runat="server">
    </asp:ScriptManager>
    <asp:UpdatePanel ID="UpdatePanel1" runat="server">
        <ContentTemplate>
            <asp:UpdateProgress ID="UpdateProgress1" runat="server">
                <ProgressTemplate>
                    努力加载中,请稍后 ...<br />
                    <asp:Image ID="Image1" runat="server" ImageUrl="~/progress bar.gif" />
                </ProgressTemplate>
            </asp:UpdateProgress>
            更新时间:<asp:Label ID="lblTime" runat="server" Text=""></asp:Label>
            <asp:Button ID="btnRef" runat="server" Text="更新" OnClick="btnRef_Click" />

        </ContentTemplate>
        <Triggers>
            <asp:AsyncPostBackTrigger ControlID="btnRef" EventName="Click" />
        </Triggers>
    </asp:UpdatePanel>
</div>
</form>
```

（4）为控件添加事件，并编辑代码如下：

```
protected void btnRef_Click(object sender, EventArgs e)
{
    //设置进程挂起 3000ms
    System.Threading.Thread.Sleep(3000);
    lblTime.Text=DateTime.Now.ToString();
}
```

（5）运行页面，当用户单击按钮时触发事件，在执行的方法中调用 System.

Threading.Thread.Sleep()方法,将系统线程挂起的时间设置为3000ms,在这3000ms的时间内会呈现"努力加载中,请稍后…"的文字及进度条图片,如图8.11所示。当3000ms过后,执行后面的C#语句,效果如图8.12所示。

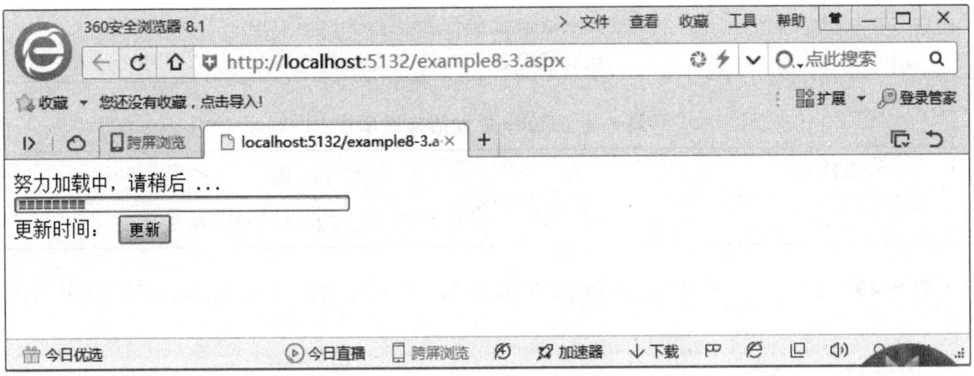

图 8.11 UpdateProgress 控件页面挂起演示

图 8.12 UpdateProgress 控件页面运行演示

用户提交表单后,如果服务器端和客户端之间的通信需要较长时间,则会较长时间显示 UpdateProgress 控件;如果服务器端和客户端之间交互的时间很短,基本上看不到 UpdateProgress 控件的显示。UpdateProgress 控件在大量的数据访问和数据操作中能够提高用户友好度,避免错误操作的发生。

8.2.5 时钟控件

在 C/S 应用程序开发中,时钟(Timer)控件是最常用的控件,使用 Timer 控件能够进行时间控制,在一定的时间间隔内触发某个事件。但是在 Web 应用中,由于 Web 应用的无状态性,只能通过 JavaScript 实现简单的时间事件,但仍要以复杂的编程和大量的性能要求为代价。

在 ASP.NET AJAX 中提供了一个 Web 版的 Timer 控件,用于执行局部更新,能够控制应用程序在一段时间内进行事件刷新。Timer 控件的常用属性如表 8.3 所示,常用事件如图 8.4 所示。

表 8.3　Timer 控件的常用属性

属性名	说明
Enabled	获取或设置是否启用 Tick 时间引发
Interval	获取或设置 Tick 事件之间的连续时间,单位为 ms

表 8.4　Timer 控件的常用事件

事件名	说明
Tick	每当经过指定的时间间隔触发

【例 8-4】 在 chapter8 网站根目录下创建名为 example8-4 的页面,练习使用 Timer 控件。

具体创建步骤如下：

(1) 在 example8-4 页面中添加 ScriptManager 控件和 UpdatePanel 控件,并在 UpdatePanel 控件内添加 Timer 控件及相关控件,如图 8.13 所示。

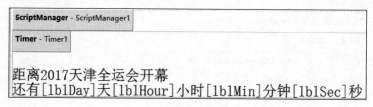

图 8.13　Timer 控件应用页面布局

(2) 设置各控件的属性,具体如下列源文件所示：

```
<form id="form1" runat="server">
<div>
    <asp:ScriptManager ID="ScriptManager1" runat="server">
    </asp:ScriptManager>
    <asp:UpdatePanel ID="UpdatePanel1" runat="server">
        <ContentTemplate>
            <asp:Timer ID="Timer1" runat="server" Interval="1000" OnTick="Timer1_Tick">
            </asp:Timer>
            <br class="auto-style1" />
            <span class="auto-style1">距离 2017 天津全运会开幕</span><br class="auto-style1" /><span class="auto-style1">还有</span><asp:Label ID="lblDay" runat="server" CssClass="auto-style1"></asp:Label>
            <span class="auto-style1">天</span><asp:Label ID="lblHour" runat="server" CssClass="auto-style1"></asp:Label>
            <span class="auto-style1">小时</span><asp:Label ID="lblMin" runat="server" CssClass="auto-style1"></asp:Label>
```

```
            <span class="auto-style1">分钟</span><asp:Label ID="lblSec" runat
="server" CssClass="auto-style1"></asp:Label>
            <span class="auto-style1">秒 </span>
        </ContentTemplate>
    </asp:UpdatePanel>
</div>
</form>
```

（3）为控件添加事件，并编辑代码如下：

```
protected void Timer1_Tick(object sender, EventArgs e)
{
    //设置 targetDate 为目标时间
    DateTime targetDate=new DateTime(2017, 8, 27, 20, 0, 0);
    //计算剩余的天数、小时数、分钟数和秒数
    int days=targetDate.DayOfYear-DateTime.Now.DayOfYear;
    int hours=targetDate.Hour-DateTime.Now.Hour;
    int mins=targetDate.Minute-DateTime.Now.Minute;
    int secs=targetDate.Second-DateTime.Now.Second;
    //将所有剩余时间转化为秒数
    int allSecs=days * 24 * 3600+hours * 3600+mins * 60+secs;
    //将剩余时间折算为天数、小时数、分钟数和秒数
    int lastDays=allSecs / 24 / 3600;
    int lastHours=allSecs %(24 * 3600)/ 3600;
    int lastMins=allSecs %3600 / 60;
    int lastSecs=allSecs %60;
    if(allSecs >=0)
    {
        lblDay.Text=lastDays.ToString();
        lblHour.Text=lastHours.ToString();
        lblMin.Text=lastMins.ToString();
        lblSec.Text=lastSecs.ToString();
    }
    else
    {
        Timer1.Enabled=false;
        Response.Write("<script>alert('祝贺天津全运会胜利召开!');</script>");
    }
}
```

（4）运行页面，每隔 1s 进行一次刷新，计算剩余时间并将剩余时间显示在倒计时牌中，执行效果如图 8.14 所示。

Timer 控件不需要复杂的 JavaScript 就可以直接实现时间控制，但 Timer 控件会占用大量的服务器资源，如果不停地进行客户端服务器的信息通信操作，很容易造成服务器宕机。

图 8.14 Timer 控件应用页面演示

第9章 ADO.NET 数据库访问

本章学习目标
- 了解 ADO.NET 原理及特点；
- 熟练掌握 SqlConnection 类的使用方法；
- 熟练掌握 SqlCommand 类的使用方法；
- 熟练掌握 SqlDataReader 类的使用方法；
- 熟练掌握 DataSet 类的使用方法；
- 熟练掌握 SqlDataAdapter 类的使用方法。

本章首先介绍 ADO.NET 的基本原理及特点，然后讲述 SqlConnection 类、SqlCommand 类、SqlDataReader 类、DataSet 类以及 SqlDataAdapter 类的属性和方法，最后在 SQL Server 2012 数据库中进行相关操作应用。

9.1 ADO.NET 基础

ADO.NET 是.NET Framework 中的一系列类库，能够让开发人员更加方便地在应用程序中访问和操作数据。与 C♯.NET、VB.NET 不同的是，ADO.NET 并不是一种语言，而是对象的集合。ADO.NET 中封装了大量复杂的数据操作代码，在 ASP.NET 应用程序开发中只需要编写少量的代码即可完成大量数据的操作。

9.1.1 ADO.NET 概述

ADO.NET 可以处理多样的数据源，既可以处理存储在内存中的数据，也可以处理存储在存储区域中的数据，如文本文件、XML、关系数据库等。作为.NET 框架的重要组成部分，ADO.NET 类封装在 System.Data.dll 中，并且与 System.Xml.dll 中的 XML 类集成。ADO.NET 中的各类，既分工明确，又相互协作提供了表格数据的访问服务。主要包含两组重要的类：一组负责处理软件内部的实际数据(DataSet)，一组负责与外部数据系统通信(Data Provider)。具体架构如图 9.1 所示。

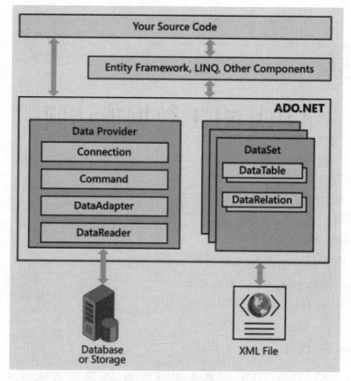

图 9.1　ADO.NET 架构核心组件

9.1.2　ADO.NET 与 ADO

ADO.NET 的名称起源于 ADO(Activex Data Objects)，是在.NET 编程环境和 Windows 环境中优先使用的数据访问接口。但 ADO.NET 并不只是 ADO 的简单升级版本，ADO.NET 和 ADO 是两种截然不同的数据访问方式。ADO 使用 OLE DB 接口并基于微软的 COM 技术，是.NET 还未实施之前开发人员用来访问数据的组件。而 ADO.NET 拥有自己的 ADO.NET 接口并且基于微软的.NET 体系架构，而随着.NET 的发展，ADO.NET 以其显著的优越性逐步取代了 ADO。

ADO 技术和 ADO.NET 技术的主要对比如下：

1. 数据在内存中的存在形式

ADO 中数据以 RecordSet 记录集的形式存放在内存中，而 ADO.NET 中数据保存在内存中并以 DataSet 数据集的形式存放在内存中。

2. 数据的表现形式

在 ADO 中，记录集的表现形式像一个表。如果需要包含来自多个数据库的表的数据，就必须使用复杂的 SQL 语句中的 JOIN 语句将各个数据库的表的数据组合到单个记录集中。而在 ADO.NET 中，数据集本身是一个表或多个表的集合，数据集可以保存多个独立的表并维护相关表之间关系的信息。

3. 数据的连接和断开

ADO 是为连接式的访问而设计,而 ADO.NET 仅在操作数据时连接数据库,可以通过数据集进行读入,然后断开与数据库的连接,再对数据集中的记录进行更改。当需要将数据集中的资源更新到数据库时,ADO.NET 再与数据库连接并更新。

4. 构架设计

在构架设计上 ADO.NET 与 ADO 也是不同的,ADO.NET 相对于 ADO 更加方便和简洁,从设计的角度来说,ADO.NET 设计得更加完善。

9.1.3 ADO.NET 中的常用对象

ADO.NET 中可以创建一些对象来进行数据库的操作,可以简化开发。ADO.NET 的常用对象如下:

- Connection 对象:连接对象,提供与数据库的连接。
- Command 对象:命令对象,表示要执行的数据库命令。
- Parameter 对象;参数对象,表示数据库命令中标记代替的参数。
- DataReader 对象:数据流对象,表示从数据源中提供的快速的、只向前的、只读数据流。
- DataAdapter 对象:数据适配器对象,提供连接 DataSet 对象和数据源的桥梁。DataAdapter 使用 Command 对象在数据源中执行 SQL 命令,以便将数据加载到 DataSet 中,并保证 DataSet 中数据的更改与数据源一致。
- DataSet 对象:数据集对象,表示命令的结果数据集。DataSet 是包含一个或多个 DataTable 对象的集合,这些对象由数据行、数据列以及主键、外键、约束数据的关系信息组成。

9.1.4 ADO.NET 数据库操作过程

使用 ADO.NET 中的对象,不仅能够通过控件绑定数据源,也可以通过程序实现数据源的访问。在 ADO.NET 中对数据库的操作基本上需要三个步骤,即创建一个连接,执行命令对象并显示,最后再关闭连接。ADO.NET 的使用过程如图 9.2 所示。

从图 9.2 中可以归纳出,使用 ADO.NET 访问数据库的规范步骤如下:

(1) 创建一个连接对象。
(2) 使用对象的 Open()方法打开连接。
(3) 创建一个封装 SQL 命令的对象。
(4) 调用执行命令的对象。
(5) 执行数据库操作。
(6) 执行完毕,释放连接。

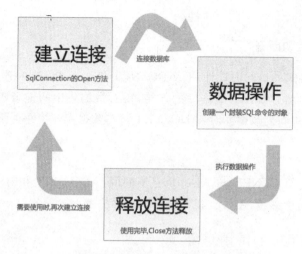

图 9.2　ADO.NET 的使用过程

本书以 SQL Server 2012 数据库为例,将具体讲解数据库的连接建立、操作数据以及连接资源释放等操作,掌握了这些基本的知识,就可以使用 ADO.NET 进行数据库开发。

9.2　SqlConnection 对象

9.2.1　SqlConnection 对象的属性与方法

在 ASP.NET 开发中,连接 SQL Server 数据库需要使用 SqlConnection(连接)对象,对应的类包含在 System.Data.SqlClient 命名空间中,使用该类首先需要添加命名的引用。SqlConnection 类是用来联系.NET Framework 和 SQL Server 类型数据库通信会话的类,SqlConnection 类与后续章节的 SqlDataAdapter 类及 SqlCommand 类一起实现了.NET Framework 与 SQL Server 数据库的类型交互。

SqlConnection 类的主要属性如表 9.1 所示。

表 9.1　SqlConnection 类的主要属性

属 性 名	说　　明
ConnectionString	获取或设置用于打开 SQL Server 数据库的字符串
ConnectionTimeout	获取终止尝试并生成错误之前在尝试建立连接时所等待的时间
Database	获取当前数据库的名称或打开连接后要使用的数据库名称
DataSource	获取要连接的 SQL Server 的实例名称
State	获取最近连接操作时 SqlConnection 的状态
ServerVersion	获取客户端所连接到的 SQL Server 的实例版本

说明:

State 属性具有如下枚举值:

- Broken:数据连接中断,只有连接曾经打开过才会出现此状态。

- Open：连接处于打开状态。
- Connecting：连接对象处于正在与数据源连接状态。
- Executing：连接对象处于正在执行命令状态。
- Fetching：连接对象处于正在检索数据状态。
- Closed：连接对象处于关闭状态。

SqlConnection 类的主要方法和构造函数如表 9.2 和表 9.3 所示。

表 9.2　SqlConnection 类的主要方法

方 法 名	说　　明
Close()	关闭与数据库之间的连接。此方法是关闭任何打开连接的首选方法
Dispose()	释放使用的所有资源
Open()	打开数据库连接

表 9.3　SqlConnection 类的构造函数

构 造 函 数	说　　明
SqlConnection()	初始化 SqlConnection 类的新实例
SqlConnection(String)	针对参数中的连接字符串，初始化 SqlConnection 类的新实例

9.2.2　创建连接字符串

在连接数据库前，需要为连接设置连接字符串（ConnectionString），连接字符串将告知应用程序在什么位置找数据库管理系统，使用何种方式登录数据库系统，与哪个数据库进行连接，从而正确地与 SQL Server 数据库建立连接。连接字符串实例代码如下：

server='服务器地址';database='数据库名称';uid='数据库用户名';pwd='数据库密码';

上述代码是数据库连接字符串的基本格式，如果需要连接到本地的 demo 数据库，则编写的 SQL 连接字符串如下：

server='(local)/sqlexpress';database='demo';uid='sa';pwd='sa';

其中 server 是 SQL Server 服务器的地址，如果数据库服务器相对于应用程序是本地服务器，则只需要配置为 (local)/sqlexpress 或者 ./sqlexpress 即可。而如果是远程服务器，则需要填写具体的 IP 地址。uid 是数据库登录时的用户名，pwd 是数据库登录时使用的密码。此外，数据库服务器也可以使用 Windows 身份认证，对应的属性设置为 trusted_connection=true。ConnectionString 中的属性如表 9.4 所示。

表 9.4　ConnectionString 对象的属性

属 性 名	说　　明
Server 或 Data Source	访问的 SQL Server 服务器的地址
Database 或 Initial Catalog	访问的数据库名

续表

属 性 名	说　明
Uid 或 User Id	数据库登录时的用户名
Pwd 或 Password	数据库登录时使用的密码
trusted_connection 或 Integrated Security	属性值赋值为 true，表示使用信任模式即 Windows 身份认证登录数据库

说明：

(1) 连接字符串"server='服务器地址';database='数据库名称';uid='数据库用户名';pwd='数据库密码'"中的单引号可以缺省，等价于"server=服务器地址;database=数据库名称;uid=数据库用户名;pwd=数据库密码"。

(2) 连接字符串中所有的属性值对应为数据库中的 SQL 语句，不区分大小写。

9.2.3　Web.config 文件中的连接字符串

对于应用程序而言，可能需要在多个页面的程序代码中使用连接字符串来连接数据库。当数据库发生改变时，要修改所有的连接字符串。可以在＜connectionStrings＞配置字节中定义应用程序的数据库连接字符串，所有的程序从该配置字节读取字符串，当需要改变连接时，只需要在配置字节中重新设置即可。

1．在 Web.config 文件中配置数据库连接字符串

在 Web.config 文件中添加如下代码，即可以将应用程序的数据库连接字符串存储在＜connectionStrings＞配置字节中。

```
<connectionStrings>
    <add name=" ConnectionName" connectionString=" Server=.\SQLEXPRESS;Database=Demo;UserID=sa;Password=abc123" providerName="System.Data.SqlClient" />
</connectionStrings>
```

2．获取 Web.config 文件中数据库连接字符串

在页面的.cs 内通过一段代码获取＜connectionStrings＞标签里的数据库连接的字符串，代码如下：

引用命名空间：

```
Using System.Configuration;
```

定义变量并赋值：

```
string conStr=ConfigurationManager.ConnectionStrings["ConnectionName"].ToString();
```

conStr 变量值即为 Web. config 中保存的连接字符串。

9.2.4 SqlConnection 对象的应用

Microsoft SQL Server 2012 是微软发布的新一代数据库管理平台，与 Visual Studio 2012 兼容性好。本书中实例选用 SQL Server 2012 为后台数据库，首先在平台中创建 Demo 数据库，然后新建 Stuent 数据表并添加部分测试数据。Student 表的结构及表中数据如图 9.3 和图 9.4 所示。

YY-PC\SQLEXPRES...o - dbo.student ×

列名	数据类型	允许 Null 值
sno	char(8)	☐
sname	char(20)	☑
sex	char(3)	☑
age	int	☑
dept	varchar(15)	☑

图 9.3 Student 表结构图

	sno	sname	sex	age	dept
1	05880101	周一	男	20	计算机系
2	05880102	吴二	女	20	信息系
3	05880103	张三	女	19	计算机系
4	05880104	李四	男	22	信息系
5	05880105	王五	男	22	数学系
6	05880106	赵六	男	19	数学系
7	05880107	陈七	女	23	日语系
8	05880108	刘八	男	21	日语系

图 9.4 Student 表数据内容

【例 9-1】 在 E 盘 ASP. NET 项目代码目录中创建 chapter9 子目录，将其作为网站根目录，创建名为 example9-1 的网页，使用 SqlConnection 对象进行数据的连接。

具体创建步骤如下：

(1) 双击打开网站根目录下的 Web. Config 文件，在<connectionStrings>标签内添加如下连接字符串：

```
<connectionStrings>
<add name="DemoConnection" connectionString="Server=.\SQLEXPRESS;Database=
Demo;trusted_connection=true;"  providerName="System.Data.SqlClient" />
</connectionStrings>
```

(2) 在 example9-1 网页添加一个按钮控件，并按照下列源文件设置属性。

```
<form id="form1" runat="server">
  <div>
    <asp:Button ID="btnConnect" runat="server" OnClick="btnConnect_Click"
    Text="连接数据库" />
  </div>
 </form>
```

(3) 在 example9-1. cs 内添加对命名空间的引用。

```
using System.Data.SqlClient;
using System.Configuration;
```

(4) 为按钮添加并编辑代码如下：

```
protected void btnConnect_Click(object sender, EventArgs e)
{
    //从 web.config 配置文件取出数据库连接字符串
    string sqlConStr = ConfigurationManager.ConnectionStrings["DemoConnection"].ConnectionString;
    //实例化数据库连接对象
    SqlConnection sqlCon=new SqlConnection(sqlConStr);
    //打开连接
    sqlCon.Open();
    if(sqlCon.State ==System.Data.ConnectionState.Open)
    {
        Response.Write("<script>alert('数据库连接成功!')</script>");
    }
    //关闭连接
    sqlCon.Close();
    //释放连接对象
    sqlCon.Dispose();
}
```

(5) 运行页面，单击"连接数据库"按钮测试数据库连接成功，如图 9.5 所示。

图 9.5　SqlConnection 对象应用页面演示

9.3 SqlCommand 对象

9.3.1 SqlCommand 对象的属性与方法

SqlCommand（命令）对象可以使用数据命令直接与数据源进行通信。当需要向数据库内插入一条数据，或者删除数据库中的某条数据时，就需要使用到 SqlCommand 对象，对应的类包含在 System.Data.SqlClient 命名空间中。SqlCommand 类包括了数据库中执行命令时的所有必要信息，当 SqlCommand 对象的属性设置好之后，就可以调用 SqlCommand 对象的方法对数据库中的数据进行处理。SqlCommand 对象的主要属性如表 9.5 所示。

表 9.5 SqlCommand 类的主要属性

属 性 名	说 明
Name	获取或设置 Command 对象的名称
Connection	获取或设置对 Connection 对象的引用
CommandType	获取或设置命令类型为 SQL 语句或存储过程，默认情况下是 SQL 语句
CommandText	获取或设置命令对象包含的 SQL 语句或存储过程名
Parameters	命令对象的参数集合

说明：

(1) CommandType 属性具有如下三种枚举值：
- Text：表示 Command 对象用于执行 SQL 语句，该属性的默认值为 Text。
- StoredProcedure：表示 Command 对象用于执行存储过程。
- TableDirect：表示 Command 对象用于直接处理某张表。

(2) CommandText 属性根据 CommandType 属性的取值来决定所表示的意义，分为下列三种情况：

① 如果 CommandType 属性取值为 Text，则 CommandText 属性为 SQL 语句的内容。

② 如果 CommandType 属性取值为 StoredProcedure，则 CommandText 属性为存储过程的名称。

③ 如果 CommandType 属性取值为 TableDirect，则 CommandText 属性为表的名称。

SqlCommand 对象的主要方法和构造函数如表 9.6 和表 9.7 所示。

表 9.6 SqlCommand 对象的主要方法

方 法 名	说 明
ExecuteReader()	执行查询操作，返回一个具有多行多列数据的数据流
ExecuteScalar()	执行查询操作，返回单个值
ExecuteNonQuery()	执行插入、修改或删除操作，返回本次操作受影响的行数

表 9.7　SqlCommand 对象的构造函数

构造函数	说明
SqlCommand()	初始化 SqlCommand 类的新实例
SqlCommand(cmdText)	初始化包含命令文本的命令对象,cmdText 为命令文本
SqlCommand(cmdText,connection)	初始化包含命令文本和连接对象的命令对象,cmdText 为命令文本,connection 为连接对象

9.3.2　ExecuteNonQuery()方法

当指定了一个命令对象,可以通过 ExecuteNonQuery()方法来执行该语句。ExecuteNonQuery()不仅可以执行 SQL 语句,也可以执行存储过程,使用 ExecuteNonQuery()时不返回行。实例代码如下所示:

```
string str=" server=./sqlexpress ;database=demo; trusted_connection=true; ";
    SqlConnection con=new SqlConnection(str);
con.Open();
SqlCommand cmd=new SqlCommand("insert into student values('05880110')",con);
cmd.ExecuteNonQuery();
```

运行上述代码,执行 insert into news values('05880110')这条 SQL 语句向数据库中插入数据。执行数据库的 insert、update 以及 delete 这些不返回任何行的语句或存储过程时,可以使用 ExecuteNonQuery()方法。ExecuteNonQuery()方法只会返回一个整数,表示受执行的 SQL 语句或存储过程影响的行数。

【例 9-2】　在 chapter9 网站根目录下创建名为 example9-2 的网页,页面内包含若干控件,练习使用 SqlCommand 对象的 ExecuteNonQuery()方法实现数据的增、删、改操作。

具体创建步骤如下:

(1) 按照图 9.6 所示添加相应控件。

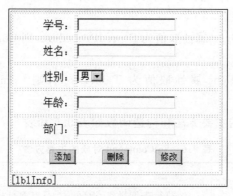

图 9.6　SqlCommand 对象应用页面设计

(2) 按照如下源文件设置控件的相关属性值。

```
<form id="form2" runat="server">
    <div>
        <table style="width: 320px; height: 240px">
            <tr>
                <td style="width: 100px; text-align: right">学号:</td>
                <td style="width: 220px">
                    <asp:TextBox ID="txtNum" runat="server"></asp:TextBox>
                </td>
            </tr>
            <tr>
                <td style="width: 100px; text-align: right">姓名:</td>
                <td style="width: 220px">
                    <asp:TextBox ID="txtName" runat="server"></asp:TextBox>
                </td>
            </tr>
            <tr>
                <td style="width: 100px; text-align: right">性别:</td>
                <td style="width: 220px">
                    <asp:DropDownList ID="ddlSex" runat="server">
                        <asp:ListItem Selected="True">男</asp:ListItem>
                        <asp:ListItem>女</asp:ListItem>
                    </asp:DropDownList>
                </td>
            </tr>
            <tr>
                <td style="width: 100px; text-align: right">年龄:</td>
                <td style="width: 220px">
                    <asp:TextBox ID="txtAge" runat="server"></asp:TextBox>
                </td>
            </tr>
            <tr>
                <td style="width: 100px; text-align: right">部门:</td>
                <td style="width: 220px">
                    <asp:TextBox ID="txtDept" runat="server"></asp:TextBox>
                </td>
            </tr>
            <tr>
                <td colspan="2" style="text-align: center">
                    <asp:Button ID="btnInsert" runat="server" Text="添加"
                        OnClick="btnInsert_Click" />
                      
                    <asp:Button ID="btnDelete" runat="server" Text="删除"
```

```
                    OnClick="btnDelete_Click" />
                  
                    <asp:Button ID="btnUpdate" runat="server"  Text="修改"
                        style="width: 40px" OnClick="btnUpdate_Click" />
                </td>
            </tr>
        </table>
    </div>
    <asp:Label ID="lblInfo" runat="server" Text=""></asp:Label>
</form>
```

(3) 添加命名空间的引用。

```
using System.Data.SqlClient;
using System.Configuration;
```

(4) 为控件添加事件，并编辑代码如下：

```
//创建连接对象 con
SqlConnection con;
//创建命令对象 cmd
SqlCommand cmd;
protected void Page_Load(object sender, EventArgs e)
{
    string sqlconnstr = ConfigurationManager.ConnectionStrings["DemoConnection"].
    ConnectionString;
    con = new SqlConnection(sqlconnstr);
    cmd = new SqlCommand();
    cmd.Connection = con;
}
protected void btnInsert_Click(object sender, EventArgs e)
{
    //设置 cmd 对象的 CommandText 属性值
    cmd.CommandText = string.Format("insert into student values('{0}','{1}','{2}
    ','{3}','{4}')", txtNum.Text, txtName.Text, ddlSex.SelectedValue, txtAge.
    Text, txtAge.Text, txtDept.Text);
    con.Open();
    int n = cmd.ExecuteNonQuery();
    con.Close();
    //执行 cmd 命令后数据表受影响的行数为 1 则添加成功
    if(n == 1)
    {
        lblInfo.Text = "添加新学生信息成功";
    }
    else
    {
```

```
        lblInfo.Text="添加新学生信息失败";
    }
}
protected void btnDelete_Click(object sender, EventArgs e)
{
    cmd.CommandText=string.Format("delete from student where sno='{0}'",
    txtNum.Text);
    con.Open();
    int n=cmd.ExecuteNonQuery();
    con.Close();
    if(n ==1)
    {
        lblInfo.Text="删除学生信息成功";
    }
    else
    {
        lblInfo.Text="删除学生信息失败";
    }
}
protected void btnUpdate_Click(object sender, EventArgs e)
{
    cmd.CommandText=string.Format("update student set sname='{0}',sex='{1}',
    age={2},dept='{3}' where sno='{4}'", txtName.Text, ddlSex.SelectedValue,
    txtAge.Text, txtDept.Text, txtNum.Text);
    con.Open();
    int n=cmd.ExecuteNonQuery();
    con.Close();
    if(n ==1)
    {
        lblInfo.Text="修改学生信息成功";
    }
    else
    {
        lblInfo.Text="修改学生信息失败";
    }
}
```

说明：String.Format(String，Object[])方法可以将String中的格式项替换为指定数组中相应Object实例的值。例如，"String.Format("a{0}b{1}c{2}d{0}efg", 'A', "12",3);"等价于字符串"aAb12c3dAefg"。

(5) 运行网站,执行效果如图9.7所示。

ExecuteNonQuery()方法不仅能够执行SQL语句,同样可以执行存储过程和数据定义语言来对数据库或目录执行构架操作,如create table等。在执行存储过程之前,必须先创建存储过程。

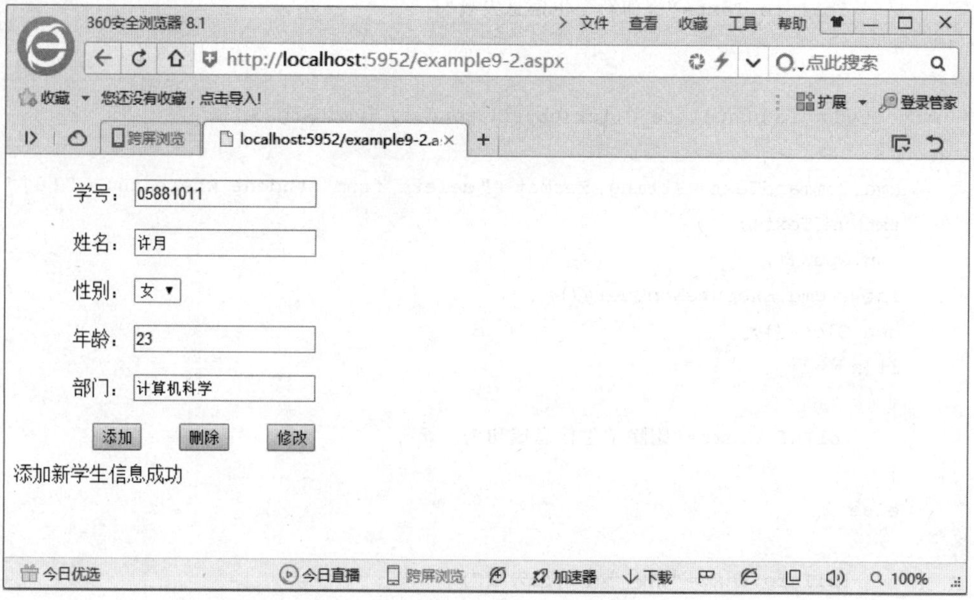

图 9.7 SqlCommand 对象应用页面演示

9.3.3 ExecuteScalar()方法

SqlCommand 类中的 ExecuteScalar 方法可以返回查询的单个值,如果需要获取数据值,或者 Count(*)、Sum(Money)等聚合函数的结果,都可以使用 ExecuteScalar()方法。实例代码如下:

```
string str=" server=. /sqlexpress ;database=demo; trusted_connection=true; ";
SqlConnection con=new SqlConnection(str);
con.Open();
SqlCommand cmd=new SqlCommand("select count(*)from student", con);
object  obj=cmd.ExecuteScalar();
```

上述代码创建了一个连接,实例化一个 SqlCommand 对象,调用 ExecuteScalar()方法返回单个值。

【例 9-3】 在 chapter9 网站根目录下创建名为 example9-3 的网页,页面内包含若干控件,练习使用 SqlCommand 对象的 ExecuteScalar 方法实现数据的查询。

具体创建步骤如下:
(1) 按照图 9.8 所示添加相应控件。
(2) 按照如下源文件设置控件的相关属性值。

```
<form id="form1" runat="server">
    <div>
        <table style="width: 320px; height: 240px">
            <tr>
```

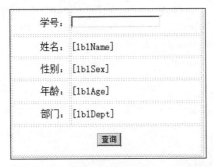

图 9.8　SqlCommand 对象查询应用页面设计

```
    <td style="width: 100px; text-align: right">学号:</td>
    <td style="width: 220px">
        <asp:TextBox ID="txtNum" runat="server"></asp:TextBox>
    </td>
</tr>
<tr>
    <td style="width: 100px; text-align: right">姓名:</td>
    <td style="width: 220px">
        <asp:Label ID="lblName" runat="server" Text=""></asp:
        Label>
    </td>
</tr>
<tr>
    <td style="width: 100px; text-align: right">性别:</td>
    <td style="width: 220px">
        <asp:Label ID="lblSex" runat="server" Text=""></asp:Label>
    </td>
</tr>
<tr>
    <td style="width: 100px; text-align: right">年龄:</td>
    <td style="width: 220px">
        <asp:Label ID="lblAge" runat="server" Text=""></asp:Label>
    </td>
</tr>
<tr>
    <td style="width: 100px; text-align: right">部门:</td>
    <td style="width: 220px">
        <asp:Label ID="lblDept" runat="server"></asp:Label>
    </td>
</tr>
<tr>
    <td colspan="2" style="text-align: center">
      
```

```
                        <asp:Button ID="btnSelect" runat="server"  Text="查询"
                         OnClick="btnSelect_Click" />
                      
                        </td>
                </tr>
            </table>
        </div>
    </form>
```

(3) 添加命名空间的引用。

```
using System.Data.SqlClient;
using System.Configuration;
```

(4) 为控件添加事件,并编辑代码如下:

```
SqlConnection con;
    SqlCommand cmd;
    protected void Page_Load(object sender, EventArgs e)
    {
        string sqlconnstr=ConfigurationManager.ConnectionStrings
        ["DemoConnection"].ConnectionString;
        con=new SqlConnection(sqlconnstr);
        cmd=new SqlCommand();
        cmd.Connection=con;
    }
    protected void btnSelect_Click(object sender, EventArgs e)
    {
        object obj;
        //按学号查询学生姓名
        cmd.CommandText="select sname  from student where sno='"+txtNum.Text+
        "'";
        con.Open();
        obj=cmd.ExecuteScalar();
        con.Close();
        lblName.Text=obj.ToString();
        //按学号查询学生性别
        cmd.CommandText="select sex  from student where sno='"+txtNum.Text+
        "'";
        con.Open();
        obj=cmd.ExecuteScalar();
        con.Close();
        lblSex.Text=obj.ToString();
        //按学号查询学生年龄
        cmd.CommandText="select age  from student where sno='"+txtNum.Text+
        "'";
```

```
con.Open();
obj=cmd.ExecuteScalar();
con.Close();
lblAge.Text=obj.ToString();
//按学号查询学生部门
cmd.CommandText="select dept  from student where sno='"+txtNum.Text+
"'";
con.Open();
obj=cmd.ExecuteScalar();
con.Close();
lblDept.Text=obj.ToString();
}
```

(5) 运行网站,执行效果如图 9.9 所示。

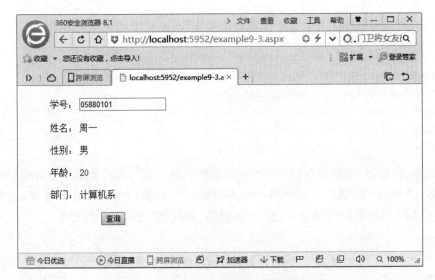

图 9.9　SqlCommand 对象查询应用页面演示

9.3.4　SqlParameter 参数对象

使用 SqlCommand 对象执行 SQL 语句和存储过程时,在 SQL 语句和存储过程中往往带有很多参数,为了正确指定参数的值,可以使用 SqlParameter 对象方便地设置 SQL 语句和存储过程的参数。SqlParameter 对象的主要属性如表 9.8 所示。

表 9.8　SqlParameter 对象的主要属性

属　性　名	说　　明
ParameterName	获取或设置参数的名称
SqlDbType	获取或设置指定参数的数据类型,如整型、字符型等
Direction	获取或设置指定参数的方向
Value	获取或设置指定输入参数的值

说明：

Direction 属性具有如下枚举值：

- ParameterDirection.Input：指明为输入参数，Direction 属性的默认值。
- ParameterDirection.Output：指明为输出参数。
- ParameterDirection.InputOutput：指明为输入和输出参数。
- ParameterDirection.ReturnValue：指明为返回值。

使用 SqlCommand 对象执行带参数的 SQL 语句时可以创建一个 SqlParameter 对象，直接添加到 SqlCommand 对象的参数集合中来指定 SQL 语句中所带参数的值。

下面将例 9-2 中的插入命令：

```
cmd.CommandText=string.Format("insert into student values('{0}','{1}','{2}',{3},'{4}')", txtNum.Text, txtName.Text, ddlSex.SelectedValue, txtAge.Text, txtDept.Text);
```

改写为用 SqlCommand 对象中的参数来实现，代码如下：

```
cmd.CommandText="insert into student values(@Sno, @Sname, @Sex, @Age, @Dept)";
cmd.AddWithValue("@Sno", txtNum.Text);
cmd.AddWithValue("@Sname", txtName.Text);
cmd.AddWithValue("@Sex", ddlSex.SelectedValue);
cmd.AddWithValue("@Age", txtAge.Text);
cmd.AddWithValue("@Dept", txtDept.Text);
```

可以看出，指定"参数值"时，例 9-2 中的数据类型必须与后台数据库中对应列的数据类型一致，否则会产生错误。而使用了 SqlParameter 对象后会自动转换匹配，不需要再具体指示 Age 列的数据类型为 int 型，Sex 列的"参数值"为可变字符型等。

9.4 SqlDataReader 对象

9.4.1 SqlDataReader 对象的属性与方法

SqlDataReader（数据访问）对象可以从数据库中得到只读、向前的数据流，对应的类包含在 System.Data.SqlClient 命名空间中。每次的访问或操作只有一个记录保存在服务器的内存中，SqlDataReader 具有较快的访问能力，占用较少的服务器资源。SqlDataReader 对象的主要属性及方法如表 9.9 和表 9.10 所示。

表 9.9 SqlDataReader 对象的主要属性

属性名	说明
FieldCount	获取当前行中的列数
IsClosed	获取一个布尔值，指示 SqlDataReader 对象是否关闭
RecordAffect	获取执行 SQL 语句时修改的行数

表 9.10　SqlDataReader 对象的主要方法

方　　法	说　　明
Read()	获取当前行中的列数
Close()	关闭 SqlDataReader 对象
IsDBNull	返回布尔值，表示列是否包含 NULL 值
GetName()	返回索引为 i 的字段的字段名
GetBoolean()	获取指定列的值，类型为布尔值
GetString()	获取指定列的值，类型为字符串
GetByte()	获取指定列的值，类型为字节
GetInt32()	获取指定列的值，类型为整型值
GetDouble()	获取指定列的值，类型为双精度值
GetDateTime()	获取指定列的值，类型为日期时间值
GetValue()	获取索引为 i 指定列的值，类型为对象

SqlDataReader 类没有构造函数，如果要创建 SqlDataReader 类的对象，只可以通过 SqlCommand 类的 ExcuteReader()方法得到一个 SqlDataReader 对象。

9.4.2　使用 SqlDataReader 对象读取数据

SqlDataReader 对象的 Read()方法可以判断 SqlDataReader 对象中的数据是否还有下一行，并将游标下移到下一行。通过 Read()方法可以判断 SqlDataReader 对象中的数据是否读完。示例代码如下：

```
while(dr.Read())
```

同样，通过 Read()方法也可以遍历读取数据库中行的信息。在读取到一行时，获取某列的值只需要使用索引器，即"["和"]"运算符来确定某一列的值，实例代码如下：

```
while(dr.Read())
{
    Response.Write(dr["sname"].ToString()+"<hr/>");
}
```

上述代码通过 dr["sname"]获取数据库中 sname 这一列的值。同样，也可以通过索引获取某一列的值，实例代码如下：

```
while(dr.Read())
{
    Response.Write(dr[1].ToString()+"<hr/>");
}
```

【例 9-4】　在 chapter9 网站根目录下创建名为 example9-4 的网页，页面内包含若干控件，练习使用 SqlDataReader 对象读取数据库中的数据。

具体创建步骤如下：

（1）按照图 9.10 所示添加相应控件。

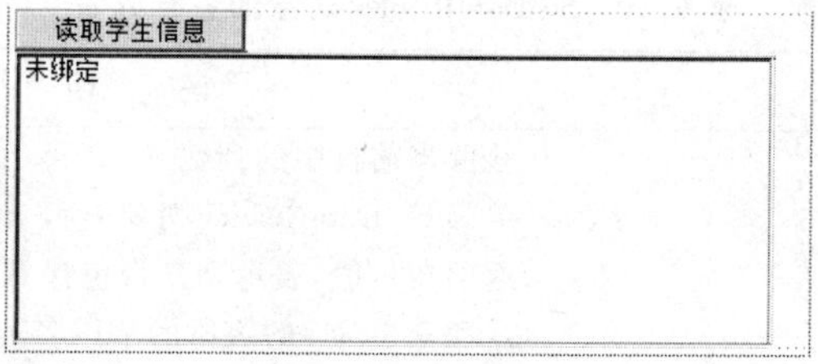

图 9.10　SqlDataReader 对象应用页面设计

（2）按照如下源文件设置控件的相关属性值。

```
<form id="form1" runat="server">
    <div>
        <asp:Button ID="btnRead" runat="server" OnClick="btnRead_Click" Text=
        "读取学生信息" />
        <br />
        <asp:ListBox ID="ListBox1" runat="server" Height="223px" Width="389px"
        ></asp:ListBox>
    </div>
</form>
```

（3）添加命名空间的引用。

```
using System.Data.SqlClient;
using System.Configuration;
```

（4）为控件添加事件，并编辑代码如下：

```
protected void btnRead_Click(object sender, EventArgs e)
    {
        string  sqlconnstr = ConfigurationManager. ConnectionStrings [ "
        DemoConnection"].ConnectionString;
        SqlConnection  con=new SqlConnection(sqlconnstr);
        SqlCommand cmd=new SqlCommand();
        cmd.Connection=con;
        cmd.CommandText="select * from student";
        con.Open();
        //创建 SqlDataReader 对象 sdr
        SqlDataReader sdr=cmd.ExecuteReader();
        //获取数据流 sdr 中当前行中的列数
        int n=sdr.FieldCount;
        string strFileName="";
        //构建数据表的字段名行
        for(int i=0; i<n; i++)
        {
            strFileName+=sdr.GetName(i)+"    ";
        }
        ListBox1.Items.Add(strFileName);
```

```
        while(sdr.Read())
        {
            string strContent="";
            //构建数据表的每一行字段值
            for(int i=0; i<n; i++)
            {
                strContent+=sdr.GetValue(i)+"   ";
            }
            ListBox1.Items.Add(strContent);
        }
        sdr.Close();
        con.Close();
    }
```

(5) 运行网站,执行效果如图 9.11 所示。

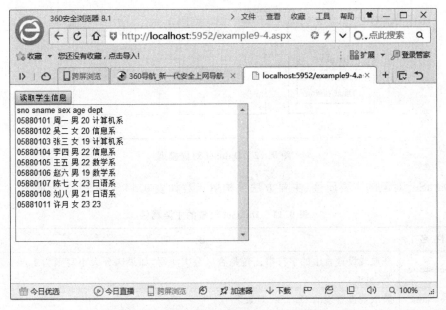

图 9.11　SqlDataReader 对象应用页面演示

在 SqlDataReader 对象没有关闭之前,数据库连接会一直保持 Open 状态,并且一个连接只能被一个 SqlDataReader 对象使用,所以在使用 SqlDataReader 时,使用完毕应该立即调用 SqlDataReader.Close()将其关闭。

9.5　DataSet 对象

DataSet(数据集)是 ADO.NET 中用来访问数据库的特定对象,对应的类包含在 System.Data 命名空间中。可以用来存储从数据库查询到的数据结果,在获得数据或更新数据后立即与数据库断开,可以高效地访问和操作数据库。可以简单地把 DataSet 想象成虚拟的表,但是这个表不是简单的只存数据,而是一个具有数据结构的表,并且这个表是存放在内存中的。

由于 DataSet 对象具有离线访问数据库的特性,所以它更能用来接收海量的数据信息。DataSet 对象本身不同数据库发生关系,而是通过 DataAdapter 对象从数据库中获取数据并把修改后的数据更新到数据库。关于 DataAdapter 的详细内容将在 9.6 节进行讲述。

9.5.1 DataSet 对象

DataSet 对象能够支持多表、表间关系、数据库约束等,可以用来模拟简单的数据库模型。DataSet 常用对象之间的构架关系模型如图 9.12 所示。

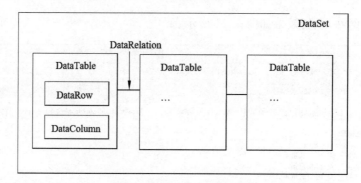

图 9.12 DataSet 对象模型

DataSet 对象的主要属性、主要方法及构造函数如表 9.11～表 9.13 所示。

表 9.11 DataSet 对象的主要属性

属性名	说　明
CaseSensitive	获取或设置表中的字符串比较是否区分大小写,如果区分大小写则为 false,默认值为 false
DataSetName	获取或设置当前 DataSet 对象名
Tables	获取包含在 DateaSet 对象中的表的集合
Relations	获取用于数据集中表的关系集合
Namespace	获取或设置命名空间 DataSet

表 9.12 DataSet 对象的主要方法

方　法　名	说　明
AcceptChanges()	提交 DataSet 自加载以来或自上次调用 AcceptChanges 以来所做的所有更改
Clear()	清除 DataSet 的所有表中的数据
Copy()	复制 DataSet 的结构和数据
Dispose()	释放所有资源

续表

方法名	说明
GetChanges()	获取 DataSet 自加载后上一次更改的内容
Merge()	合并指定 DataSet 到当前 DataSet
Reset()	从 DataSet 中清除所有表

表 9.13　SqlConnection 对象的构造函数

构造函数	说明
DataSet()	初始化 DataSet 类的新实例
DataSet(string)	初始化具有给定名称的 DataSet 类

9.5.2　DataTable 对象

DataSet 的 Tables 属性表示一个表的集合，每个表都是一个 DataTable（数据表）对象。应用中每个 DataTable 对象可以表示数据库中的一张表或者多表查询得到的一个结果，可以通过 Tables 集合的索引器访问每张表，索引器的参数可以是字符串类型的表名，也可以是索引值。

1. Tables 集合的属性和方法

Tables 集合的主要属性和方法如表 9.14 和表 9.15 所示。

表 9.14　Tables 集合的主要属性

属性名	说明
Counts	获取 Tables 集合中表的个数

表 9.15　Tables 集合的主要方法

方法名	说明
Add()	向 Tables 集合中添加一张表
AddRange()	向 Rows 集合中添加一个表的数组
Clear()	移除 Tables 集合中所有的表
Contains()	判断指定表是否在 Tables 集合中
Insert()	向 Tables 集合的指定位置插入一张表
IndexOf()	检索指定表在 Tables 集合中的索引
Remove()	从 Tables 集合中移除指定的表
RemoveAt()	从 Tables 集合中移除指定索引位置的表

2. DataTable 对象

DataTable 表示一个内存中关系数据的表，可以简单地将 DataTable 想象成一个表。DataTable 也是 DataSet 中最常用的对象，可以独立创建和使用，也可以由其他 .NET

Framework 对象使用。

表中的集合形成了二维表的数据结构,具有 Rows 集合和 Columns 集合等属性,主要属性、方法及构造函数如表 9.16～表 9.18 所示。

表 9.16 DataTable 对象的主要属性

属 性 名	说 明
CaseSensitive	获取表中的字符串比较时是否区分大小写
Columns	获取列的集合
Constraints	获取约束的集合
DataSet	获取表所属的 DataSet
HasErrors	获取表中的错误信息
MinimumCapacity	获取或设置此表的初始大小
PrimaryKey	获取或设置数据表的主码
TableName	获取或设置 DataTable 的名称
Rows	获取行的集合

表 9.17 DataTable 对象的主要方法

方 法 名	说 明
AcceptChanges()	提交自上次调用 AcceptChanges 后表的所有更改
Clear()	清除 DataTable 中的所有数据
Copy()	复制 DataTable 的结构和数据
GetChanges()	获取 DataTable 加载后的所有更改和调用
GetErrors()	获取 DataRow 对象包含的错误数组
Merge()	合并指定 DataTable 到当前 DataTable
NewRow()	创建一个相同架构的 DataRow
Reset()	重置 DataTable 到其原始状态。重置中删除所有数据、索引、关系和表的列。如果数据集包含一个数据表,该表重置之后仍为数据集的一部分

表 9.18 DataTable 对象的构造函数

构 造 函 数	说 明
DataTable()	初始化 DataTable 类的新实例
DataTable(string)	初始化具有给定名称的 DataTable 类

9.5.3 DataColumn 对象

DataTable 的 Columns 属性表示表的列集合,每个列都是一个 DataColumn(数据列)对象。应用中每个 DataColumn 对象可以表示数据库中的一个字段或者由聚合函数等得到的一个新属性,可以通过 Columns 集合的索引器访问表中的每一列,索引器的参数可以为字符串类型的列名,也可以是索引值。

1. Columns 集合的属性和方法

Columns 集合的主要属性和主要方法如表 9.19 和表 9.20 所示。

表 9.19 Columns 集合的主要属性

属性名	说 明
Counts	获取 Columns 集合中列的个数

表 9.20 Columns 集合的主要方法

方 法 名	说 明
Add()	向 Columns 集合中添加一列
AddRange()	向 Columns 集合中添加一个列的数组
Clear()	移除 Columns 集合中所有的列
Contains()	判断指定列是否在 Columns 集合中
Insert()	向 Columns 集合的指定位置插入一列
IndexOf()	获取指定列在 Columns 集合中的索引
Remove()	从 Columns 集合中移除指定的列
RemoveAt()	从 Columns 集合中移除指定索引位置的列

2. DataColumn 对象

DataColumn 是用来模拟物理数据库中的列,多个 DataColum 组成了 DataTable 中列的架构。DataColumn 对象的主要属性、方法及构造函数如表 9.21～表 9.23 所示。

表 9.21 DataColumn 对象的主要属性

属性名	说 明
AllowDBNull	获取或设置是否可以为空值
AutoIncrement	获取或设置是否允许以自动递增的形式添加值
Caption	获取或设置列标题
ColumnName	获取或设置列的名称 DataColumnCollection
DefaultValue	获取或设置列的默认值
MaxLength	获取或设置文本列的最大长度
ReadOnly	获取或设置列是否为只读
Table	获取 DataTable 列是否属于表

表 9.22 DataColumn 对象的主要方法

方 法 名	说 明
Dispose()	释放使用的所有资源

表 9.23 DataColumn 对象的构造函数

构 造 函 数	说　　明
DataColumn()	初始化 DataColumn 类的对象
DataColumn(string)	初始化指定名称的 DataColumn 类

9.5.4 DataRow 对象

DataTable 的 Rows 属性表示表的行集合,每个行都是一个 DataRow(数据行)对象。应用中每个 DataRow 对象可以表示数据库中的一条记录或者是多表查询得到的一条数据,使用中可以通过 Rows 集合的索引器访问表中的每一行,索引器的参数是行的索引值。

1. Rows 集合的属性和方法

Rows 集合的主要属性和方法如表 9.24 和表 9.25 所示。

表 9.24 Rows 集合的主要属性

属性名	说　　明
Counts	获取 Rows 集合中行的个数

表 9.25 Rows 集合的主要方法

方 法 名	说　　明
Add()	向 Rows 集合中添加一行
AddRange()	向 Rows 集合中添加一个行的数组
Clear()	移除 Rows 集合中所有的行
Contains()	判断指定行是否在 Rows 集合中
Insert()	向 Rows 集合的指定位置插入一行
IndexOf()	获取指定行在 Rows 集合中的索引
Remove()	从 Rows 集合中移除指定的行
RemoveAt()	从 Rows 集合中移除指定索引位置的行

2. DataRow 对象

在创建了表和表中列的集合,并使用约束定义表的结构后,可以使用 DataRow 对象向表中添加新的数据行,这一操作同数据库中 insert 语句类似。插入一个新行,首先要声明一个 DataRow 类型的变量,DataRow 对象没有构造函数,只能使用 DataTable 对象的 NewRow()方法返回一个新的 DataRow 对象。

DataTable 会根据 DataColumnCollection 定义的表结构来创建 DataRow 对象。DataRow 对象的主要属性及方法如表 9.26 和表 9.27 所示。

表 9.26 DataRow 对象的主要属性

属 性 名	说　　明
CaseSensitive	获取表中的字符串比较时是否区分大小写
Columns	获取表的列集合
Constraints	获取表的约束集合
DataSet	获取表所属的 DataSet
HasErrors	获取某一错误信息是否属于该行
MinimumCapacity	获取或设置此表的初始大小
PrimaryKey	获取或设置数据表的主键列数组
TableName	获取或设置 DataTable 的名称
Rows	获取属于此表的行的集合

表 9.27 DataRow 对象的主要方法

方 法 名	说　　明
AcceptChanges()	提交自上次调用 AcceptChanges 以来对此表所做的所有更改
Clear()	清除 DataTable 的所有数据
Copy()	复制 DataTable 的结构和数据
GetChanges()	获取自上次调用 AcceptChanges 以来对此类所做的更改
GetErrors()	获取 DataRow 中对象包含的错误数组
Merge()	合并指定 DataTable 到当前 DataTable
NewRow()	创建一个具有相同的架构 DataRow 对象

9.5.5 DataSet 的应用

通过本章前几节的讲述，可以清楚 DataSet 中可以包含若干 DataTable，而 DataTable 又由若干的 DataRow 和 DataColumn 构成。构建一个数据集通常需要下面 4 个步骤：

（1）通过 DataSet 类的构造函数创建一个 DataSet 对象。

（2）通过 DataTable 类的构造函数创建一个 DataTable 对象，并添加到 DataSet 对象中。

（3）通过 DataColumn 类的构造函数创建数据列对象，并依次添加到 DataTable 的 Columns 属性中，从而得到数据表的结构，添加到 DataTable 对象中。

（4）通过 DataRow 类的构造函数创建符合当前表结构的 DataRow 对象，并为该对象设置对应字段的数据，然后将 DataRow 对象添加到 DataTable 类的 Rows 属性中。

【例 9-5】 在 chapter9 网站根目录下创建名为 example9-5 的网页，创建数据集、数据表、数据列以及数据行的对象，构建一个 DataSet 的应用。

具体创建步骤如下：

（1）从工具箱中选择 GridView 控件添加到 example9-5 页。GridView 控件的具体讲解见本书第 10 章。

（2）添加命名空间的引用。

using System.Data;

（3）为页面添加事件，并编辑代码如下：

```
protected void Page_Load(object sender, EventArgs e)
{
    //实例化一个 DataSet 对象 ds
    DataSet ds=new DataSet();
    //实例化一个 DataTable 对象 table
    DataTable table=new DataTable("teacher");
    //将 table 对象添加到 ds 对象的 Tables 集合中
    ds.Tables.Add(table);
    //声明了一个 DataColumn 类型成员 column
    DataColumn column;
    //实例化 DataColumn 对象 column,列名为教职工号,字段类型为 String
    column=new DataColumn("教职工号", System.Type.GetType("System.String"));
    //将 column 对象添加到 table 对象的 Columns 集合中
    table.Columns.Add(column);
    column=new DataColumn("姓名", System.Type.GetType("System.String"));
    table.Columns.Add(column);
    column=new DataColumn("性别", System.Type.GetType("System.String"));
    table.Columns.Add(column);
    column=new DataColumn("出生年月", System.Type.GetType("System.DateTime"));
    table.Columns.Add(column);
    //声明了一个 DataRow 类型成员 row
    DataRow row;
    //实例化 DataRow 对象 row,每一行中包含教职工号、姓名、性别、出生年月 4 个字段
    row=table.NewRow();
    //设置行内"教职工号"字段的值为"T001"
    row["教职工号"]="T001";
    row["姓名"]="张老师";
    row["性别"]="男";
    row["出生年月"]="1981-05-25";
    //将 row 对象添加到 table 对象的 Rows 集合中
    ds.Tables["teacher"].Rows.Add(row);
    row=table.NewRow();
    row["教职工号"]="T002";
    row["姓名"]="王老师";
    row["性别"]="女";
    row["出生年月"]="1980-11-11";
    ds.Tables["teacher"].Rows.Add(row);
    //设置 GridView1 控件的 DataSource 属性为 ds 数据集对象
    GridView1.DataSource=ds;
    //为 GridView1 控件进行数据绑定
    GridView1.DataBind();
```

}
}

（4）运行网站，执行效果如图 9.13 所示。

图 9.13　DataSet 数据集应用页面演示

9.6　SqlDataAdapter 对象

SqlDataAdapter（数据适配器）是 DataSet 和 SQL Server 之间的桥接器，对应的类包含在 System.Data.SqlClien 命名空间中。SqlDataAdapter 可以将数据源中的数据填充到 DataSet 中，也可以将 DataSet 中的数据更新到数据源中。

9.6.1　SqlDataAdapter 类的属性与方法

在 DataSet 与一个或多个数据源进行交互时，SqlDataAdapter 提供了 DataSet 对象和数据源之间的连接。SqlDataAdapter 类的主要属性、方法及构造函数如表 9.28～表 9.30 所示。

表 9.28　SqlDataAdapter 类的主要属性

属 性 名	说　　明
DeleteCommand	获取或设置 SQL 语句或存储的过程来从数据集中删除记录
InsertCommand	获取或设置 SQL 语句或存储的过程以将新记录插入到数据源
UpdateCommand	获取或设置 SQL 语句或存储的过程用于更新数据源中的记录

表 9.29　SqlDataAdapter 类的主要方法

方 法 名	说　　明
Fill(DataSet)	添加或刷新 DataSet 中的对象
Fill(DataSet,String)	添加或刷新 DataSet 中指定 DataTable 名称的对象
Fill(DataTable)	添加或刷新 DataTable 中的对象

续表

方 法 名	说 明
Update(DataSet)	执行相应的 insert、update 或 delete 语句将 DataSet 中的内容更新到数据库中
Update(DataSet,String)	执行相应的 insert、update 或 delete 语句将 DataSet 内 DataTable 的内容更新到数据库中
Update(DataTable)	执行相应的 insert、update 或 delete 语句将 DataTable 的内容更新到数据库中

表 9.30 SqlDataAdapter 类的构造函数

构 造 函 数	说 明
SqlDataAdapter()	初始化 SqlDataAdapter 类的新实例
SqlDataAdapter(SqlCommand)	创建实例的对象并初始化 SqlDataAdapter 的 SelectCommand 属性
SqlDataAdapter(String, SqlConnection)	创建实例的对象并初始化 SqlDataAdapter 类的 SelectCommand 和 SqlConnection 属性

9.6.2 使用 SqlDataAdapter 对象获取数据

SqlDataAdapter 的主要作用是填充 DataSet 和更新 SQL Server 数据库，SqlDataAdapter 和 DataSet 之间没有直接连接，当执行 SqlDataAdpater.Fill(DataSet)方法后，两个对象之间才有连接。SqlDataAdapter 的 Fill 方法调用前不需要打开的 SqlConnection 对象，SqlDataAdapter 会自己打开连接对象中的数据库，获取查询结果后关闭与数据库的连接。

【例 9-6】 在 chapter9 网站根目录下创建名为 example9-6 的网页，使用 SqlDataAdapter 填充数据集，获取数据库中的数据并显示在页面中。

具体创建步骤如下：

(1) 向 example9-6 页面添加一个 Label 控件，并设置 ID 属性值为 lblInfo。

(2) 添加命名空间的引用。

```
using System.Data;
using System.Data.SqlClient;
using System.Configuration;
```

(3) 为页面添加事件，并编辑代码如下：

```
protected void Page_Load(object sender, EventArgs e)
{
    string sqlConnStr = ConfigurationManager.ConnectionStrings["DemoConnection"].ConnectionString;
    SqlConnection con=new SqlConnection(sqlConnStr);
    //建立 DataSet 对象 ds
    DataSet ds=new DataSet();
```

```csharp
//建立 DataAdapter 对象 sda
SqlDataAdapter sda=new SqlDataAdapter("select * from student", con);
//用 Fill 方法返回的数据填充 DataSet,数据表取名为 tb_student
sda.Fill(ds, "tb_student");
//声明 DataRow 对象 row
DataRow row;
//逐行遍历,取出各行的数据
for(int i=0; i<ds.Tables["tb_student"].Rows.Count; i++)
{
    row=ds.Tables["tb_student"].Rows[i];
    lblInfo.Text +="学号:"+row[0];
    lblInfo.Text +=" 姓名:"+row[1];
    lblInfo.Text +=" 性别:"+row[2];
    lblInfo.Text +=" 年龄:"+row[3];
    lblInfo.Text +=" 部门:"+row[4]+"<br />";
}
con.Dispose();
sda.Dispose();
}
```

(4) 运行网站,执行效果如图 9.14 所示。

图 9.14　SqlDataAdapter 对象获取数据页面演示

说明:

(1) SqlDataReader 对象和 SqlDataAdapter 对象很相似,都需要有一个数据库连接对象。DataAdapter 对象能够自动打开和关闭连接,而 SqlDataReader 对象需要用户手动管理连接。

(2) DataSet 的最大好处在于能够提供无连接的数据库副本。

9.6.3　使用 SqlDataAdapter 对象更新数据

SqlDataAdapter 对象的 Fill 方法可以将查询的结果填充为数据集的一个数据表(DataTable)对象,当表内的数据发生改变(增加、修改、删除)后,也可以使用

SqlDataAdapter 对象的 Update 方法将数据在数据库内进行更新。执行时调用预编译好的 insert、delete 和 update 等 SQL 命令更新数据库,使得内存 DataTable 和数据库实际的表格同步。

【例 9-7】 在 chapter9 网站根目录下创建名为 example9-7 的网页,页面内包含若干控件,使用 SqlDataAdapter 填充数据集,使用 SqlDataAdapter 对象的 Update()方法实现数据的增、删、改操作。

具体创建步骤如下:

(1) 按照图 9.15 所示添加相应控件。

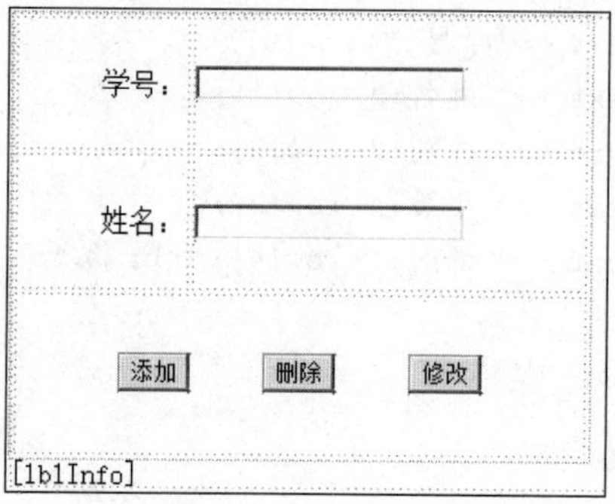

图 9.15 **SqlDataAdapter 对象修改数据页面设计**

(2) 按照如下源文件设置控件的相关属性值。

```
<form id="form1" runat="server">
    <div>
        <div>
            <table style="width: 320px; height: 240px">
                <tr>
                    <td style="width: 100px; text-align: right">学号:</td>
                    <td style="width: 220px">
                        <asp:TextBox ID="txtNum" runat="server"></asp:TextBox>
                    </td>
                </tr>
                <tr>
                    <td style="width: 100px; text-align: right">姓名:</td>
                    <td style="width: 220px">
                        <asp:TextBox ID="txtName" runat="server"></asp:TextBox>
                    </td>
                </tr>
                <tr>
                    <td colspan="2" style="text-align: center">
                        <asp:Button ID="btnInsert" runat="server" OnClick="btnInsert_Click" Text="添加" />
                          
```

```
                <asp:Button ID="btnDelete" runat="server" OnClick=
                "btnDelete_Click" Text="删除" />
                  
                <asp:Button ID="btnUpdate" runat="server" OnClick=
                "btnUpdate_Click" style="width: 40px" Text="修改" />
            </td>
        </tr>
    </table>
</div>
<asp:Label ID="lblInfo" runat="server" Text=""></asp:Label>
</div>
</form>
```

(3) 添加命名空间的引用。

```
using System.Data;
using System.Data.SqlClient;
using System.Configuration;
```

(4) 为控件添加事件，并编辑代码如下：

```
SqlConnection con;
    SqlCommand cmd;
    SqlDataAdapter sda;
    DataSet ds;
    protected void Page_Load(object sender, EventArgs e)
    {
        string sqlconnstr=ConfigurationManager.ConnectionStrings
        ["DemoConnection"].ConnectionString;
        con=new SqlConnection(sqlconnstr);
        cmd=new SqlCommand();
        cmd.Connection=con;
        sda=new SqlDataAdapter("select * from student", con);
        ds=new DataSet();
        sda.Fill(ds, "tb_student");
    }
    protected void btnInsert_Click(object sender, EventArgs e)
    {
        //定义 sda 对象的 InsertCommand 命令
        sda.InsertCommand=new SqlCommand("insert into student(sno,sname)values
        (@Sno,@Sname)", con);
        //为 InsertCommand 命令添加参数, @Sname 参数是长度为 50 的可变字符类型, 对应
          数据表中的 sname 字段
        sda.InsertCommand.Parameters.Add("@Sname", SqlDbType.VarChar, 50,
        "sname");
        sda.InsertCommand.Parameters.Add("@Sno", SqlDbType.VarChar, 50, "sno");
```

```csharp
        //构建插入的新行并赋值
        DataRow row;
        row=ds.Tables["tb_student"].NewRow();
        row["sno"]=txtNum.Text;
        row["sname"]=txtName.Text;
        ds.Tables["tb_student"].Rows.Add(row);
        //如果插入的行数大于 0
        if(sda.Update(ds, "tb_student")>0)
        {
            lblInfo.Text="添加学生信息成功。";
        }
        else
        {
            lblInfo.Text="添加学生信息失败。";
        }
    }
    protected void btnDelete_Click(object sender, EventArgs e)
    {
        //定义 sda 对象的 DeleteCommand 命令
        sda.DeleteCommand=new SqlCommand("delete from student where sno=@Sno", con);
        //为 DeleteCommand 命令添加参数,@Sname 参数是长度为 50 的可变字符类型,对应
          数据表中的 sname 字段
        sda.DeleteCommand.Parameters.Add("@Sno", SqlDbType.VarChar, 50, "sno");
        DataRow row;
        //逐行遍历,取出各行数据,删除指定学号的数据
        for(int i=0; i<ds.Tables["tb_student"].Rows.Count; i++)
        {
            row=ds.Tables["tb_student"].Rows[i];
            //获取要删除的行,并删除
            if(row["sno"].ToString()==txtNum.Text)
            {
                row.Delete();
            }
        }
        //如果修改的行数大于 0
        if(sda.Update(ds, "tb_student")>0)
        {
            lblInfo.Text="删除学生信息成功。";
        }
        else
        {
            lblInfo.Text="删除学生信息失败。";
        }
    }
```

```csharp
protected void btnUpdate_Click(object sender, EventArgs e)
{
    //定义 sda 对象的 UpdateCommand 命令
    sda.UpdateCommand = new SqlCommand("update student set sname=@Sname where sno=@Sno", con);
    //为 UpdateCommand 命令添加参数,@Sname 参数是长度为 50 的可变字符类型,对应
      数据表中的 sname 字段
    sda.UpdateCommand.Parameters.Add("@Sname", SqlDbType.VarChar, 50, "sname");
    sda.UpdateCommand.Parameters.Add("@Sno", SqlDbType.VarChar, 50, "sno");
    DataRow row;
    //逐行遍历,取出各行数据,修改指定学号的数据
    for(int i=0; i<ds.Tables["tb_student"].Rows.Count; i++)
    {
        row=ds.Tables["tb_student"].Rows[i];
        //获取到要修改的行,并修改字段值
        if(row["sno"].ToString()==txtNum.Text)
        {
            row["sname"]=txtName.Text;
        }
    }
    //如果修改的行数大于 0
    if(sda.Update(ds, "tb_student")>0)
    {
        lblInfo.Text="修改学生信息成功。";
    }
    else
    {
        lblInfo.Text="修改学生信息失败。";
    }
}
```

(5) 运行网站,执行效果如图 9.16 所示。

9.6.4 SqlCommandBuilder 类的应用

SqlDataAdapter 对象是负责连接数据源与 DataSet、DataTable 类之间的桥梁,它只能按提供的 SQL 语句从数据源读取数据到 DataSet、DataTable 对象中,如果想将修改后的数据使用 Update()方法更新到数据源,必须设置好相关的 InsertCommand、DeleteCommand、UpdateCommand 命令,否则 SqlDataAdapter 对象无法自动完成该操作。针对这一问题,微软公司创建了一个构建猜想类 SqlCommandBuilder。

SqlCommandBuilder 对象可以负责生成用于更新数据库的 SQL 语句,开发者不必自己创建这些语句,只需要构建一个 SqlCommandBuilder 对象为 SqlDataAdapter 对象服务即可,相当于帮助 SqlDataAdapter 对象做了猜想,构建了 InsertCommand、DeleteCommand、

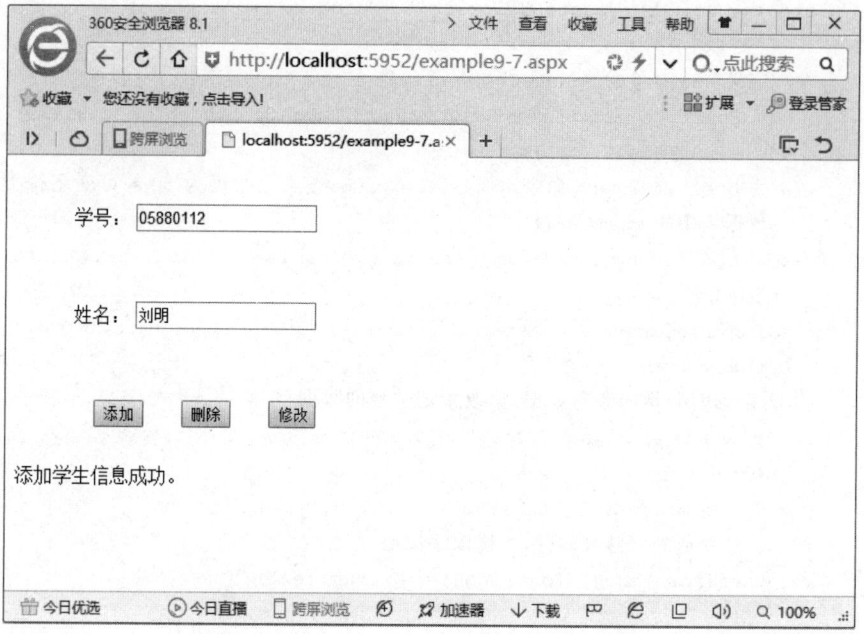

图 9.16 **SqlDataAdapter 对象获取数据页面演示**

UpdateCommand 命令代码。SqlCommandBuilder 对象的实例化代码如下：

```
SqlCommandBuilder scb=new SqlCommandBuilder(sda);
```

其中 sda 为 SqlDataAdapter 对象。

【例 9-8】 在 chapter9 网站根目录下创建名为 example9-8 的网页，使用 SqlCommandBuilder 对象生成用于更新数据库的 SQL 语句，测试 SqlCommandBuilder 对象为数据适配器对象创建的 SQL 命令。

具体创建步骤如下：

(1) 添加命名空间的引用。

```
using System.Data;
using System.Data.SqlClient;
using System.Configuration;
```

(2) 为页面添加事件，并编辑代码如下：

```
SqlConnection con;
SqlCommand cmd;
SqlDataAdapter sda;
DataSet ds;
protected void Page_Load(object sender, EventArgs e)
{
    string sqlconnstr = ConfigurationManager. ConnectionStrings [ "DemoConnection"].ConnectionString;
```

```
con=new SqlConnection(sqlconnstr);
cmd=new SqlCommand();
cmd.Connection=con;
sda=new SqlDataAdapter("select * from student", con);
ds=new DataSet();
sda.Fill(ds, "tb_student");
//建立 SqlCommandBuilder 类的对象 scb 来自动生成 SqlDataAdapter 类的对象 sda 的
  Command 命令
SqlCommandBuilder scb=new SqlCommandBuilder(sda);
Response.Write ( " < br > SqlCommandBuilder 实例的 Insert 命令:" + scb.
GetInsertCommand().CommandText);
Response.Write ( " < br > SqlCommandBuilder 实例的 Update 命令:" + scb.
GetUpdateCommand().CommandText);
Response.Write ( " < br > SqlCommandBuilder 实例的 Delete 命令:" + scb.
GetDeleteCommand().CommandText);
}
```

（3）运行网站，使用 SqlCommandBuilder 对象的相关方法，可显示数据适配器对象创建的、包含了所有关联的 SQL 命令，如图 9.17 所示。

图 9.17 SqlCommandBuilder 对象应用页面演示

SqlCommandBuilder 对象能够使数据库与操作同步，在调用 SqlDataAdapter 对象的 Update( ) 方法时，SqlCommandBuilder 对象会遍历所有修改或增加行，根据行的 RowState 标志位构建相应的 SQL 命令。

第 10 章

ASP.NET 中的数据绑定

本章学习目标
- 了解数据绑定表达式；
- 熟练掌握数据源的创建方法；
- 熟练掌握 List 控件的数据绑定方法；
- 了解 Repeater 控件的使用方法；
- 熟练掌握 DataList 控件的使用方法；
- 熟练掌握 GridView 控件的使用方法。

本章首先介绍数据绑定表达式，然后讲述数据源的创建方法并对 List 控件和数据控件的绑定方法进行讲解，最后对数据控件中的模板进行详细讲解。

10.1 简单数据绑定

在了解了 ADO.NET 基础后，就可以使用 ADO.NET 进行数据库开发和操作。ADO.NET 提供了数据库的智能连接配置，可以使用数据绑定技术以最方便、最直接的方法把数据在 Web 窗体的控件中显示。数据绑定就是把数据集中某些字段绑定到控件的特定属性上的一种技术，当完成数据绑定后，显示字段的内容将随着数据库中数据的变化而变化。

ASP.NET 使用的数据绑定表达式，其语法如下：

<%#属性名称%>

该表达式是在 ASP.NET 页面数据绑定的基础，表达式中的属性名称主要有以下几种类型：

(1) 公有或受保护的变量绑定：

<%#strName %>　　strName 为字段名

(2) 方法结果绑定：

<%#getName()%>　　getName 为方法名

(3) 表达式绑定：

`<%#表达式 %>`

(4) 集合绑定：

`<%#myArray %>`   myArray 为集合 (数组) 名

说明：控件绑定时必须有自身或其父控件调用 DataBind() 方法，如 Page.DataBind() 或 Control.DataBind() 的调用，所使用的数据源才可以绑定到服务器控件，否则不会有任何数据呈现，通常在 Page_Load 事件内调用 Page.DataBind() 方法。

【例 10-1】 在 E 盘 ASP.NET 项目代码目录中创建 chapter10 子目录，将其作为网站根目录，创建名为 example10-1 的网页，页面内包含一个 TextBox 控件、一个 CheckBoxList1 控件，使用<%#…%>表达式实现控件的数据绑定。

具体创建步骤如下：

(1) 按照如下源文件设置控件的相关属性值。

```
<form id="form1" runat="server">
    <div>
        <%#getStr()+"表达式 2" %>
        <br />
        <asp:TextBox ID="TextBox1" runat="server" Text="<%#singleValue %>">
        </asp:TextBox>
        <br />
        <asp:CheckBoxList ID="CheckBoxList1" runat="server" DataSource="<%#arr %>">
        </asp:CheckBoxList>
    </div>
</form>
```

(2) 为控件添加事件，并编辑代码如下：

```
public partial class example10_1 : System.Web.UI.Page
{
    //定义数据成员 singleValue 和数组 arr，在源文件中将通过绑定表达式直接引用这两个成员
    public string singleValue="数值 1";
    public string[] arr=new string[] { "1", "2", "3", "4", "5" };
    protected void Page_Load(object sender, EventArgs e)
    {
        //页面的数据绑定方法，对于绑定表达式来说是关键的一步
        Page.DataBind();
    }
    public string getStr()
    {
        return "数值 2";
```

			}
		}

(3) 在页面内分别使用了变量绑定、表达式绑定、方法结果绑定和集合绑定进行数据绑定，运行网站，执行效果如图 10.1 所示。

图 10.1　简单数据绑定页面演示

10.2　数据源的创建

数据源(Data Source)顾名思义，就是指数据的来源，是提供某种数据的器件或原始媒体，在数据源中存储了所有建立数据库连接的信息。如同通过指定文件名称可以在文件系统中找到文件一样。

数据源定义的是连接到实际数据库的一条路径，数据源中并无真正的数据，它仅仅记录着连接到哪个数据库以及如何连接。一个数据库可以有多个数据源连接，每个数据控件都具有数据源属性，设置控件要显示的数据的来源，是数据控件的核心属性。在ADO.NET 中获取数据源可以使用 C♯代码创建并填充数据集实现，或者使用数据源控件直接获取数据源。

10.2.1　语句建立数据源

在第 9 章讲解过 DataSet 对象和 SqlDataReader 对象的知识点，DataSet 对象可以用来存储从数据库查询到的数据结果，具有离线访问数据库的特性，可以通过SqlDataAdapter 对象从数据库中获取数据并把修改后的数据更新到数据库。SqlDataReader 对象是从数据库中得到只读、只向前的数据流。每次的访问或操作只有一个记录保存在服务器的内存中，可以通过 SqlCommand 对象的 ExecuteReader()方法得到。

使用 SQL 语句建立 DataSet 对象和 SqlDataReader 对象都可以作为数据控件的数据源，差别在于 DataSet 对象作为断开式存在的独立虚拟数据库可以同时作为多个控件的数据源，而 SqlDataReader 对象只能作为某一单一控件的数据源。具体应用将在 10.3 节进行详细讲解。

10.2.2 SqlDataSource 控件

SqlDataSource（数据源）控件又称为 SQL 数据源控件，在工具箱中的图标为 SqlDataSource，封装在 System.Web.UI.Control.WebControl 命名空间中的 SqlDataSource 类中。SqlDataSource 控件代表一个通过 ADO.NET 连接到 SQL 数据库提供者的数据源，可直接用来配置数据源。当一个数据控件绑定数据源控件时，能够通过数据源控件获取数据库中的数据并显示，而不需要进行程序代码的编写。

SqlDataSource 控件能够支持数据的检索、插入、更新、删除、排序等操作，可以自动地完成该功能，而不需要手动编写代码实现。当 SqlDataSource 控件所属的页面被打开时，SqlDataSource 控件能够自动地打开数据库，执行 SQL 语句或存储过程，返回选定的数据，然后关闭连接。SqlDataSource 控件极大地简化了开发流程，缩减了开发中的代码量。但 SqlDataSource 控件在性能上不太适应大型数据库的开发，通常只用于进行中小型数据库的开发。

ASP.NET 提供的 SqlDataSource 控件可以直接拖曳添加到页面，对应的页面会生成 ASP.NET 标签。

```
<asp:SqlDataSource ID="SqlDataSource1" runat="server"></asp:SqlDataSource>
```

切换到视图模式下，单击 SqlDataSource 控件会显式"配置数据源"，单击"配置数据源…"时显示智能的 SqlDataSource 控件配置向导，如图 10.2 所示。

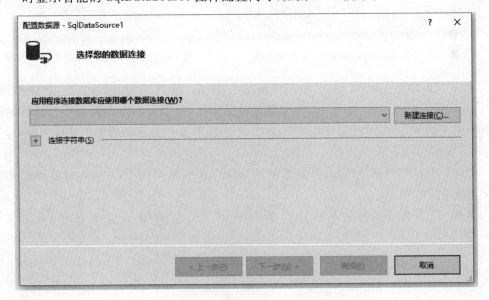

图 10.2　配置 **SqlDataSource** 控件

单击"新建连接"按钮,弹出"添加连接"对话框,可以填写或选择"服务器名",选择登录服务器方式,在下拉列表中可选择要连接的数据库,如图10.3所示。当配置好连接后,可以单击"测试连接"按钮测试是否连接成功,如图10.4所示。

图 10.3　SqlDataSource 控件添加连接　　　图 10.4　SqlDataSource 控件测试连接

单击"添加连接"对话框中的"确定"按钮,可以再次回到"配置数据源-SqlDataSource1"对话框,此时可以见到新创建的连接名(也可在下拉列表中选择其他的连接字符串),单击下方"连接字符串"前的"+"按钮可展开显示新构建的连接字符串,如图10.5所示。

单击"下一步"按钮,可以选择是否将连接保存在配置文件中,并可以设置连接字符串名,如图10.6所示。

选择"是,将此连接另存为"复选框,然后单击"下一步"按钮,在 web.config 配置文件中标签代码如下:

```
<connectionStrings>
    <add name =" DemoConnectionString" connectionString =" Data Source =.\sqlexpress;Initial Catalog= Demo;Integrated Security= True"providerName=
```

```
            "System.Data.SqlClient" />
</connectionStrings>
```

数据源控件可以生成 Select 语句或存储过程,可以在配置 Select 语句窗口中进行 Select 语句的配置和生成,手动编写 Select 语句或其他语句,可以单击"指定来自表或视图的列"单选按钮进行自定义配置。Select 语句的配置和生成如图 10.7 所示。

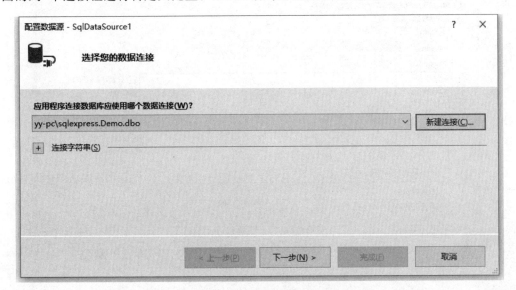

图 10.5　新建连接后的"配置数据源"对话框

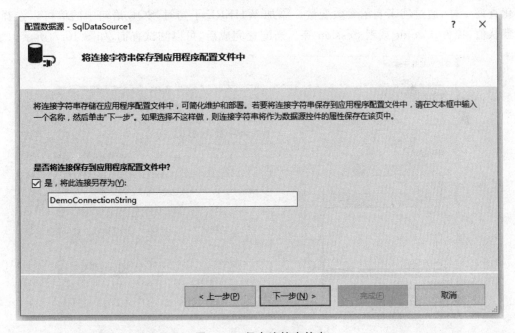

图 10.6　保存连接字符串

单击 WHERE 按钮,可以对相应的字段进行配置,字段可以像 ADO.NET 中的参数

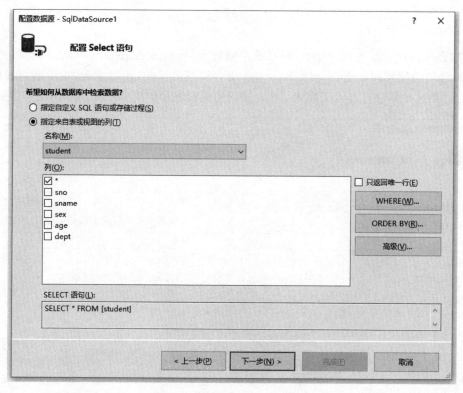

图 10.7 配置使用 Select 语句

化查询一样,通过@来表示参数变量。添加 WHERE 子句时,SQL 语句中的值可以选择默认值、控件、Cookie 或者 Session 等。当配置完成后,可以测试查询,如图 10.8 所示。

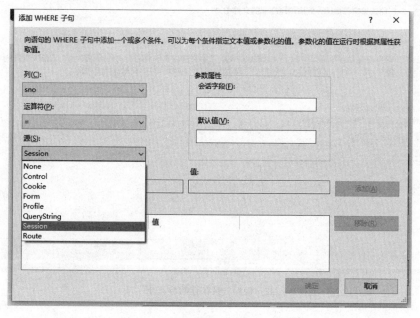

图 10.8 配置添加的 WHERE 条件

单击"高级"按钮,可以生成附加的 Insert、Update、Delete 方法来更新数据源,如图 10.9 所示。

图 10.9　配置添加增、删、改命令

配置相应的查询语句后,SqlDataSource 控件新增的 SQL 代码如下所示:

```
<asp:SqlDataSource ID="SqlDataSource1"
DeleteCommand="DELETE FROM [student] WHERE [sno]=@original_sno AND(([sname]=@
original_sname)OR([sname] IS NULL AND @original_sname IS NULL))AND((([sex]=@
original_sex)OR([sex] IS NULL AND @original_sex IS NULL))AND((([age]=@original_
age)OR([age] IS NULL AND @original_age IS NULL))AND((([dept]=@original_dept)OR
([dept] IS NULL AND @original_dept IS NULL))"
InsertCommand="INSERT INTO [student] ([sno], [sname], [sex], [age], [dept])
VALUES(@sno, @sname, @sex, @age, @dept)" OldValuesParameterFormatString="
original_{0}"
SelectCommand="SELECT * FROM [student]"
UpdateCommand="UPDATE [student] SET [sname]=@sname, [sex]=@sex, [age]=@age,
[dept]=@dept WHERE [sno]=@original_sno AND(([sname]=@original_sname)OR
([sname] IS NULL AND @original_sname IS NULL))AND((([sex]=@original_sex)OR
([sex] IS NULL AND @original_sex IS NULL))AND((([age]=@original_age)OR([age] IS
NULL AND @original_age IS NULL))AND((([dept]=@original_dept)OR([dept] IS NULL
AND @original_dept IS NULL))">
</asp:SqlDataSource>
```

代码中自动为 SqlDataSource 控件增加了 SelectCommand、UpdateCommand、DelectCommad 和 InsertCommand 这 4 个命令语句,可实现对数据源的增、删、改操作。

10.3　List 控件的数据绑定

List(列表)控件继承自 ListControl 类,包括 CheckBoxList、RadioButtonlist、DropDownList、ListBox、BulletedList 这 5 种,ListControl 类的对象具有 DataSource 属

性，可以使用 DataSource 属性指定要绑定到列表控件的数据源。如果数据源包含多张表，可以使用 DataMember 属性指定要使用的表，设置 DataTextField 和 DataValueField 属性，可以将数据源中的字段绑定到列表控件项的 ListItem.Text 和 ListItem.Value 属性上显示。通过设置 DataTextFormatString 属性，可以设定列表控件的显示文本的格式。

List 控件数据绑定时的具体步骤如下：
(1) 创建数据库连接。
(2) 读取数据建立数据源。
(3) 为控件设置指定的数据源。
(4) 设置控件 DataTextField 和 DataValueField 属性值。
(5) 调用方法对控件进行数据绑定。

【例 10-2】 在 chapter10 网站根目录下创建名为 example10-2 的网页，使用语句建立数据源，并对 RadioButtonlist 和 CheckBoxList 控件进行数据绑定。

具体创建步骤如下：
(1) 按照图 10.10 所示添加相应控件。

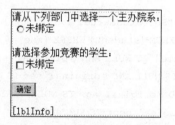

图 10.10　列表控件绑定数据页面设计

(2) 按照如下源文件设置控件的相关属性值。

```
<form id="form1" runat="server">
    <div>
        请从下列部门中选择一个主办院系:<asp:RadioButtonList ID="rbtnlDept" runat
        ="server" RepeatDirection="Horizontal">
        </asp:RadioButtonList>
        <br />
        请选择参加竞赛的学生:<br />
        <asp:CheckBoxList ID =" chklSname" runat =" server" RepeatDirection =
        "Horizontal">
        </asp:CheckBoxList>
        <br />
        <asp:Button ID =" btnOk" runat =" server" Text ="确定" OnClick ="btnOk_
        Click" />
        <br />
        <asp:Label ID="lblInfo" runat="server" Text=""></asp:Label>
    </div>
```

(3) 添加命名空间的引用。

```
using System.Data;
using System.Data.SqlClient;
```

(4) 为控件添加事件,并编辑代码如下:

```csharp
public partial class example10_2 : System.Web.UI.Page
{
    SqlConnection con;
    SqlCommand cmd;
    SqlDataAdapter sda;
    DataSet ds;
    SqlDataReader sdr;
    protected void Page_Load(object sender, EventArgs e)
    {
        if(!IsPostBack)
        {
            //创建数据连接对象con
            con= new SqlConnection (@" server =. \ sqlexpress; database = demo; trusted_connection=true;");
            //以数据集作为数据源
            sda=new SqlDataAdapter("select distinct dept from student", con);
            ds=new DataSet();
            sda.Fill(ds, "tb_dept");
            rbtnlDept.DataSource=ds;
            rbtnlDept.DataTextField="dept";
            rbtnlDept.DataValueField="dept";
            rbtnlDept.DataBind();
            //以数据流作为数据源
            cmd=new SqlCommand("select * from student", con);
            con.Open();
            sdr=cmd.ExecuteReader();
            chklSname.DataSource=sdr;
            chklSname.DataTextField="sname";
            chklSname.DataValueField="sno";
            chklSname.DataBind();
            con.Close();
        }
    }
    protected void btnOk_Click(object sender, EventArgs e)
    {
        lblInfo.Text ="主办院系:" +rbtnlDept.SelectedValue;
        lblInfo.Text +="<br>参加学生:<br>";
```

```
        for(int i=0; i<chklSname.Items.Count; i++)
        {
            if(chklSname.Items[i].Selected)
            {
                lblInfo.Text + = "姓名:" + chklSname.Items[i].Text +",学号:" +
                chklSname.Items[i].Value+"<br>";
            }
        }
    }
}
```

（5）运行网站，以 DataSet 对象和 SqlDataReader 对象两种数据源分别对列表控件进行绑定，选择主办院系和参赛学生后的执行效果如图 10.11 所示。

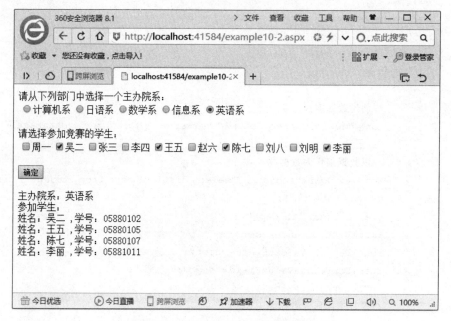

图 10.11　列表控件绑定数据页面演示

10.4　数据控件的数据绑定

10.4.1　数据控件的绑定方法

在 10.1 节讲解了数据绑定表达式＜％♯ …％＞的最基本应用，在数据绑定表达式＜％♯和％＞分隔符之内，除了讲解过的几种基本形式之外，还可以使用 Eval()和 Bind()方法，＜％♯Eval("数据字段名称")％＞为单向绑定，只具有读取功能；＜％♯Bind("数据字段名称")％＞为双向绑定，具有读取和写入功能，具体比较如下。

1. Eval()方法

Eval()方法可用于数据绑定控件,如 GridView、DetailsView 和 FormView 控件的模板中绑定数据表达式。Eval()方法以数据字段的名称作为参数,从数据源的当前记录返回一个包含该字段值的字符串,并可以使用第二个参数来指定返回字符串的格式,字符串格式参数使用 String 类的 Format()方法。

2. Bind()方法

Bind()方法与 Eval()方法有一些相似之处,也存在一定的差异。可以像使用 Eval()方法一样使用 Bind()方法来检索数据绑定字段的值,但当数据允许被修改时,必须要使用 Bind()方法。

在 ADO.NET 中,如果已为数据控件的数据源控件定义了 SQL 命令的 Select、Insert、Delete 和 Update 语句,则通过使用 GridView、DataList 控件模板中的 Bind()方法,就可以从模板中的子控件中提取值,并将这些值传递给数据源控件进行更新。

10.4.2 Repeater 控件

Repeater(重复列表)控件在工具箱中的图标为,封装在 System.Web.UI.Control.WebControl 命名空间中的 Repeater 类中。Repeater 控件是一个可重复操作的控件,能够通过模板显示数据源的内容,可以通过配置模板设置标题和页脚等属性。Repeater 控件的常用属性如表 10.1 所示。

表 10.1 Repeater 控件的常用属性

属 性 名	说 明
Adapter	获取控件的浏览器特定适配器
AlternatingItemTemplate	获取或设置交替项模板
ClientID	获取 HTML 标记中的控件 ID
Controls	获取 Repeater 控件的子控件
DataMember	获取或设置要绑定的控件
DataSource	获取或设置用于提供数据的数据源
DataSourceID	获取或设置数据源 ID
FooterTemplate	获取或设置页脚模板
HeaderTemplate	获取或设置头部模板
ItemTemplate	获取或设置项模板
SeparatorTemplate	获取或设置分隔符模板
Visible	获取或设置控件是否可见

Repeater 控件支持 AlternatingItemTemplate、ItemTemplate、HeaderTemplate、FooterTemplate 和 SeparatorTemplate 这 5 种模板,用来显示相应的设计信息。在这 5 种模板中,ItemTemplate 模板是必须设置的,源代码如下:

```
<asp:Repeater ID="Repeater1" runat="server" DataSourceID="SqlDataSource1">
    <ItemTemplate>
        <%#Eval("sname")%>
    </ItemTemplate>
</asp:Repeater>
```

ItemTemplate 模板中可以直接使用 HMTL 制作样式。在数据显示中可以直接使用<%#%>绑定数据库中的列,如当数据源控件中查询一个 sname 列时,则在 Repeater 控件中直接使用<%#Eval("sname")%>方式显式 sname 字段的值。

Repeater 控件最常用的事件为 ItemCommand,当 Repeater 控件中有按钮被激发时会触发 ItemCommand 事件,并可以通过 RepeaterCommandEventArgs 参数获取 CommandArgument、CommandName 和 CommandSource 三个属性的值。

【例 10-3】 在 chapter10 网站根目录下创建名为 example10-3 的网页,使用 SqlDataSource 控件建立数据源,并对 Repeater 控件进行数据绑定,编辑其模板项。

具体创建步骤如下:

(1) 在 example10-3 页面添加 SqlDataSource 控件,并配置其数据源,在"数据连接"下拉列表中选择 DemoConnectionString,如图 10.12 所示。

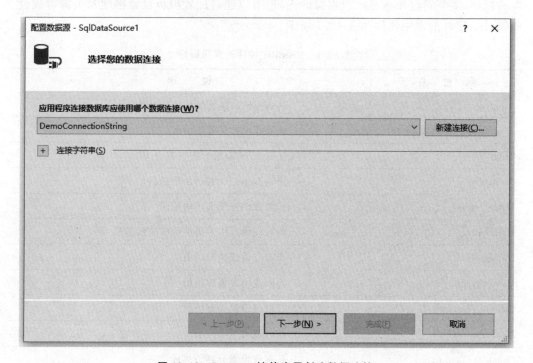

图 10.12　Repeater 控件应用创建数据连接

(2) 选择 student 表中的所有数据,并测试查询,如图 10.13 所示。

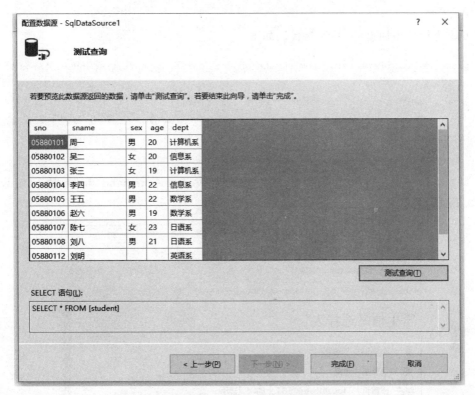

图 10.13　Repeater 控件应用数据测试查询

(3) 按照如下源文件设置控件的相关属性值。

```
<form id="form1" runat="server">
<div>
    <asp:Repeater ID="Repeater1" runat="server" DataSourceID="SqlDataSource1"
    OnItemCommand="Repeater1_ItemCommand">
        <HeaderTemplate><h2>学生信息选择表</h2></H></HeaderTemplate>
        <ItemTemplate>
        <div style="border-bottom:1px dashed #ccc; padding:5px 5px 5px 5px;">
            <%#Eval("sname")%>    <%#Eval("dept")%>
            <asp:Button ID="btn" runat="server" Text="选择"
            CommandArgument='<%#Eval("sno")%>'/>
        </div>
    </ItemTemplate>
        <FooterTemplate>   试用版 V1.0</FooterTemplate>
</asp:Repeater>
<asp:SqlDataSource ID="SqlDataSource1" runat="server" ConnectionString="
<%$ ConnectionStrings:DemoConnectionString %>" SelectCommand="SELECT *
FROM [student]"></asp:SqlDataSource>
<br />
```

```
        </div>
    </form>
```

(4) 为控件添加事件,并编辑代码如下:

```
protected void Repeater1_ItemCommand(object source, RepeaterCommandEventArgs e)
    {
        string sno=e.CommandArgument.ToString();
        Response.Write ( " < script > alert ('选择的学生学号为:" + sno +" ');
</script>");
    }
```

(5) 运行网站,当单击按钮控件时则会触发 ItemCommand 事件,执行效果如图 10.14 所示。

图 10.14 Repeater 控件应用页面演示

使用 Repeat 控件需要具有一定的 HTML 知识,在页面设计上虽然增加了一定的复杂度,但是却增加了灵活性。Repeat 控件能够按照用户的想法显示不同的样式,让数据显示更加丰富。

10.4.3 DataList 控件

DataList(数据列表)控件在工具箱中的图标为 ![DataList],封装在 System. Web. UI. Control. WebControl 命名空间中的 DataList 类中。DataList 控件支持各种不同的

模板样式,可以为项、交替项、选定项和编辑项创建模板,也可以使用标题、脚注和分隔符模板。与 Repeater 控件相同的是,DataList 控件同样也支持 HTML,但是 DataList 控件具备更丰富的样式属性。DataList 控件的常用外观样式如表 10.2 所示。

表 10.2 DataList 控件的常用外观样式

样 式 名	说 明
AltermatingItemStyle	交替行的样式
EditItemStyle	正在编辑的项的样式
FooterStyle	列表结尾处脚注的样式
HeaderStyle	列表头部标头的样式
ItemStyle	单个项的样式
SelectedItemStyle	选定项的样式
SeparatorStyle	各项之间分隔符的样式

通过修改 DataList 控件的相应属性,能够实现复杂的 HTML 样式,而且 DataList 控件能够套用自定义格式,如图 10.15 所示。通过属性生成器来设置不同的属性,如图 10.16 所示。

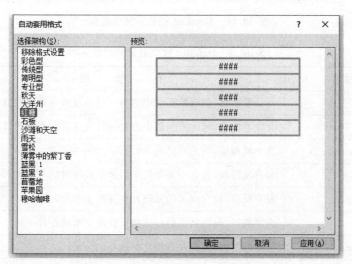

图 10.15 DataList 控件自动套用格式

DataList 控件的常用模板如表 10.3 所示。

DataList 控件不仅能够支持与 Repeater 控件相同的 ItemCommand、ItemCreated、ItemDataBound 事件,还可以支持更多的服务器事件。DataList 控件支持响应列表中的按钮单击而引发的如下 4 个事件:

- EditCommand:编辑命令。
- DeleteCommand:删除命令。
- UpdateCommand:修改命令。
- CancelCommand:取消命令。

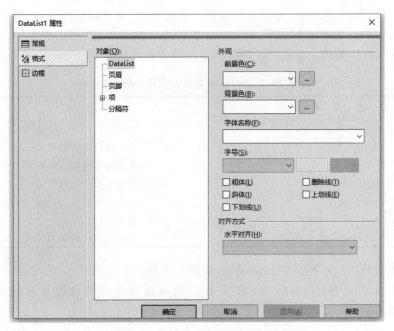

图 10.16 DataList 控件属性生成器

表 10.3 DataList 控件的常用模板

模板属性名	说　明
ItemTemplate	内容项模板，包含数据源中的每一行呈现的元素和控件
AlternatingItemTemplate	交替项模板，包含数据源中的每两行呈现的元素和控件
SelectedItemTemplate	选中项模板，当用户选择 DataList 控件中的某一项时将呈现这些元素
EditItemTemplate	编辑项模板，包含当某项处于编辑模式中时的布局
HeaderTemplate	表头模板，包含列表的开始处呈现的文本和控件
FooterTemplate	表尾模板，包含列表的结束处呈现的文本和控件
SeparatorTemplate	分隔符模板，包含在每项之间呈现的元素

若要引发这些事件，需要将 Button、LinkButton 或 ImageButton 控件添加到 DataList 控件中的模板中，并将这些按钮的 CommandName 属性设置为某个关键字，如 edit、delete、update 或 cancel。当用户单击项中的某个按钮时，按钮具体引发哪个事件将取决于所单击按钮的 CommandName 属性的值。例如，如果某个按钮的 CommandName 属性设置为 edit，则单击该按钮时将引发 EditCommand 事件。如果 CommandName 属性设置为 delete，则单击该按钮将引发 DeleteCommand 事件，依此类推。

同时 DataList 控件还支持 ItemCommand 事件，当用户单击某个按钮时，在触发预定义命令的同时也将触发 ItemCommand 事件，也能够获取到该事件传递过来的 CommandArgument 参数的值，可以编写相应的方法进行应用。

【例 10-4】 在 chapter10 网站根目录下创建名为 example10-4 的网页，使用

SqlDataSource 控件建立数据源，并对 DataList 控件进行数据绑定，编辑模板项，以列表的形式显示数据。

具体创建步骤如下：

（1）在 example10-4 页面添加 SqlDataSource 控件，设置 ID 属性为 SqlDataSource1，按例 10-3 的步骤配置数据源。

（2）在页面添加 DataList 控件，并设置 DataSource 属性为 SqlDataSource1 控件。

（3）单击 DataList 控件右上角的 ▷ 图标，选择"编辑模板"，显示"项模板"，如图 10.17 所示。

（4）在"项模板"内添加相关控件，编辑模板样式如图 10.18 所示。

图 10.17　模板编辑界面

图 10.18　DataList 控件项模板编辑

（5）按照如下源文件设置控件的相关属性值。

```
<form id="form1" runat="server">
    <div>
        <asp:DataList ID="DataList1" runat="server" BackColor="#CCCCCC"
        BorderColor="#999999" BorderStyle="Solid" BorderWidth="3px"
        CellPadding="4" CellSpacing="2" DataSourceID="SqlDataSource1"
        ForeColor="Black" GridLines="Both" OnCancelCommand="DataList1_
        CancelCommand" OnDeleteCommand="DataList1_DeleteCommand"
        OnEditCommand="DataList1_EditCommand" OnItemCommand="DataList1_
        ItemCommand" OnUpdateCommand="DataList1_UpdateCommand" RepeatColumns
        ="4" DataKeyField="sno">
            <EditItemTemplate>
                学号:<asp:Label ID="lblSno" runat="server" Text='<%# Eval
                ("sno")%>'></asp:Label>
```

```
            <br />
        姓名:<asp:TextBox ID="txtSname" runat="server" Text='<%#Eval
        ("sname")%>'></asp:TextBox>
            <br />
        性别:<asp:TextBox ID="txtSex" runat="server" Text='<%#Eval
        ("sex")%>'></asp:TextBox>
            <br />
        年龄:<asp:TextBox ID="txtAge" runat="server" Text='<%#Eval
        ("age")%>'></asp:TextBox>
            <br />
        部门:<asp:TextBox ID="txtDept" runat="server" Text='<%#Eval
        ("dept")%>'></asp:TextBox>
            <br />
        <asp:Button ID="btnUpdate" runat="server" Text="修改"
        CommandName="update" />
    <asp:Button ID="btnBack" runat="server" Text="返回" CommandName=
    "cancel" />
         
</EditItemTemplate>
<FooterStyle BackColor="#CCCCCC" />
<HeaderStyle BackColor="Black" Font-Bold="True" ForeColor="White" />
<ItemStyle BackColor="White" />
<ItemTemplate>
    学号:<asp:Label ID="lblSno" runat="server" Text='<%#Eval
    ("sno")%>'></asp:Label>
        <br />
    姓名:<asp:Label ID="btnSname" runat="server" Text='<%#Eval
    ("sname")%>'></asp:Label>
        <br />
        <asp:Button ID="btnAllInfo" runat="server" Text="详细信息"
        CommandName="select" />
        <br />
</ItemTemplate>
<SelectedItemStyle BackColor="#000099" Font-Bold="True" ForeColor
="White" />
<SelectedItemTemplate>
    学号:<asp:Label ID="lblSno" runat="server" Text='<%#Eval
    ("sno")%>'></asp:Label>
        <br />
    姓名:<asp:Label ID="btnSname" runat="server" Text='<%#Eval
    ("sname")%>'></asp:Label>
        <br />
    性别:<asp:Label ID="lblSex" runat="server" Text='<%#Eval
    ("sex")%>'></asp:Label>
```

```
            <br />
            年龄:<asp:Label ID="lblAge" runat="server" Text='<%#Eval
            ("age")%>'></asp:Label>
            <br />
            部门:<asp:Label ID="lblDept" runat="server" Text='<%#Eval
            ("dept")%>'></asp:Label>
            <br />
            <asp:Button ID="btnDelete" runat="server" Text="删除"
            CommandName="delete" />
            <asp:Button ID="btnEdit" runat="server" Text="编辑" CommandName
            ="edit" />
           <asp:Button ID="btnBack" runat="server" Text="返回" CommandName=
             "cancel" />
         </SelectedItemTemplate>
    </asp:DataList>
    <br />
    <asp:SqlDataSource ID="SqlDataSource1" runat="server"
    ConnectionString="<%$ ConnectionStrings:DemoConnectionString %>"
    SelectCommand="SELECT * FROM [student]"></asp:SqlDataSource>
</div>
</form>
```

(6) 为控件添加事件,并编辑代码如下:

```
//单击 CommandName 为"edit"的按钮触发 EditCommand 事件,并通过委托调用该方法
protected void DataList1_EditCommand(object source, DataListCommandEventArgs e)
{
    //设置选中项索引为-1,即没有选中项
    DataList1.SelectedIndex=-1;
    //设置编辑项索引为当前项索引,即编辑当前项
    DataList1.EditItemIndex=e.Item.ItemIndex;
    //为 DataList1 控件进行数据绑定
    DataList1.DataBind();
}
//单击 CommandName 为 cancel 的按钮触发 CancelCommand 事件,并通过委托调用该方法
protected void DataList1_CancelCommand(object source, DataListCommandEventArgs e)
{
    //设置选中项索引为-1,即没有选中项
    DataList1.SelectedIndex=-1;
    //设置编辑项索引为-1,即没有编辑项
    DataList1.EditItemIndex=-1;
    //为 DataList1 控件进行数据绑定
```

```
        DataList1.DataBind();
    }
    //单击 CommandName 为 delete 的按钮触发 DeleteCommand 事件,并通过委托调用该方法
    protected void DataList1_DeleteCommand(object source, DataListCommandEventArgs e)
    {
        //给 dataKey 赋值为当前项的主键值
        string dataKey=DataList1.DataKeys[e.Item.ItemIndex].ToString();
        Response.Write("要删除的的学生学号为:"+dataKey);
    }
    //单击模板的任意按钮触发 ItemCommand 事件,并通过委托调用该方法
    protected void DataList1_ItemCommand(object source, DataListCommandEventArgs e)
    {
        //单击 select 的按钮执行下列命令
        if(e.CommandName =="select")
        {
            //设置编辑项索引为-1,即没有编辑项
            DataList1.EditItemIndex=-1;
            //设置选中项索引为当前项索引,即选中当前项
            DataList1.SelectedIndex=e.Item.ItemIndex;
            //为 DataList1 控件进行数据绑定
            DataList1.DataBind();
        }
    }
    //单击 CommandName 为 update 的按钮触发 UpdateCommand 事件,并通过委托调用该方法
    protected void DataList1_UpdateCommand(object source, DataListCommandEventArgs e)
    {
        Label lblSno=e.Item.FindControl("lblSno")as Label;
        TextBox txtName=e.Item.FindControl("txtSname")as TextBox;
        TextBox txtSex=e.Item.FindControl("txtSex")as TextBox;
        TextBox txtAge=e.Item.FindControl("txtAge")as TextBox;
        TextBox txtDept=e.Item.FindControl("txtDept")as TextBox;
        string strInfo=string.Format("要修改的学生信息<br>学号:{0}<br>姓名:{1}<br>性别:{2}<br>年龄:{3}<br>院系:{4}<br>", lblSno.Text, txtName.Text, txtSex.Text, txtAge.Text, txtDept.Text);
        Response.Write(strInfo);
    }
```

（7）运行网站,初始页面执行效果如图 10.19 所示。单击任意项的"详细信息"可查该生的详细信息,如图 10.20 所示。单击选中项的"编辑"按钮,可对该项信息进行编辑,

单击"修改"按钮,获取各控件修改后的内容,如图 10.21 所示。

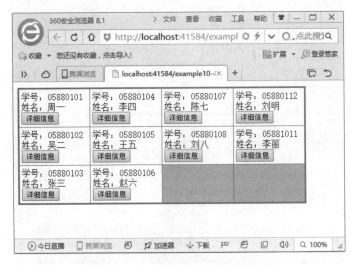

图 10.19　DataList 控件应用页面演示

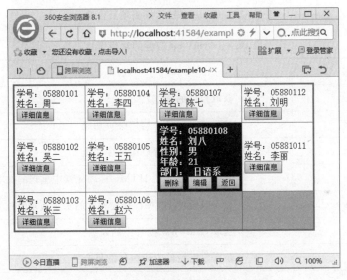

图 10.20　DataList 控件选择项页面演示

上述实例中添加数据库修改的相关代码即可完成学生信息的修改与删除。

10.4.4　GridView 控件

GridView(网格视图)控件在工具箱中的图标为 ![GridView],封装在 System.Web.UI.Control.WebControl 命名空间中的 GridView 类中。GridView 是 ASP.NET 中功能非常丰富的控件之一,可以通过数据源控件自动绑定和显示数据。并以表格的形式显示数据库的内容,能够通过配置数据源控件对 GridView 中的数据进行选择、排序、分页、编辑和删除等操作。GridView 控件的常用属性如表 10.4 所示。

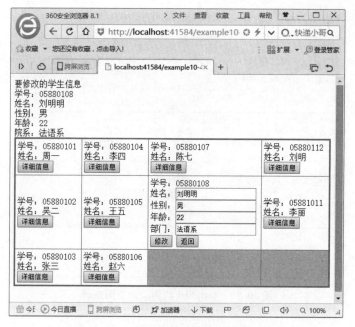

图 10.21　DataList 控件编辑项页面演示

表 10.4　GridView 控件的常用属性

属 性 名	说　　明
Adapter	获取控件的适配器
AllowPaging	获取或设置是否启用分页功能
AllowSorting	获取或设置是否启用排序功能
Caption	获取或设置要在 HTML 标题元素中呈现的文本
CaptionAlign	获取或设置 HTML 标题元素的水平或垂直位置
Columns	获取 GridView 控件中的列数
Controls	获取数据控件内子控件的集合
DataKeys	获取数据对象中的键值
DataMember	获取或设置数据绑定控件绑定到列表的名称
DataSource	获取或设置数据绑定控件数据对象
EditIndex	获取或设置要编辑行的索引
EmptyDataText	获取或设置空数据的替代文本
ShowFooter	获取或设置是否显示尾部模板内容
ShowHeader	获取或设置是否显示头部模板内容

GridView 控件支持内置格式,单击"自动套用格式"连接可以选择 GridView 中的默认格式,如图 10.22 所示。

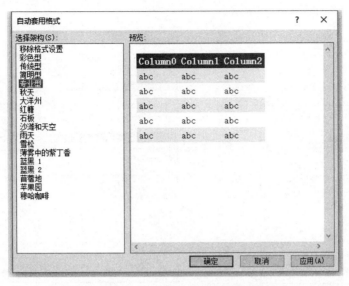

图 10.22　GridView 控件自动套用格式

GridView 是以表格为表现形式,包括行和列,通过配置相应的属性能够编辑相应行的样式,选择"编辑列"选项编写相应列的样式,如图 10.23 所示。

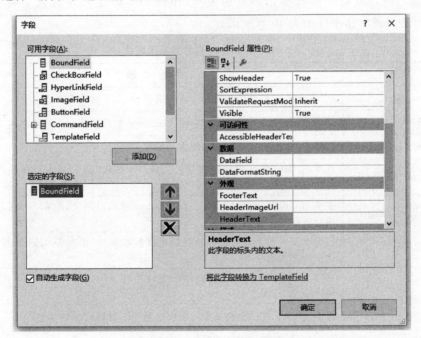

图 10.23　GridView 控件编辑列

使用 DataSourceID 进行数据绑定,可以让 GridView 控件自动地处理分页、选择等操作,如图 10.24 所示。而 GridView 控件能够自定义字段,单击"添加列"按钮可以选择相应类型的列。在添加列选项中,GridView 控件支持多种类型的列,包括复选框、图片、单选框、超链接等,如图 10.25 所示。

图 10.24　GridView 控件可选任务

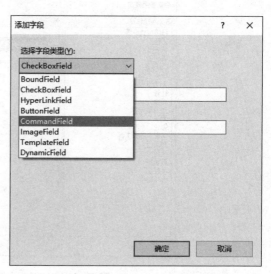

图 10.25　GridView 控件添加字段

GridView 支持多个事件,对 GridView 控件进行排序、选择等操作时同样会引发事件,当创建当前行或将当前行绑定数据时发生,单击一个命令控件时也会引发事件。GridView 控件的常用事件如表 10.5 所示。

表 10.5　GridView 控件的常用事件

事 件 名	说　　明
RowCommand	在 GridView 控件中单击某个按钮时发生
PageIndexChanging	在单击页导航按钮时发生,但在 GridView 控件执行分页操作之前
PageIndexChanged	在单击页导航按钮时发生,但在 GridView 控件执行分页操作之后
SelectedIndexChanging	在单击 GridView 控件内某一行的 Select 按钮(其 CommandName 属性设置为 Select 的按钮)时发生,但在 GridView 控件执行选择操作之前
SelectedIndexChanged	在单击 GridView 控件内某一行的 Select 按钮时发生,但在 GridView 控件执行选择操作之后
Sorting	在单击某个用于对列进行排序的超链接时发生,但在 GridView 控件执行排序操作之前
Sorted	在单击某个用于对列进行排序的超链接时发生,但在 GridView 控件执行排序操作之后
RowDataBound	在 GridView 控件中的某个行被绑定到一个数据记录时发生
RowCreated	在 GridView 控件中创建新行时发生
RowDeleting	在单击 GridView 控件内某一行的 Delete 按钮(其 CommandName 属性设置为 Delete 的按钮)时发生,但在 GridView 控件从数据源删除记录之前

续表

事 件 名	说 明
RowDeleted	在单击 GridView 控件内某一行的 Delete 按钮时发生,但在 GridView 控件从数据源删除记录之后
RowEditing	在单击 GridView 控件内某一行的 Edit 按钮(其 CommandName 属性设置为 Edit 的按钮)时发生,但在 GridView 控件进入编辑模式之前
RowCancelingEdit	在单击 GridView 控件内某一行的 Cancel 按钮(其 CommandName 属性设置为 Cancel 的按钮)时发生,但在 GridView 控件退出编辑模式之前
RowUpdating	在单击 GridView 控件内某一行的 Update 按钮(其 CommandName 属性设置为 Update 的按钮)时发生,但在 GridView 控件更新记录之前
RowUpdated	在单击 GridView 控件内某一行的 Update 按钮时发生,但在 GridView 控件更新记录之后
DataBound	此事件继承自 BaseDataBoundControl 控件,在 GridView 控件完成到数据源的绑定后发生

【例 10-5】 在 chapter10 网站根目录下创建名为 example10-5 的网页,编写 C♯代码建立数据源,并对 GridView 控件进行数据绑定,编辑并添加字段,以网格视图的形式显示数据。

具体创建步骤如下:

(1) 在 example10-5 页面添加 GridView 控件,设置 ID 属性为默认值 GridView1。

(2) 单击 GridView 控件右上角的 ▶ 图标,选择"编辑列",显示"字段"窗口,添加字段如图 10.26 所示。

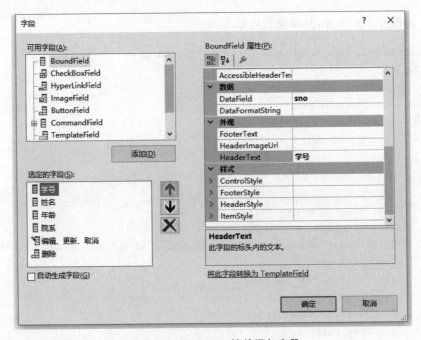

图 10.26 GridView 控件添加字段

(3) 按照如下源文件设置 GridView 控件及字段的相关属性值。

```
<form id="form1" runat="server">
    <div>
        <asp:GridView ID ="GridView1" runat =" server" AllowSorting ="True"
        AutoGenerateColumns =" False" DataKeyNames =" sno" Height ="185px"
        OnRowCancelingEdit =" GridView1 _ RowCancelingEdit " OnRowDeleting ="
        GridView1 _ RowDeleting " OnRowEditing =" GridView1 _ RowEditing "
        OnRowUpdating="GridView1_RowUpdating" Width="478px">
            <Columns>
                <asp:BoundField DataField="sno" HeaderText="学号" ReadOnly="
                True" />
                <asp:BoundField DataField="sname" HeaderText="姓名" />
                <asp:BoundField DataField="age" HeaderText="年龄" />
                <asp:BoundField DataField="dept" HeaderText="院系" />
                <asp:CommandField InsertVisible="False" ShowEditButton="True">
                <ItemStyle Wrap="False" />
                </asp:CommandField>
                <asp:ButtonField ButtonType="Button" CommandName="delete" Text
                ="删除" />
            </Columns>
        </asp:GridView>
         </div>
</form>
```

(4) 为控件添加事件，并编辑代码如下：

```
protected void Page_Load(object sender, EventArgs e)
    {
        if(!Page.IsPostBack)
            BindGridView();
    }
    void BindGridView()
    {
        string conStr=@"server=.\sqlexpress;database=demo;trusted_connection
        =true;";
        DataSet ds=new DataSet();
        SqlConnection con=new SqlConnection(conStr);
        SqlDataAdapter sda=new SqlDataAdapter("select sno,sname,age,dept from
        student", con);
        sda.Fill(ds, "tb_student");
        GridView1.DataSource=ds.Tables["tb_student"];
        GridView1.DataBind();
        con.Dispose();
        sda.Dispose();
    }
```

```csharp
protected void GridView1_RowEditing(object sender, GridViewEditEventArgs e)
{
    GridView1.EditIndex=e.NewEditIndex;
    BindGridView();
}
protected void GridView1_RowUpdating(object sender, GridViewUpdateEventArgs e)
{
    string conStr=@"server=.\sqlexpress;database=demo;trusted_connection=true;";
    SqlConnection con=new SqlConnection(conStr);
    //提交行修改
    try
    {
        con.Open();
        SqlCommand cmd=new SqlCommand();
        cmd.Connection=con;
        cmd.CommandText="update student set sname=@Sname,age=@Age,dept=@Dept where sno=@Sno";
        cmd.Parameters.AddWithValue("@Sno", GridView1.DataKeys[e.RowIndex].Value.ToString());
        cmd.Parameters.AddWithValue("@Sname",((TextBox)GridView1.Rows[e.RowIndex].Cells[1].Controls[0]).Text);
        cmd.Parameters.AddWithValue("@Age",((TextBox)GridView1.Rows[e.RowIndex].Cells[2].Controls[0]).Text);
        cmd.Parameters.AddWithValue("@Dept",((TextBox)GridView1.Rows[e.RowIndex].Cells[3].Controls[0]).Text);
        cmd.ExecuteNonQuery();
        con.Close();
        con.Dispose();
        cmd.Dispose();
    }
    catch(Exception ex)
    {
        Response.Write("数据库更新出错:"+ex.ToString());
    }
    GridView1.EditIndex=-1;
    BindGridView();
}
protected void GridView1_RowCancelingEdit(object sender, GridViewCancelEditEventArgs e)
{
    GridView1.EditIndex=-1;
    BindGridView();
}
protected void GridView1_RowDeleting(object sender,
```

```
GridViewDeleteEventArgs e)
{
    //设置数据库连接
    string conStr=@"server=.\sqlexpress;database=demo;trusted_connection
    =true;";;
    SqlConnection con=new SqlConnection(conStr);
    //执行删除行处理
    try
    {
        con.Open();
        String sql="delete from student where sno='"+GridView1.DataKeys[e.
        RowIndex].Value.ToString()+"'";
        SqlCommand cmd=new SqlCommand(sql, con);
        cmd.ExecuteNonQuery();
        con.Close();
        con.Dispose();
        cmd.Dispose();
        GridView1.EditIndex=-1;
        BindGridView();
    }
    catch(Exception ex)
    {
        Response.Write("数据库删除出错:"+ex.ToString());
    }
}
```

(5) 运行网站,初始页面执行效果如图 10.27 所示。单击任意项的"编辑"按钮可对该项信息进行编辑,单击"更新"按钮可在数据库中修改对应的数据,如图 10.28 所示。单击任意项的"删除"按钮可删除该生信息。

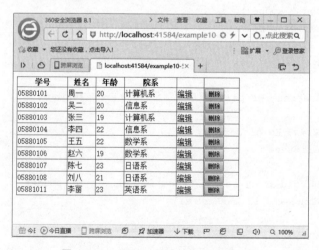

图 10.27 GridView 控件应用页面演示

图 10.28 GridView 控件编辑应用页面演示

第 11 章

Web 系统中的三层架构

本章学习目标
- 了解项目中分层的意义；
- 熟练掌握三层架构；
- 熟练掌握实体层的使用方法；
- 熟练掌握 ASP.NET 中三层架构的搭建。

本章首先介绍项目中分层的意思，然后对三层架构中的数据访问层、业务逻辑层和表现层进行详细讲解，对实体层的作用进行说明，最后在 ASP.NET 中对三层架构的搭建进行详细的讲解。

11.1 三层架构

随着软件工程的不断进步和规范化，以及面向对象思想的广泛应用，为满足软件在封装性、复用性、扩展性等方面的要求，三层架构体系应运而生。三层架构在传统的双层结构(Client-Server)模型中引入了新的中间层，提供业务规则处理、数据存取、合法性校验等操作，有效地实现了页面与数据库的分离，增强了应用程序的灵活性、可移植性、安全性。

11.1.1 项目结构分层的意义

在早期的 Web 开发中，最开始只是静态的 html 页面，有了数据库后，产生了所谓的动态页面。在编码的时候会把所有的代码都写在页面上，包括数据库连接，事务控制，接收参数，各种校验，各种逻辑，各种 html、js、css 代码等，一个页面往往有成千上万条代码。当出现问题需要修改的时候，很难定位是哪里的问题，往往需要从头到尾的挨个排查，费时费工。

借鉴生活、生产中分工协作、流水线作业的理念将页面和逻辑拆开，页面只是负责显示，逻辑都放在后台，这便是项目分层的起源，经过不断发展产生了 MVC 架构、三层架构等经典架构。项目的分层结构主要有如下意义。

1. 降低耦合性，提升程序可维护性

分层后上一层只依赖于下一层，如果测试下一层没有问题，那么问题就只可能发生在本层，便于发现和改正 BUG。体现了"高内聚，低耦合"的思想，各层间通过接口解耦，接口与实现分离，从而可以非常简单地替换等，软件开发有条理、有秩序、一目了然，测试维护人员可以清晰识别程序架构的框架。

2. 简化问题复杂性，提升程序可复用性

各层次分工明确，将一个复杂问题拆分为简单问题。劳动成本减少，分层后各层之间具有互不依赖的内部实现，实现即插即用，如将 SQL Server 数据库变为 Oracle 数据库，只要修改数据访问层即可，不需要对其他层做任何改动。

3. 提升团队协作性，提升代码规范性

团队合作开发，可以提高工作效率，在开发前规定好各层的接口，各层可以独立开发和维护。对于人员的分配，可实现技术强者负责重要的开发工作，简单重复性的工作安排新手来完成，大大地提高了开发效率，可制定好代码规范，使项目具有固定的语言开发的风格。

项目的分层不是越多越好，过多的分层会限制开发人员与客户对系统的理解，影响客户与开发人员的交流，在性能、复杂性等难度上带来不良影响，降低可靠性和稳定性。

11.1.2 什么是三层架构

对三层架构结构最简单的理解是在客户端与数据库之间加入了一个"中间层"，也叫业务逻辑层。所谓的三层架构，不是指物理上的三层，而是指逻辑上的三层；不是简单地放置三台机器就是三层架构，这三个层也可放置到一台机器上；也不仅仅只有 B/S 应用程序才可以使用三层架构，C/S 应用程序同样可以使用三层架构。

三层架构的应用程序将业务规则、数据访问、合法性校验等工作放到了中间层进行处理，通常情况下客户端不直接与数据库进行交互，而是通过业务逻辑层建立连接，再经由中间层与数据库进行交互。

11.1.3 三层架构中每层的作用

三层架构（3-Tier Architecture）就是将整个网站系统的业务应用划分为表示层（User Interface Layer，UIL）、业务逻辑层（Business Logic Layer，BLL）和数据访问层（Data Access Layer，DAL）三层。每一层的作用如下：

(1) 表示层

表示层位于最外层（最上层），最接近用户，即 ASPX 或 HTML 页面，用于显示数据和接收用户输入的数据，为用户提供一种交互式操作的界面。

（2）业务逻辑层

业务逻辑层是系统架构中体现核心价值的部分，处于数据访问层与表示层中间，起到数据交换中承上启下的作用。对于数据访问层而言，它是调用者；对于表示层而言，它是被调用者，项目的依赖与被依赖的关系都体现在业务逻辑层上。

（3）数据访问层

数据访问层也称为持久层，其功能主要是负责数据的访问，可以读写数据库系统、二进制文件、文本文档或 XML 文档等。用于与数据库进行交互，存取数据，简单的说法就是实现对数据表的 Select、Insert、Update、Delete 的操作。

三层架构中各层的调用关系如图 11.1 所示。

三层架构将程序分为表示层、业务逻辑层和数据访问层后，具有如下优缺点。

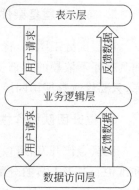

图 11.1 三层架构中各层的调用关系

1. 三层架构的优点

（1）开发人员只关注整个架构中的某一层，可以很容易的用新的实现来替换原有层的实现，降低层与层之间的依赖。

（2）有利于标准化，实现各层逻辑的复用。

（3）架构更加的明确，极大地降低了维护成本和维护时间。

2. 三层架构的缺点

（1）可能会降低系统的性能。在单层架构中可以直接造访数据库，获取相应的数据，如今却必须通过业务逻辑层来完成，性能有所降低。

（2）可能会导致级联的修改。如果在表示层中需要增加一个功能，为保证其设计符合分层式结构，可能需要在相应的业务逻辑层和数据访问层中都增加相应的代码。

（3）可能会增加开发成本。

11.1.4 三层架构与实体层

实体层（Entity Layer），也可以称为模型层，是起到封装数据作用的一个数据层。通常是一个类库文件，类库中的每一类对应于数据库中的一张数据表，但实际上实体层并不是三层架构中的一层。

在进行大批量数据处理时通常使用变量做参数，但参数的声明往往比较烦琐，还容易因参数类型匹配不一致而导致出错，因此可以根据数据类型定义各个实体类进行数据的封装。类中属性对应数据库表中的每个字段，使用每个实体类时，可以通过访问器属性获取或设置实体类中的成员值，便于程序的维护和扩展。

在三层架构的开发中，实体层的作用是在三层之间传递数据，很好地体现出面向对象封装的思想。实体层与三层架构之间的依赖关系如图 11.2 所示。

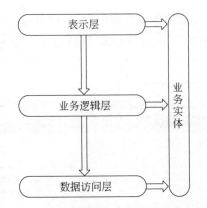

图 11.2 三层架构及实体层之间的依赖关系

11.2 三层架构的应用

在 ASP.NET 解决方案下创建的三层架构项目包含三个类库文件，分别对应于业务逻辑层、数据访问层和实体层，具体为 Business 类库对应业务逻辑层、DataAccess 类库对应数据访问层、Entity 类库对应实体层，一个 Web UI 网站对应表现层。三层架构项目在解决方案中的结构关系如图 11.3 所示。

图 11.3 三层架构项目在解决方案中的结构关系

【例 11-1】 在 E 盘 ASP.NET 项目代码目录中创建 chapter11 子目录，将其作为解决方案根目录，添加类库文件和网站，搭建三层架构项目，实现对 Demo 数据库内 student 表中学生信息的添加。

具体创建步骤如下：

（1）在 Visual Studio 2012 菜单中选择"文件"→"新建"→"项目"命令，在"新建项目"窗口左侧"模板"节点下选择"Visual Studio 解决方案"，设置名称并选择保存位置，如图 11.4 所示。

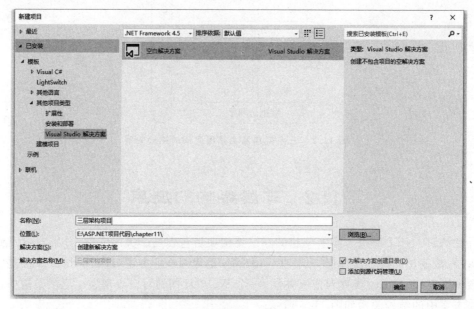

图 11.4　解决方案的创建

（2）用鼠标右击"解决方案资源管理器"，从弹出的快捷菜单中选择"添加"→"新建项目"命令，在"添加新项目"窗口选择内容列表"类库"，设置类库名称为 DataAccess，如图 11.5 所示。

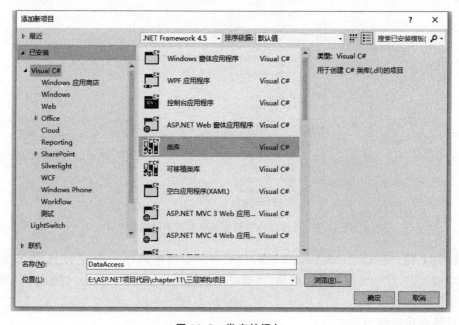

图 11.5　类库的添加

(3) 按照步骤(2)的方法添加 Business 类库和 Entity 类库,添加空白网站 Web UI,如图 11.6 所示。

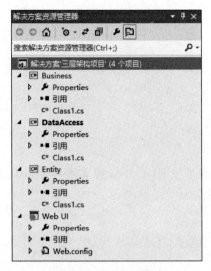

图 11.6 项目资源图

(4) 修改 Entity 类库中 Class1.cs 的文件名为 Student.cs,并同步修改此文件内的类名,编写 Student 类的代码如下:

```
public class Student
    {
        string sno;
        public string Sno
        {
            get { return sno; }
            set { sno=value; }
        }
        string sname;
        public string Sname
        {
            get { return sname; }
            set { sname=value; }
        }
        string sex;
        public string Sex
        {
            get { return sex; }
            set { sex=value; }
        }
        int age;
        public int Age
```

```
        {
            get { return age; }
            set { age=value; }
        }
        string dept;
        public string Dept
        {
            get { return dept; }
            set { dept=value; }
        }
    }
```

(5) 修改 DataAccess 类库中 Class1.cs 的文件名为 DataAccess.cs，并同步修改此文件内的类名，编写代码如下：

```
using System.Data.SqlClient;
//添加对 Entity 类库所属命名空间的引用
using Entity;
namespace DataAccess
{
    static public class DemoDA
    {
        static SqlConnection con;
        static SqlCommand cmd;
        static  DemoDA()
        {
            con = new  SqlConnection (@" server =. \ sqlexpress; database = demo;
            trusted_connection=true;");
            cmd=new SqlCommand();
            cmd.Connection=con;
        }
        public static int InsertStudentInfo(Student stu)
        {
            cmd.CommandText=" insert into student values (@ Sno, @ Sname, @ Sex, @
            Age,@ Dept)";
            cmd.Parameters.Clear();
            cmd.Parameters.AddWithValue("@Sno", stu.Sno);
            cmd.Parameters.AddWithValue("@Sname", stu.Sname);
            cmd.Parameters.AddWithValue("@Sex", stu.Sex);
            cmd.Parameters.AddWithValue("@Age", stu.Age);
            cmd.Parameters.AddWithValue("@Dept", stu.Dept);
            con.Open();
            int n=cmd.ExecuteNonQuery();
            con.Close();
            return n;
```

        }
    }
}

(6) 修改 Business 类库中 Class1.cs 的文件名为 Business.cs，并同步修改此文件内的类名，编写代码如下：

```
//添加对 Entity 类库所属命名空间的引用
using Entity;
//添加对 DataAccess 类库所属命名空间的引用
using DataAccess;
namespace Business
{
    static public class StudentBusiness
    {
        public static bool AddStudentInfo(Student stu)
        {
            int n=DemoDA.InsertStudentInfo(stu);
            if(n ==1)
                return true;
            else
                return false;
        }
    }
}
```

(7) 在 Web UI 网站根目录下添加 Web 窗体"添加学生信息.aspx"，添加相关控件如图 11.7 所示。

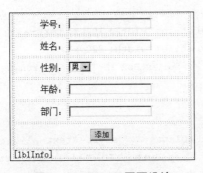

图 11.7　Web UI 页面设计

(8) 为页面内控件设置相关属性，源文件代码如下：

```
<form id="form1" runat="server">
    <div>
        <div>
            <table style="width: 320px; height: 240px"
```

```html
            <tr>
                <td style="width: 100px; text-align: right">学号:</td>
                <td style="width: 220px">
                    <asp:TextBox ID="txtNum" runat="server"></asp:TextBox>
                </td>
            </tr>
            <tr>
                <td style="width: 100px; text-align: right">姓名:</td>
                <td style="width: 220px">
                    <asp:TextBox ID="txtName" runat="server"></asp:TextBox>
                </td>
            </tr>
            <tr>
                <td style="width: 100px; text-align: right">性别:</td>
                <td style="width: 220px">
                    <asp:DropDownList ID="ddlSex" runat="server">
                        <asp:ListItem Selected="True">男</asp:ListItem>
                        <asp:ListItem>女</asp:ListItem>
                    </asp:DropDownList>
                </td>
            </tr>
            <tr>
                <td style="width: 100px; text-align: right">年龄:</td>
                <td style="width: 220px">
                    <asp:TextBox ID="txtAge" runat="server"></asp:TextBox>
                </td>
            </tr>
            <tr>
                <td style="width: 100px; text-align: right">部门:</td>
                <td style="width: 220px">
                    <asp:TextBox ID="txtDept" runat="server"></asp:TextBox>
                </td>
            </tr>
            <tr>
                <td colspan="2" style="text-align: center">
                    <asp:Button ID="btnInsert" runat="server" OnClick="btnInsert_Click" Text="添加" />
                 </td>
            </tr>
        </table>
    </div>
        <asp:Label ID="lblInfo" runat="server" Text=""></asp:Label>
    </div>
    </form>
```

(9) 为页面控件添加事件代码,"添加学生信息.cs"文件代码如下:

```csharp
using Business;
using Entity;
namespace Web_UI
{
    public partial class 添加学生信息 : System.Web.UI.Page
    {
        protected void Page_Load(object sender, EventArgs e)
        {
        }
        //创建学生对象 stu
        Student stu=new Student();
        protected void btnInsert_Click(object sender, EventArgs e)
        {
            //为学生对象 stu 的属性赋值
            stu.Sno=txtNum.Text;
            stu.Sname=txtName.Text;
            stu.Sex=ddlSex.SelectedValue;
            stu.Age=int.Parse(txtAge.Text);
            stu.Dept=txtDept.Text;
            //调用 Business 类库中的静态方法 StudentBusiness.AddStudentInfo(),添
                加学生信息
            if(StudentBusiness.AddStudentInfo(stu))
            {
                //返回值为 true,显示对应信息
                lblInfo.Text="添加学生信息成功!";
            }
            else
            {
                lblInfo.Text="添加学生信息失败!";
            }
        }
    }
}
```

(10) 右击"DataAccess 类库",从弹出的快捷菜单中选择"添加引用"命令,在"引用管理器-DataAccess"窗口中选择引用 Entity 类库,如图 11.8 所示。同样方法为"Business 类库"添加对 Entity 和 DataAccess 的引用,为"Web UI 网站"添加对 Entity 和 DataAccess 的引用。

(11) 右击"Entity 类库",从弹出的快捷菜单中选择"生成"命令,为类库生成动态链接库文件(.dll)。同样方法为"DataAccess 类库"和"Business 类库"分别进行"生成"操作。

(12) 运行网站,执行效果如图 11.9 所示。

图 11.8　项目添加引用

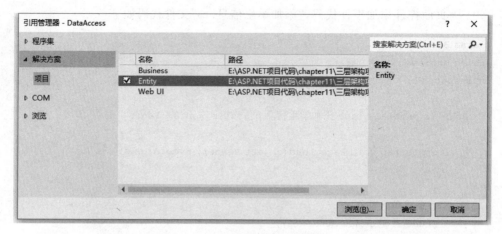

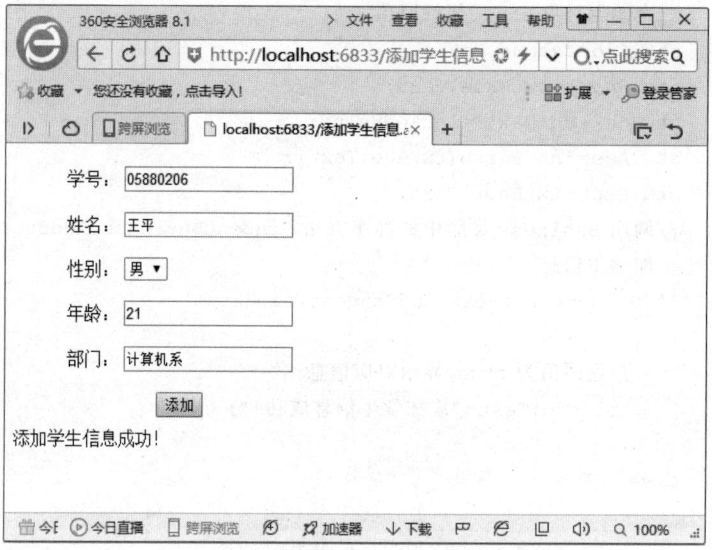

图 11.9　Web UI 页面演示

第 12 章 美妆网的设计与实现

本章学习目标
- 了解项目创建的业务流程;
- 了解项目中数据库的创建方法;
- 熟练掌握网站的创建方法;
- 熟练掌握三层架构中类库的引用关系。

本章首先对网站的业务逻辑进行分析,然后详细讲解项目数据库的设计,对网站中层次的划分进行详细讲解,对三层架构中每个类中的代码进行设计,最后对网站进行页面设计和后台代码实现,实现网站的基本功能。

12.1 网站功能

美妆网(化妆品网站)是一个在线选购化妆品的网站,其核心思想是提供一个以图像和文字为主的用户界面,向用户展示化妆品并实现在线选购,主要由网站管理员、网站会员、网站普通浏览者三种用户权限组成。

1. 管理员

(1) 管理员拥有网站最大管理权限,可以进入管理页面并配置系统信息。
(2) 管理员可以管理会员,对会员进行删除。
(3) 管理员可以更新产品信息,上传新产品,以及删除产品。
(4) 管理员可以查看和删除留言。

2. 一般用户/会员

(1) 注册用户可以按照自己的需要查看商品和账单结算;未注册用户也可以查看商品,但在生成订单时要求登录系统。
(2) 提供商品信息的主要展示,包括编码、名称、类型、描述、商品状态和图片等。
(3) 提供商品查询功能,可实现关键字模糊查询。
(4) 在购物车可清楚显示所购商品的编码、名称、价格和数量,并显示总价格。

(5) 可以直接在购物车中删除商品,通过单击该产品链接可再次购买,更新该产品及总产品的数量。

(6) 可查看购物车,并可随时下订单。

(7) 用户可以查看自己的订单。

(8) 用户可以留言,也可以删除个人留言。

3. 普通浏览者

(1) 浏览化妆品。

(2) 查询化妆品信息。

从用户角度考虑,允许用户搜索指定的化妆品,也可以按照类别查询化妆品。用户注册登录后可以购买指定的化妆品;从管理员的角度考虑,允许对化妆品类别的信息和化妆品信息做出处理,对用户进行管理,对网站留言进行管理。

12.2 网站业务流程

用户首先登录网站,如果还没有登录名,则先要进行注册。注册后,在登录时用户名与密码验证通过就能做相关操作;如果用户名不存在或密码不正确,则提示重新登录。用户成功登录之后进入主页面,可以查看化妆品信息,选购化妆品,查看购物车,查看自己的订单信息以及修改个人信息。

如果当前登录用户为管理员,管理员可以添加新商品,对现有商品进行增删改操作,管理化妆品评论以及对订单进行管理。用户业务流程如图 12.1 所示,管理员业务流程如图 12.2 所示。

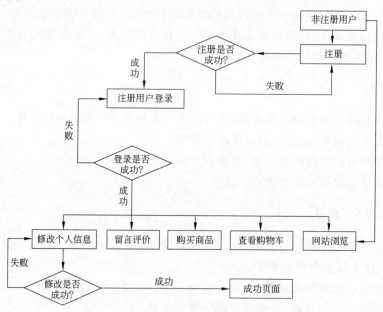

图 12.1 用户业务流程

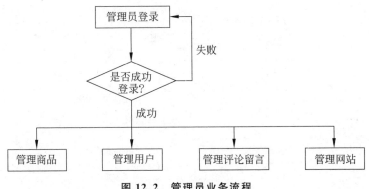

图 12.2　管理员业务流程

12.3　系统概要设计

根据系统分析的流程图中所描述的逻辑模型,把流程图上各个处理模块进一步分解,确定系统的层次结构关系,将逻辑模型变为物理模型。对美妆网进行功能分解,直到分解成为含义明确、功能单一的单元功能模块系统功能。模块的划分如图12.3 所示。

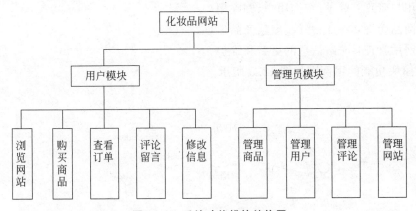

图 12.3　系统功能模块结构图

1. 用户模块功能描述

(1) 浏览网站模块:热门商品浏览、新到商品浏览(首页显示最新添加的商品列表)、商品分类浏览、按商品名称搜索、商品详细信息。

(2) 查看购物车模块:添加商品到购物车、购物车信息修改、结账。

(3) 用户信息模块:注册新用户、登录、用户修改密码、用户个人资料管理。

(4) 订单模块:查询个人订单列表、查询某笔订单的详细信息。

(5) 评论留言模块:给店家留言或者发表对商品的评论。

构建用户功能模块用例图如图12.4 所示。

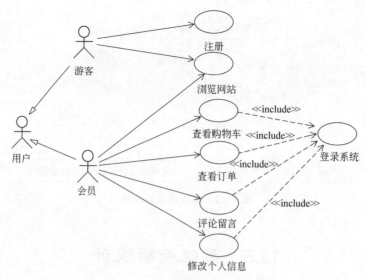

图 12.4　用户功能模块用例图

2. 管理模块功能描述

（1）用户管理：登录；查询用户、删除用户。
（2）商品管理：添加、修改、删除商品信息。
（3）网站管理：网站信息的更新和维护。

管理模块功能的用例图如图 12.5 所示。

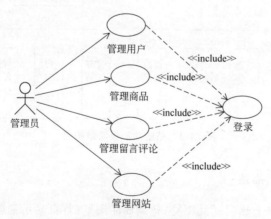

图 12.5　管理模式用例图

12.4　数据库设计

12.4.1　概念设计

概念结构设计是将需求分析得到的用户需求抽象为信息结构的过程。概念结构是各种数据模型的共同基础,比数据模型更独立于机器、更抽象,更加稳定,可以把用户的数据要求清晰明确地表达出来。通常要建立一种面向问题的数据模型,按照用户的观点对数据和信息建模。

管理员属性图如图 12.6 所示。

用户属性图如图 12.7 所示。

图 12.6　管理员信息实体属性图

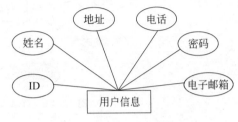

图 12.7　用户信息实体属性图

商品信息实体属性图如图 12.8 所示。

订单信息实体属性图如图 12.9 所示。

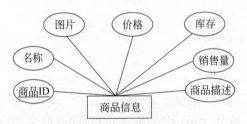

图 12.8　商品信息属性图

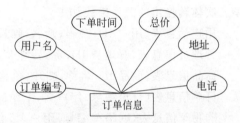

图 12.9　订单信息实体属性图

购物车信息实体属性图如图 12.10 所示。

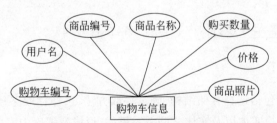

图 12.10　购物车信息实体属性图

留言信息实体属性图如图 12.11 所示。

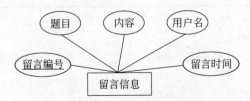

图 12.11　留言信息实体属性图

订单详情信息实体属性图如图 12.12 所示。

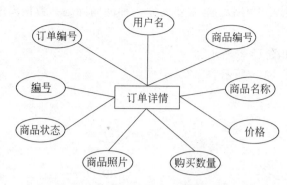

图 12.12　订单详情信息实体属性图

12.4.2　逻辑设计

将 12.4.1 节的 E-R 图像关系模型进行转化，把实体及实体间关系转换成为关系模型。实体转换出的关系模式如下：

用户信息表(<u>用户 ID</u>,密码,姓名,邮箱,电话,地址)

管理员信息表(<u>管理员 ID</u>,密码,姓名,电话)

商品信息表(<u>商品 ID</u>,名称,图片,价格,库存,销售量,商品状态,商品描述)

订单信息表(<u>订单编号</u>,用户名,下单时间,总价,地址电话)

购物车信息表(<u>购物车编号</u>,用户名,商品编号,商品名称,商品价格,商品照片,购买数量)

订单详情信息表(<u>编号</u>,订单编号,用户名称,商品编号,商品名称,商品价格,购买数量,商品照片,商品状态)

留言信息表(<u>留言编号</u>,题目,内容,用户名,留言时间)

12.4.3　物理设计

数据库物理设计包括选择存储结构、确定存取方法、选择存取路径、确定数据的存放位置。从逻辑设计上转换实体以及实体之间关系模式，形成数据库中表以及各表之间关系。

用户信息表如表 12.1 所示。

表 12.1　用户信息表

字段名	说明	类型	可否为空	主键	外键
uid	用户编号	int	否	是	否
uname	用户名称	varchar	否	否	否
password	用户密码	varchar	否	否	否
address	用户地址	varchar	否	否	否
tell	用户电话	varchar	否	否	否
email	用户邮箱	varchar	否	否	否

商品信息表如表 12.2 所示。

表 12.2 商品信息表

字 段 名	说　明	类　型	可否为空	主键	外键
pid	商品编号	int	否	是	否
pname	商品名称	varchar	否	否	否
photo	商品照片	varchar	否	否	否
price	商品价格	decimal	否	否	否
pnums	库存量	int	否	否	否
salenums	销售量	int	否	否	否
state	商品状态	text	否	否	否
mess	商品描述	text	否	否	否

购物车信息表如表 12.3 所示。

表 12.3 购物车信息表

字 段 名	说　明	类　型	可否为空	主键	外键
cid	购物车 ID	int	否	是	否
uname	用户名称	varchar	否	否	否
pid	商品编号	int	否	否	是
pname	商品名称	varchar	否	否	否
price	商品价格	decimal	否	否	否
nums	库存量	int	否	否	否
photo	商品图片	varchar	否	否	否

管理员信息表如表 12.4 所示。

表 12.4 管理员信息表

字 段 名	说　明	类　型	可否为空	主键	外键
aid	管理员 ID	int	否	是	否
uname	管理员名称	varchar	否	否	否
password	密码	int	否	否	否
tel	电话	varchar	否	否	否

订单详情信息表如图 12-5 所示。

表 12.5 订单详情信息表

字 段 名	说　明	类　型	可否为空	主键	外键
id	编号	int	否	是	否
uname	用户名称	varchar	否	否	否
oid	订单编号	datetime	否	否	否
pid	商品编号	int	否	否	是
pname	商品名称	varchar	否	否	否
price	商品价格	decimal	否	否	否

续表

字 段 名	说 明	类 型	可否为空	主键	外键
nums	购买数量	int	否	否	否
photo	商品照片	varchar	否	否	否
state	发货状态	varchar	否	否	否

留言信息表如图 12.6 所示。

表 12.6 留言信息表

字 段 名	说 明	类 型	可否为空	主键	外键
mid	留言编号	int	否	是	否
title	留言标题	varchar	否	否	否
mess	留言内容	text	否	否	否
uname	用户名称	varchar	否	否	否
messdate	留言日期	datetime	否	否	否
tel	用户电话	int	否	否	否

订单信息表如表 12.7 所示。

表 12.7 订单信息表

字 段 名	说 明	类 型	可否为空	主键	外键
cid	订单 ID	int	否	是	否
uname	用户名称	varchar	否	否	否
orderTime	下单时间	datatime	否	否	否
allPrice	总价格	decimal	否	否	否
address	地址	varchar	否	否	否
tel	用户电话	int	否	否	否

12.5 系统详细设计

美妆网根据业务内容分为管理员系统和用户登录系统。系统的模块设计是在系统架构的基础上,通过精化架构、分析用例、设计模块来标识设计元素,发现设计元素的行为细节,精化设计元素的定义,以确保用例实现的更新。

12.5.1 用户模块设计

用户模块主要是已注册的用户登录;网站信息浏览;浏览商品信息;商品详情;查看购物车;留言评论;游客注册。用户模块类图如图 12.13 所示。

1. 会员登录

会员登录涉及的类包括 UserLogin(表现层)、UserBusiness(业务逻辑层)、DA(数据访问层)和 UserEntity(实体层),如图 12.14 所示。

* UserLogin 类:调用 UserBusiness 类中的 UserAndPWD()方法,实现用户登录

相应功能。
- UserBusiness 类：UserBusiness 类中的 UserAndPWD()方法负责判断用户名和密码是否正确的业务逻辑，调用 DA 类中的 GetOneData()方法。
- DA 类：DA 类中的 GetOneData()方法负责在 SQL Server 数据库中取出 UserBusiness 类要验证的数据。
- UserEntity 类：实现对数据库中 tb_user 表的面向对象化处理，实现数据的封装。

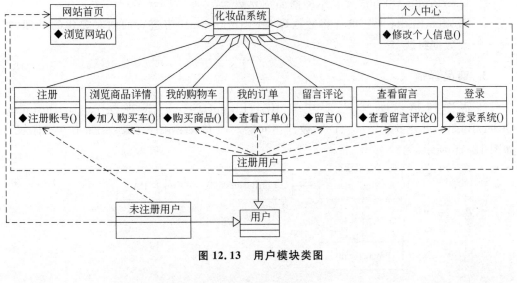

图 12.13 用户模块类图

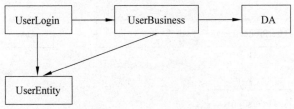

图 12.14 会员登录业务图

2. 浏览商品信息

浏览商品信息的类主要包括 UserProduct(表现层)、ProductBusiness(业务逻辑层)、DA(数据访问层)、ProductEntity(实体层)，如图 12.15 所示。

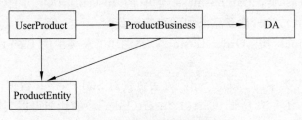

图 12.15 浏览商品业务图

- UserProduct 类：运用 Datalist 绑定商品信息，调用 ProductBusiness 类中的 SelectProductByPname()方法可查询到商品信息。单击商品图片可进入商品详情页面。
- ProductBusiness 类：ProductBusiness 类中的 SelectProductByPname()方法调用 DA 类中的 GetDataSet()方法实现按商品名查找商品。
- DA 类：DA 类中的 GetDataSet()方法负责在 SQL Server 数据库中取出 UserProduct()方法要显示的商品信息数据。
- ProductEntity 类：负责将数据库中的 tb_product 表进行面向对象化的处理，实现数据封装。

3. 商品详情

商品详情信息的类主要包括 UserProductDetail（表现层）、CartBusiness、OrdersBusiness（业务逻辑层）、DA（数据访问层）、ProductEntity、OrdersEntity（实体层），如图 12.16 所示。

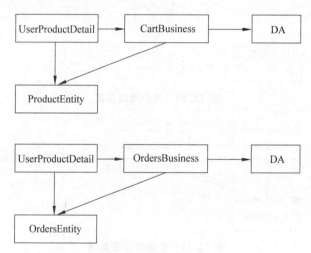

图 12.16　商品详情业务图

- UserProductDetail 类：UserProductDetail 类调用 CartBusiness 类中的 InsertCart()方法，将商品添加到购物车。也可以直接购买商品，调用 OrdersBusiness 类中的 InsertOrders()方法生产订单。
- CartBusiness 类：CartBusiness 类中的 InsertCart()方法调用 DA 类中的 ExcuteSql()方法，把商品添加到购物车。
- OrdersBusiness 类：OrdersBusinessl 类调用 DA 类中的 ExcuteSql()方法实现订单生成。
- DA 类：DA 类中的 ExcuteSql()方法负责对 SQL Server 数据库中的数据进行增删改操作，使方法 InsertCart()、InsertOrders()的功能得以实现。
- ProductEntity 类和 OrdersEntity 类：ProductEntity 类和 OrdersEntity 类负责将数据库中的 tb_product 表和 tb_orders 表进行面向对象化的处理，实现数据封装。

4. 我的购物车

购物车类主要包括 UserCart(表现层)、CartBusiness、OrderBusiness、OrderDetailBusiness(业务逻辑层)、DA(数据访问层)、CartEntity、OrdersEntity、OrderDetailsEntity(实体层),如图 12.17 所示。

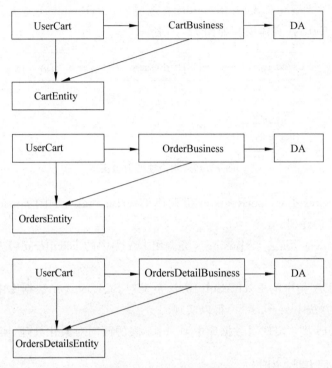

图 12.17 购物车业务图

5. 留言评论模块

留言评论模块主要包括 UserAddMessage(表现层)、MessageBusiness(业务逻辑层)、DA(数据访问层)、MessageEntity(实体层),如图 12.18 所示。

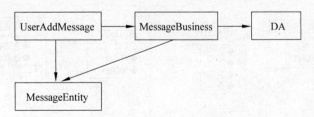

图 12.18 留言评论业务图

- UserAddMessage 类:UserMessage 类调用 MessageBusiness 类中的 InsertMessage 方法新增留言。
- MessageBusiness 类:MessageBusiness 类调用 DA 类中 ExcuteSql()方法新增

留言。
- DA类：DA类中的ExcuteSql()方法负责对SQL Server数据库中的数据进行增删改，使方法InsertMessage()得以实现。

6. 游客模块

游客模块的类主要包括UserRegister(表现层)、UserBusiness(业务逻辑层)、DA(数据访问层)、UserEntity(实体层)，如图12.19所示。

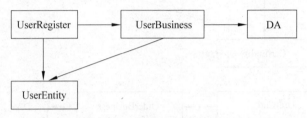

图12.19　用户注册业务图

- UserRegister类：UserRegister类调用UserBusiness类中的InsertUser()方法，实现新用户注册。
- UserBusiness类：UserBusiness类调用DA类中的ExcuteSql()方法实现新用户的注册。
- DA类：DA类中的ExcuteSql()方法负责对SQL Server数据库中的数据进行增删改，使方法InsertUser()得以实现。
- UserEntity类：实现对数据库中tb_user表的面向对象化处理，实现数据的封装。

12.5.2　管理员模块设计

管理员模块主要进行管理员登录；对用户信息的管理，即删除、查询用户信息功能；对商品的管理，即增加、删除、更改、查询功能；对留言的管理，即删除、查询留言功能。

管理员功能模块类图如图12.20所示。

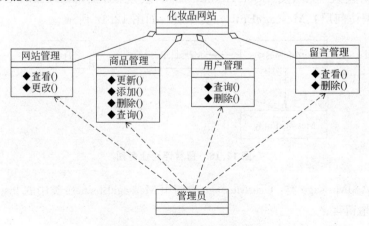

图12.20　管理员功能模块类图

管理员模块的代表性功能详细叙述如下。

1. 登录功能

登录模块的类主要包括 AdminLogin(表现层)、AdminBusiness(业务逻辑层)、DA(数据访问层)、AdminEntity(实体层),如图 12.21 所示。

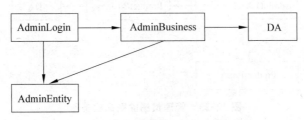

图 12.21　管理员登录业务图

- AdminLogin 类:调用 AdminBusiness 类中的 AdminAndPWD()方法验证管理员登录信息。
- AdminBusiness 类:AdminBusiness 类中的 AdminAndPWD()方法调用 DA 类中的 GetOneData()方法验证管理员登录信息。
- DA 类:DA 类中的 GetOneData()方法对在 SQL Server 数据库中数据进行查询,使方法 AdminAndPWD()方法得以实现。
- AdminEntity 类:实现对数据库中的 tb_admin 表进行面向对象化处理,实现数据的封装。

2. 更新商品信息功能

更新商品模块的类主要包括 AdminUpdateProduct(表现层)、ProductBusiness(业务逻辑层)、DA(数据访问层)、ProductEntity(实体层),如图 12.22 所示。

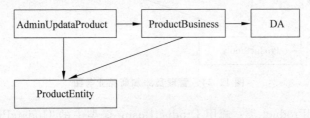

图 12.22　管理员更新商品业务图

- AdminUpdateProduct 类:调用 ProductBusiness 类中的 InsertProduct()方法进行商品更新。
- ProductBusiness 类:调用 DA 类中的 ExcuteSql()方法进行商品添加。
- DA 类:DA 类中的 ExcuteSql()方法对 SQL Server 数据库中的数据进行更新操作,使 InsertProduct()方法得以实现。
- ProductEntity 类:实现对数据库中的 tb_product 表进行面向对象化处理,实现数据的封装。

3. 删除商品信息功能

删除商品模块的类主要包括 AdminDeleteProduct(表现层)、ProductBusiness(业务逻辑层)、DA(数据访问层)、ProductEntity(实体层),如图 12.23 所示。

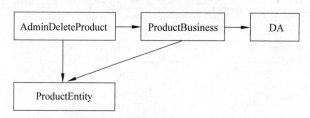

图 12.23 管理员删除商品业务图

- AdminDeleteProduct 类调用 ProductBusiness 类中的 DeleteProductbyPid()方法进行商品删除。
- ProductBusiness 类:调用 DA 类中的 ExcuteSql()方法进行商品删除。
- DA 类:DA 类中的 ExcuteSql()方法对 SQL Server 数据库中的数据进行删除操作,使方法 DeleteProductbyPid()得以实现。
- ProductEntity 类:实现对数据库中的 tb_product 表进行面向对象化处理,实现数据的封装。

4. 新增商品信息功能

新增商品模块的类主要包括 AdminAddProduct(表现层)、ProductBusiness(业务逻辑层)、DA(数据访问层)、ProductEntity(实体层),如图 12.24 所示。

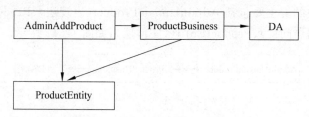

图 12.24 管理员添加商品业务图

- AdminAddProduct 类:调用 ProductBusiness 类中的 UpdateProductByPid()方法进行商品添加。
- ProductBusiness 类:调用 DA 类中的 ExcuteSql()方法进行商品添加。
- DA 类:DA 类中的 ExcuteSql()方法对 SQL Server 数据库中的数据进行更新操作,使 UpdateProductByPid()方法得以实现。
- ProductEntity 类:实现对数据库中的 tb_product 表进行面向对象化处理,实现数据的封装。

12.6 网站建立

在 E 盘 ASP.NET 项目代码目录中创建 chapter12 子目录,将其作为解决方案根目录,在 Visual Studio 2012 菜单中创建"Visual Studio 解决方案"并命名为"美妆网",按照三层架构的思想添加类库 Entity(实体层)、DataAccess(数据访问层)、Business(业务逻辑层)和 Web UI 网站(表现层)。

添加类库及网站后,解决方案布局如图 12.25 所示。

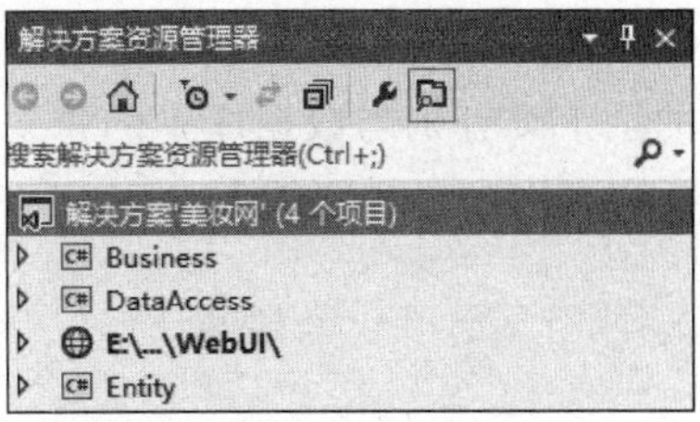

为各类库添加引用关系如下:

(1) DataAccess(数据访问层)引用 Entity(实体层);

图 12.25 "美妆网"解决方案

(2) Business(业务逻辑层)引用 Entity(实体层)和 DataAccess(数据访问层);

(3) Web UI 网站(表现层)引用 Entity(实体层)和 Business(业务逻辑层)。

按照 12.5 节中的详细设计在类库 Entity(实体层)、DataAccess(数据访问层)、Business(业务逻辑层)中添加类文件,在 Web UI 网站(表现层)中添加 Web 页面及文件,完成网站基本架构及文件的搭建。类库中包含文件如图 12.26 所示,网站中包含页面及文件如图 12.27 所示。

图 12.26 类库文件结构

图 12.27 网站页面结构

12.7 类库代码实现

12.7.1 实体层设计

实体层(Entity Layer),也可以称为模型层,是起封装数据作用的一个数据层。它包含的7个类分别与数据库中的每一张数据表对应,代码设计如下。

(1) 用户表对应的 UserEntity 类,编辑 UserEntity.cs 代码如下:

```
public class UserEntity
{
    private int uid;
    public int Uid
    {
        get { return uid; }
        set { uid=value; }
    }
    private string name;
    public string Name
    {
        get { return name; }
        set { name=value; }
    }
    private string password;
    public string Password
    {
        get { return password; }
        set { password=value; }
    }
    private string address;
    public string Address
    {
        get { return address; }
        set { address=value; }
    }
    private string tel;
    public string Tel
    {
        get { return tel; }
        set { tel=value; }
    }
    private string email;
```

```csharp
    public string Email
    {
        get { return email; }
        set { email=value; }
    }
}
```

(2) 商品表对应的 ProductEntity 类，编辑 ProductEntity.cs 代码如下：

```csharp
public class ProductEntity
    {
        private int pid;
        public int Pid
        {
            get { return pid; }
            set { pid=value; }
        }
        private string pname;
        public string Pname
        {
            get { return pname; }
            set { pname=value; }
        }
        private string photo;
        public string Photo
        {
            get { return photo; }
            set { photo=value; }
        }
        private decimal price;
        public decimal Price
        {
            get { return price; }
            set { price=value; }
        }
        private int pnums;
        public int Pnums
        {
            get { return pnums; }
            set { pnums=value; }
        }
        private int salenums;
        public int Salenums
        {
            get { return salenums; }
```

```
            set { salenums=value; }
        }
        private string mess;
        public string Mess
        {
            get { return mess; }
            set { mess=value; }
        }
        private string state;
        public string State
        {
            get { return state; }
            set { state=value; }
        }

    }
```

(3) 购物车表对应的 CartEntity 类，编辑 CartEntity.cs 代码如下：

```
public class CartEntity
    {
        private int cid;
        public int Cid
        {
            get { return cid; }
            set { cid=value; }
        }
        private string uname;
        public string Uname
        {
            get { return uname; }
            set { uname=value; }
        }
        private int pid;
        public int Pid
        {
            get { return pid; }
            set { pid=value; }
        }
        private string pname;
        public string Pname
        {
            get { return pname; }
            set { pname=value; }
        }
```

```
        private decimal price;
        public decimal Price
        {
            get { return price; }
            set { price=value; }
        }
        private int nums;
        public int Nums
        {
            get { return nums; }
            set { nums=value; }
        }
        private string photo;
        public string Photo
        {
            get { return photo; }
            set { photo=value; }
        }
    }
```

(4) 管理员表对应的 AdminEntity 类，编辑 AdminEntity.cs 代码如下：

```
public class AdminEntity
{
    private int aid;
    public int Aid
    {
        get { return aid; }
        set { aid=value; }
    }
    private string aname;
    public string Aname
    {
        get { return aname; }
        set { aname=value; }
    }
    private string password;
    public string Password
    {
        get { return password; }
        set { password=value; }
    }
    private string tel;
    public string Tel
    {
```

```csharp
            get { return tel; }
            set { tel=value; }
        }
    }
```

(5) 订单表对应的 OrdersEntity 类，编辑 OrdersEntity.cs 代码如下：

```csharp
public class OrdersEntity
    {
        private int oid;
        public int Oid
        {
            get { return oid; }
            set { oid=value; }
        }
        private string uname;
        public string Uname
        {
            get { return uname; }
            set { uname=value; }
        }
        private DateTime orderTime;
        public DateTime OrderTime
        {
            get { return orderTime; }
            set { orderTime=value; }
        }
        private decimal allPrice;
        public decimal AllPrice
        {
            get { return allPrice; }
            set { allPrice=value; }
        }
        private string address;
        public string Address
        {
            get { return address; }
            set { address=value; }
        }
        private string tel;
        public string Tel
        {
            get { return tel; }
            set { tel=value; }
        }
    }
```

（6）留言板表对应的 MessageEntity 类，编辑 MessageEntity.cs 代码如下：

```
public class MessageEntity
{
    private int mid;
    public int Mid
    {
        get { return mid; }
        set { mid=value; }
    }
    private string title;
    public string Title
    {
        get { return title; }
        set { title=value; }
    }
    private string mess;
    public string Mess
    {
        get { return mess; }
        set { mess=value; }
    }
    private string uname;
    public string Uname
    {
        get { return uname; }
        set { uname=value; }
    }
    private DateTime messDate;
    public DateTime MessDate
    {
        get { return messDate; }
        set { messDate=value; }
    }
}
```

（7）订单信息表对应的 OrderDetailsEntity 类，编辑 OrderDetailsEntity.cs 代码如下：

```
public class OrderDetailsEntity
{
    private int id;
    public int Id
    {
```

```csharp
            get { return id; }
            set { id=value; }
        }
        private int oid;
        public int Oid
        {
            get { return oid; }
            set { oid=value; }
        }
        private string uname;
        public string Uname
        {
            get { return uname; }
            set { uname=value; }
        }
        private int pid;
        public int Pid
        {
            get { return pid; }
            set { pid=value; }
        }
        private string pname;
        public string Pname
        {
            get { return pname; }
            set { pname=value; }
        }
        private decimal price;
        public decimal Price
        {
            get { return price; }
            set { price=value; }
        }
        private int nums;
        public int Nums
        {
            get { return nums; }
            set { nums=value; }
        }
        private string photo;
        public string Photo
        {
            get { return photo; }
            set { photo=value; }
```

```
        }
        private string states;
        public string States
        {
            get { return states; }
            set { states=value; }
        }
    }
```

12.7.2 数据访问层设计

数据访问层也称为持久层,其功能是数据库进行交互,存取数据,实现对数据表的 Select、Insert、Update、Delete 的操作,包含一个类实现数据库中数据表的操作,代码设计如下。

数据访问 DA 类,编写 DA.cs 代码如下:

```
using System.Data;
using System.Data.SqlClient;
namespace DataAccess
{
    public static class DA //自己添加的 public static
    {
        static SqlConnection conn=null;
        static SqlCommand cmd=null;
        static SqlDataAdapter sda=null;
        static DataSet ds=null;
        static DA()
        {
            conn=new SqlConnection(@"server=.\sqlexpress;database=Cosmetics;
            trusted_connection=true;");
            cmd=new SqlCommand();
            cmd.Connection=conn;
        }
        ///<summary>
        ///对数据库进行增、删、改操作
        ///</summary>
        ///<param name="sqlText">sql 命令文本</param>
        ///<param name="commandType">命令类型</param>
        ///<param name="paraNames">参数名数组</param>
        ///<param name="paraValues">参数值数组</param>
        ///<returns></returns>
        public static int ExecuteSql(string sqlText, CommandType commandType,
        string[] paraNames, object[] paraValues)
        {
```

```csharp
    int count;
    if(conn.State !=ConnectionState.Open)
        conn.Open();
    cmd.CommandType=commandType;
    cmd.CommandText=sqlText;
    if(paraNames !=null)
    {
        for(int i=0; i<paraNames.Length; i++)
            cmd.Parameters.AddWithValue(paraNames[i], paraValues[i]);
    }
    count=cmd.ExecuteNonQuery();
    cmd.Parameters.Clear();
    conn.Close();
    return count;
}
//返回一个值的查询,聚组函数
public static object GetOneData ( string sqlText, CommandType commandType, string[] paraNames, object[] paraValues)
{
    object result;
    if(conn.State !=ConnectionState.Open)
        conn.Open();
    cmd.CommandType=commandType;
    cmd.CommandText=sqlText;
    if(paraNames !=null)
    {
        for(int i=0; i<paraNames.Length; i++)
            cmd.Parameters.AddWithValue(paraNames[i], paraValues[i]);
    }
    result=cmd.ExecuteScalar();
    cmd.Parameters.Clear();
    conn.Close();
    return result;
}
//查询一个数据集并返回该数据集(离线模式)
public static DataSet GetDataSet (string sqlText, string tableName, CommandType commandType, string[] paraNames, object[] paraValues)
{
    cmd.CommandType=commandType;
    cmd.CommandText=sqlText;
    if(paraNames !=null)
    {
        for(int i=0; i<paraNames.Length; i++)
            cmd.Parameters.AddWithValue(paraNames[i], paraValues[i]);
```

```
            }
            sda=new SqlDataAdapter(cmd);
            ds=new DataSet();
            sda.Fill(ds, tableName);
            cmd.Parameters.Clear();
            return ds;
        }
    }
}
```

12.7.3 业务逻辑层设计

业务逻辑层是系统架构中体现核心价值的部分,关注点主要集中在美妆网业务规则的制定、业务流程的实现等与业务需求有关的系统设计。包含的 7 个类分别对应数据库中的每一张数据表的操作,代码设计如下。

(1) 操作用户表对应的 UserBusiness 类,编辑 UserBusiness.cs 代码如下:

```
using DataAccess;
using Entity;
using System.Data;
namespace Business
{
    public class UserBusiness
    {
        //添加新用户
        public int InsertUser(UserEntity ue)
        {
            string sqlText=" insert into tb_user values (@name,@password,@address,@tel,@email)";
            string[] paras={"@name", "@password", "@address", "@tel", "@email" };
            object[] values={ue.Name, ue.Password, ue.Address, ue.Tel, ue.Email };
            int i=DA.ExecuteSql(sqlText, CommandType.Text, paras, values);
            return i;
        }
        //判断用户名和密码是否匹配
        public int UserAndPWD(UserEntity ue)
        {
            string sqlText="select count(*) from tb_user where name=@name and password=@password";
            string[] paras={ "@name", "@password" };
            object[] values={ ue.Name, ue.Password };
            int i = Convert.ToInt32(DA.GetOneData(sqlText, CommandType.Text, paras, values));
            return i;
```

```csharp
}
//判断用户名和手机号码是否匹配
public int UserAndTel(UserEntity ue)
{
    string sqlText="select count(*) from tb_user where name=@name and tel=@tel";
    string[] paras={ "@name", "@tel" };
    object[] values={ ue.Name, ue.Tel };
    int i = Convert.ToInt32(DA.GetOneData(sqlText, CommandType.Text, paras, values));
    return i;
}
//根据用户昵称查询用户详细信息
public DataSet SelectUserByUname(UserEntity ue, string tableName)
{
    string sqlText="select * from tb_user where Name=@Name";
    string[] paras={ "@Name" };
    object[] values={ ue.Name};
    DataSet ds=new DataSet();
    ds=DA.GetDataSet(sqlText, tableName, CommandType.Text, paras, values);
    return ds;
}
public DataSet SelectUser(string tableName)
{
    string sqlText="select * from tb_user";           //返回值是数据集
    DataSet ds=new DataSet();                         //实例化数据集对象
    ds=DA.GetDataSet(sqlText, tableName, CommandType.Text, null, null);
    return ds;
}
//按照用户编号删除信息
public int DeleteUserByUid(UserEntity ue)
{
    string sqlText="delete from tb_user where uid=@uid";
    string[] paras={ "@uid" };
    object[] values={ ue.Uid };
    int i=DA.ExecuteSql(sqlText, CommandType.Text, paras, values);
    return i;
}
public int DeleteUserByPart(string sql)
{
    string sqlText="delete from tb_user where 1>1"+sql;
    int i=DA.ExecuteSql(sqlText, CommandType.Text, null, null);
    return i;
}
```

```csharp
        //根据用户名称查询信息
        public DataSet SelectUserByName(UserEntity ue,string tableName)
        {
            string sqlText="select * from tb_user where name like @name";
            string[] paras={ "@name" };
            object[] values={ "%"+ue.Name+"%" };
            DataSet ds=new DataSet();
            ds=DA.GetDataSet(sqlText,tableName,CommandType.Text,paras,values);
            return ds;
        }
        //根据用户编号更新用户信息
        public int UpdateUserByUid(UserEntity ue)
        {
            string sqlText="update tb_user set name=@name,password=@password,address=@address,tel=@tel,email=@email where uid=@uid";
            string[] paras={ "@name","@password","@address","@tel","@email","@uid"};
            object[] values={ue.Name,ue.Password,ue.Address,ue.Tel,ue.Email,ue.Uid};
            int i=DA.ExecuteSql(sqlText,CommandType.Text,paras,values);
            return i;
        }
        //根据编号查询用户
        public DataSet SelectUserByUid(UserEntity ue, string tableName)
        {
            string sqlText="select * from tb_user where uid=@uid";
            string[] paras={ "@uid" };
            object[] values={ ue.Uid };
            DataSet ds=new DataSet();
            ds=DA.GetDataSet(sqlText,tableName,CommandType.Text,paras,values);
            return ds;
        }
    }
}
```

（2）操作商品表对应的 ProductBusiness 类，编辑 ProductBusiness.cs 代码如下：

```csharp
using DataAccess;
using Entity;
using System.Data;
namespace Business
{
    public class ProductBusiness
    {
        //添加商品
        public int InsertProduct(ProductEntity pe)
```

```csharp
    {
        string sqlText="insert into tb_product values(@pname,@photo,
        @price,@pnums,@salenums,@mess,@state)";
        string[] paras={ "@pname", "@photo", "@price", "@pnums",
        "@salenums","@mess","@state" };
        object[] values = { pe.Pname, pe.Photo, pe.Price, pe.Pnums, pe.
        Salenums,pe.Mess,pe.State };
        int i=DA.ExecuteSql(sqlText, CommandType.Text, paras, values);
        return i;
    }
    //查询全部商品
    public DataSet SelectProduct(string tableName)
    {
        string sqlText="select * from tb_product";        //返回值是数据集
        DataSet ds=new DataSet();                         //实例化数据集对象
        ds=DA.GetDataSet(sqlText, tableName, CommandType.Text, null, null);
        return ds;
    }
    //按照商品编号删除信息
    public int DeleteProductByPid(ProductEntity pe)
    {
        string sqlText="delete from tb_product where pid=@pid";
        string[] paras={ "@pid" };
        object[] values={ pe.Pid };
        int i=DA.ExecuteSql(sqlText, CommandType.Text, paras, values);
        return i;
    }
    //按商品名称删除商品
    public int DeleteProductByPname(ProductEntity pe)
    {
        string sqlText="delete from tb_product where pname=@pname";
        string[] paras={ "@pname" };
        object[] values={ pe.Pname };
        int i=DA.ExecuteSql(sqlText, CommandType.Text, paras, values);
        return i;
    }

    //批量删除
    public int DeleteProductByPart(string sql)
    {
        string sqlText="delete from tb_product where 1>1"+sql;
        int i=DA.ExecuteSql(sqlText, CommandType.Text, null, null);
        return i;
    }
```

```csharp
//根据编号查询商品信息
public DataSet SelectProductByPid(ProductEntity pe, string tableName)
{
    string sqlText="select * from tb_product where pid=@pid";
    string[] paras={ "@pid" };
    object[] values={ pe.Pid };
    DataSet ds=new DataSet();
    ds=DA.GetDataSet(sqlText, tableName, CommandType.Text, paras, values);
    return ds;
}
//根据编号更新商品信息
public int UpdateProductByPid(ProductEntity pe)
{
    string sqlText="update tb_product set pname=@pname,photo=@photo,
    price=@price,pnums=@pnums,salenums=@salenums,mess=@mess,state=
    @state where pid=@pid";
    string[] paras={ "@pname", "@photo", "@price", "@pnums",
    "@salenums", "@mess","@state","@pid" };
    object[] values = { pe.Pname, pe.Photo, pe.Price, pe.Pnums, pe.
    Salenums, pe.Mess,pe.State,pe.Pid };
    int i=DA.ExecuteSql(sqlText, CommandType.Text, paras, values);
    return i;
}
//根据商品名称查询商品信息
public DataSet SelectProductByPname(ProductEntity pe, string tableName)
{
    string sqlText="select * from tb_product where pname like @pname";
    string[] paras={ "@pname" };
    object[] values={ "%"+pe.Pname+"%" };
    DataSet ds=new DataSet();
    ds= DA.GetDataSet(sqlText, tableName, CommandType.Text, paras,
    values);
    return ds;
}
}
}
```

（3）操作购物车表对应的 CartBusiness 类，编辑 CartBusiness.cs 代码如下：

```csharp
using DataAccess;
using Entity;
using System.Data;
namespace Business
{
    public class CartBusiness
```

```csharp
        {
            //将商品信息添加到购物车
            public int InsertCart(CartEntity ce)
            {
                string sqlText="insert into tb_cart values(@uname,@pid,@pname,@price,@nums,@photo)";
                string[] paras={ "@uname", "@pid", "@pname", "@price", "@nums", "@photo" };
                object[] values={ ce.Uname, ce.Pid, ce.Pname, ce.Price, ce.Nums, ce.Photo };
                int i=DA.ExecuteSql(sqlText, CommandType.Text, paras, values);
                return i;
            }
            //删除购物车中已生成订单的商品信息
            public int DeleteCartByCid(CartEntity ce)
            {
                string sqlText="delete from tb_cart where cid=@cid";
                string[] paras={ "@cid" };
                object[] values={ ce.Cid };
                int i=DA.ExecuteSql(sqlText, CommandType.Text, paras, values);
                return i;
            }
        }
    }
```

（4）操作管理员表对应的 AdminBusiness 类，编辑 AdminBusiness.cs 代码如下：

```csharp
using DataAccess;
using Entity;
using System.Data;
namespace Business
{
    public class AdminBusiness
    {
        //判断管理员名称和密码是否匹配
        public int AdminAndPWD(AdminEntity ae)
        {
            string sqlText="select count(*) from tb_admin where aname=@aname and password=@password";
            string[] paras={ "@aname", "@password" };    //给出参数数组
            object[] values={ ae.Aname, ae.Password };
            int i = Convert.ToInt32(DA.GetOneData(sqlText, CommandType.Text, paras, values));    //大于0(=1),合法;等于0,错误
            return i;
        }
```

```csharp
//根据用户编号更新用户信息
public int UpdateAdminByAid(AdminEntity ae)
{
    string sqlText =" update tb_admin set aname=@aname,password=
    @password,tel=@tel where aid=@aid";
    string[] paras={ "@aname","@password","@tel","@aid" };
    object[] values={ae.Aname,ae.Password,ae.Tel,ae.Aid};
    int i=DA.ExecuteSql(sqlText,CommandType.Text,paras,values);
    return i;
}
public DataSet SelectAdminByAid(AdminEntity ae,string tableName)
{
    string sqlText="select * from tb_Admin where aid=@aid";
    string[] paras={ "@aid" };
    object[] values={ ae.Aid };
    DataSet ds=new DataSet();
    ds=DA.GetDataSet(sqlText,tableName,CommandType.Text,paras,values);
    return ds;
}
}
}
```

(5) 操作订单表对应的 OrdersBusiness 类，编辑 OrdersBusiness.cs 代码如下：

```csharp
using DataAccess;
using Entity;
using System.Data;
namespace Business
{
    public class OrdersBusiness
    {
        //向订单总表插入信息
        public int InsertOrders(OrdersEntity oe)
        {
            string sqlText="insert into tb_orders values(@uname,@orderTime,
            @allPrice,@address,@tel)";
            string[] paras={ "@uname","@orderTime","@allPrice","@address",
            "@tel" };
            object[] values={ oe.Uname,oe.OrderTime,oe.AllPrice,oe.Address,
            oe.Tel };
            int i=DA.ExecuteSql(sqlText,CommandType.Text,paras,values);
            return i;
        }
        //订单总表信息降序排列
        public DataSet SelectOrderByDesc(string tableName)
```

```csharp
        {
            string sqlText="select * from tb_orders order by oid desc";
            DataSet ds=new DataSet();
            ds=DA.GetDataSet(sqlText, tableName, CommandType.Text, null, null);
            return ds;
        }
    }
}
```

(6) 操作留言板表对应的 MessageBusiness 类，编辑 MessageBusiness.cs 代码如下：

```csharp
using DataAccess;
using Entity;
using System.Data;
namespace Business
{
    public class MessageBusiness
    {
        //发表留言
        public int InsertMessage(MessageEntity me)
        {
            string sqlText="insert into tb_message values(@title,@mess,@uname,@messDate)";
            string[] paras={ "@title", "@mess", "@uname", "@messDate" };
            object[] values={ me.Title, me.Mess, me.Uname, me.MessDate };
            int i=DA.ExecuteSql(sqlText, CommandType.Text, paras, values);
            return i;
        }
        //删除留言
        public int DeleteMessageByMid(MessageEntity me)
        {
            string sqlText="delete from tb_message where mid=@mid";
            string[] paras={ "@mid" };
            object[] values={ me.Mid };
            int i=DA.ExecuteSql(sqlText, CommandType.Text, paras, values);
            return i;
        }
    }
}
```

(7) 操作订单信息表对应的 OrderDetailsBusiness 类，编辑 OrderDetailsBusiness.cs 代码如下：

```csharp
using DataAccess;
using Entity;
using System.Data;
```

```csharp
namespace Business
{
    public class OrderDetailsBusiness
    {
        //添加订单详情信息
        public int InsertOrderDetail(OrderDetailsEntity ode)
        {
            string sqlText="insert into tb_orderDetails values(@oid,@uname,
            @pid,@pname,@price,@nums,@photo,@states)";
            string[] paras={ "@oid", "@uname", "@pid", "@pname", "@price",
            "@nums", "@photo", "@states" };
            object[] values={ ode.Oid, ode.Uname, ode.Pid, ode.Pname, ode.Price,
            ode.Nums, ode.Photo, ode.States };
            int i=DA.ExecuteSql(sqlText, CommandType.Text, paras, values);
            return i;
        }
        //按照编号详细删除订单信息
        public int DeleteOrderDetailsByid(OrderDetailsEntity ode)
        {
            string sqlText="delete from tb_orderDetails where id=@id";
            string[] paras={ "@id" };
            object[] values={ ode.Id };
            int i=DA.ExecuteSql(sqlText, CommandType.Text, paras, values);
            return i;
        }
    }
}
```

12.8 系统页面设计

12.8.1 游客模块的实现

1. 主页面设计

网站背景以浅蓝色为主，在导航菜单上方是网站新上市的化妆品宣传图片，以菜单控件构建导航条，并添加网站首页、浏览商品、我的购物车、我的订单、留言评论、查看留言、个人中心等内容项，页面设计如图12.28所示。

页面源视图的主要代码如下：

```
<%@ Page Language="C#" AutoEventWireup="true" CodeFile=" WebDefault.aspx.cs"
Inherits=" WebDefault" %>
<html xmlns="http://www.w3.org/1999/xhtml">
<head runat="server">
```

图 12.28 系统前台主页面设计

```
    <title>index</title>
</head>
<body>
    <form id="form1" runat="server">
    <div>
            <table >
        <asp:Menu ID="Menu1" runat="server" Font-Bold="True" Font-Italic=
    "False"
            ForeColor="Black" Height="49px" Orientation="Horizontal" Width
        ="1374px">
                <DynamicItemTemplate><%#Eval("Text")%>
                </DynamicItemTemplate>
            <Items>
                <asp:MenuItem Text=" 网站首页" Value=" 网站首页"
```

```
                NavigateUrl="~/UserMain.aspx"></asp:MenuItem>
              <asp:MenuItem Text="浏览商品" Value="浏览商品"
              NavigateUrl="~/UserProduct.aspx"></asp:MenuItem>
              <asp:MenuItem Text="我的购物车" Value="我的购物车"
              NavigateUrl="~/UserCart.aspx"></asp:MenuItem>
              <asp:MenuItem Text="我的订单" Value="我的订单"
              NavigateUrl="~/UserOrders.aspx"></asp:MenuItem>
              <asp:MenuItem Text="留言评论" Value="留言评论"
              NavigateUrl="~/UserAddMess.aspx"></asp:MenuItem>
              <asp:MenuItem Text="查看留言" Value="查看留言"
              NavigateUrl="~/UserSelectMess.aspx"></asp:MenuItem>
               <asp:MenuItem Text="个人中心" Value="个人中心"
               NavigateUrl="~/UserCenter.aspx"></asp:MenuItem>
             </Items>
   </asp:Menu>
           <td> 用户名<br/>
    <asp:TextBox ID="txt" runat="server" Height="32px" Width="192px">
    </asp:TextBox>  <br />
           密码<br />
    <asp:TextBox ID="txtPassword" runat="server" Height="31px" TextMode
   ="Password" Width="192px"></asp:TextBox><br />
<asp:Button ID="Button1" runat="server" onclick="Button1_Click" Text=
"登录" />
<asp:Button ID="Button2" runat="server" onclick="Button2_Click" Text=
"取消" />
           <br/>忘记密码了?<asp:LinkButton ID="LinkButton12" runat="server"
              PostBackUrl=" ~/UserFindPassWord. aspx " > 点击这里</asp:
              LinkButton>
           找回<br />还不是会员?现在就去<asp:LinkButton ID="LinkButton9"
           runat="server" PostBackUrl="~/UserRegister.aspx">注册</asp:
           LinkButton>吧!<br />
             </td>
             <td >
   <asp:DataList ID="DataList3" runat="server" DataSourceID=
   "SqlDataSource1"
         RepeatDirection="Horizontal" Height="262px" Width="819px"
                           onitemcommand="DataList3_ItemCommand">
            <ItemTemplate>
             <asp:ImageButton ID="ImageButton1" runat="server"
CommandArgument='<%#Eval("pid")%>' Height="185px"    ImageUrl='<%#
Eval("photo")%>' Width="203px" CommandName="详情"  onclick="ImageButton1_
Click"/>
<br />
  <asp:Label ID="Label1" runat="server" Text='<%#Eval("pname")%>'></asp:
```

```
                Label>
            </ItemTemplate>
        </asp:DataList>
                </td>
            </tr>
    <asp:SqlDataSource ID="SqlDataSource1" runat="server"
                        ConnectionString="<%$
                        ConnectionStrings:
                        CosmeticsConnectionString %>"
        SelectCommand=" select top 5 * from tb_product order by pid desc">
    </asp:SqlDataSource>
                </td>
            </tr>
    Copyright(c)2016.Website name All rights reserved.
                </table>
        </form>
    </body>
</html>
```

主页对应的部分C#代码如下：

```csharp
public partial class WebDefault : System.Web.UI.Page
{
    protected void Page_Load(object sender, EventArgs e)
    {
    }
    protected void Button1_Click(object sender, EventArgs e)
    {
        if(txt.Text.Trim()=="" || txtPassword.Text.Trim()=="")
        {
            Response.Write("<script>alert('用户名和密码不能为空!')</script>");
        }
        else
        {
            UserEntity ue=new UserEntity();
            ue.Name=txt.Text.Trim();
            ue.Password=txtPassword.Text.Trim();
            UserBusiness ub=new UserBusiness();
            int count=ub.UserAndPWD(ue);
            if(count>0)
            {
                Session["user"]=txt.Text.Trim();
                Response.Write("<script>alert('登录成功'),location.href=
                'UserMain.aspx'</script>");
            }
```

```csharp
            else
            {
                Response.Write("<script>alert('用户名和密码不匹配!请重新输入!')</script>");
            }
        }
    }
    protected void Button2_Click(object sender, EventArgs e)
    {
        txt.Text="";
        txtPassword.Text="";
    }
    protected void DataList3_ItemCommand(object source,
    DataListCommandEventArgs e)
    {
        if(e.CommandName =="详情")
        {
            Response.Redirect("UserProductDetail.aspx?pid="+e.
            CommandArgument.ToString());
        }
    }
    protected void DataList4_ItemCommand(object source,
    DataListCommandEventArgs e)
    {
        if(e.CommandName =="详情")
        {
            Response. Redirect ( " UserProductDetail. aspx? pid =" + e.
            CommandArgument.ToString());
        }
    }
}
```

2. 注册模块功能设计

游客单击主页面中的"注册"链接，系统会自动跳转到注册页面。根据系统要求填写相应信息，注册即可完成。用户注册页面设计如图12.29所示。

注册页对应的部分C#代码如下：

```csharp
public partial class _Default : System.Web.UI.Page
{
    protected void Button1_Click1(object sender, EventArgs e)
    {
        //获取最新的用户信息
        UserEntity ue=new UserEntity();
```

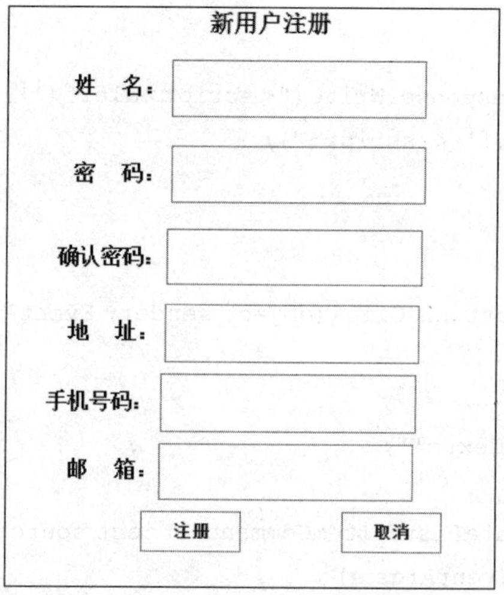

图 12.29　用户注册页面设计

```
        ue.Name=txtName.Text.Trim();
        ue.Password=txtPassowrd.Text.Trim();
        ue.Address=txtAddress.Text.Trim();
        ue.Tel=txtTel.Text.Trim();
        ue.Email=txtEmail.Text.Trim();
        UserBusiness ub=new UserBusiness();
        int i=ub.InsertUser(ue);
        if(i>0)
        {
            Response.Write("<script>alert('注册成功!'),location.href='Index.aspx'</script>");
        }
    }
    protected void Button2_Click(object sender, EventArgs e)
    {
        txtName.Text="";
        txtPassowrd.Text="";
        txtRePassword.Text="";
        txtAddress.Text="";
        txtTel.Text="";
    }
}
```

12.8.2　会员模块的实现

1. 用户登录

在系统前台页面会员中心,根据系统要求输入正确的用户名和密码,用户即可登录系统。设计及代码已在12.8.1节讲解,用户登录页面设计如图12.30所示。

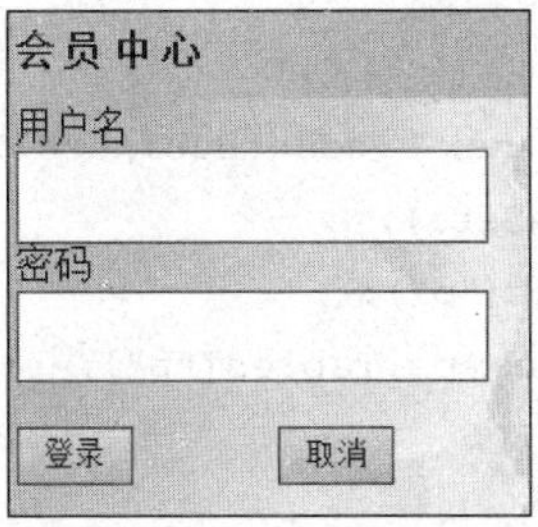

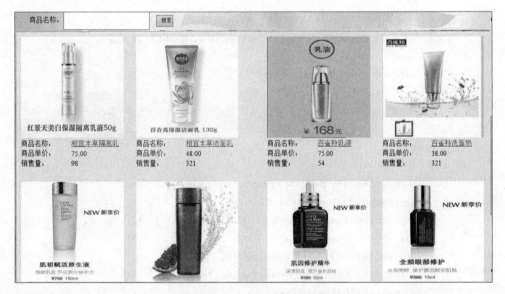

图12.30 用户登录页面设计

2．浏览商品模块

用户浏览商品,了解商品基本信息。用户单击商品图片或者单击商品名称即可进入商品详情页面。用户也可以根据个人需要查找商品。浏览商品页面设计如图12.31所示。

图12.31 浏览商品页面设计

浏览商品页对应的部分C♯代码如下:

```csharp
public partial class UserProduct : System.Web.UI.Page
{
    protected void Page_Load(object sender, EventArgs e)
    {
        if(IsPostBack==false)
        {
            Bind();
        }
```

```csharp
    }
    public void Bind()
    {
        ProductBusiness pb=new ProductBusiness();
        DataSet ds=new DataSet();
        ds=pb.SelectProduct("p");
        DataList1.DataSource=ds.Tables["p"];
        DataList1.DataBind();
    }
    protected void DataList1_ItemCommand(object source, DataListCommandEventArgs e)
    {
        if(e.CommandName =="详情" || e.CommandName =="详情 2")
        {
            Response. Redirect ( " UserProductDetail. aspx? pid =" + e.
            CommandArgument.ToString());
        }
    }
    protected void Button1_Click(object sender, EventArgs e)
    {
        if(txtName.Text.Trim()=="")
        {
            Bind();
        }
        else
        {
            ProductEntity pe=new ProductEntity();
            pe.Pname=txtName.Text.Trim();
            ProductBusiness pb=new ProductBusiness();
            DataSet ds=new DataSet();
            ds=pb.SelectProductByPname(pe, "P");
            DataList1.DataSource=ds.Tables["p"];
            DataList1.DataBind();
        }
    }
}
```

3. 商品详情模块

在浏览商品页面，用户单击商品图片或商品名称进入商品详情页面，商品详情页面设计如图 12.32 所示。用户可以选择直接购买商品或将商品加入购物车。

商品详情页对应的部分 C#代码如下：

```csharp
public partial class UserProductDetail : System.Web.UI.Page
```

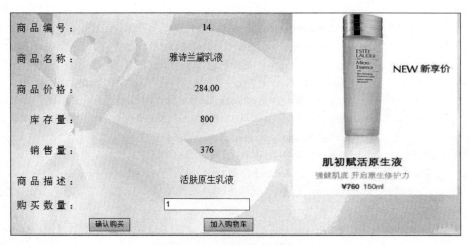

图 12.32　商品详情页面设计

```
{
    protected void Page_Load(object sender, EventArgs e)
    {
        if(IsPostBack==false)
        {
            lblPid.Text=Request.QueryString["pid"].ToString();
            ProductEntity pe=new ProductEntity();
            pe.Pid=Convert.ToInt32(lblPid.Text);
            ProductBusiness pb=new ProductBusiness();
            DataSet ds=new DataSet();
            ds=pb.SelectProductByPid(pe, "p");
            lblPname.Text=ds.Tables["p"].Rows[0][1].ToString();
            Image1.ImageUrl=ds.Tables["p"].Rows[0][2].ToString();
            lblPrice.Text=ds.Tables["p"].Rows[0][3].ToString();
            lblPnums.Text=ds.Tables["p"].Rows[0][4].ToString();
            lblSaleNums.Text=ds.Tables["p"].Rows[0][5].ToString();
            lblMess.Text=ds.Tables["p"].Rows[0][6].ToString();
        }
    }
    protected void Button2_Click(object sender, EventArgs e)
    {                      //将商品添加到购物车
        try
        {
            if(Session["user"]==null)
            {
                Response.Write("<script>alert('登录后才能购买商品!'),location.
                href='Index.aspx'</script>");
            }
            else
```

```csharp
            {
                CartEntity ce=new CartEntity();
                ce.Uname=Session["User"].ToString();
                ce.Pid=Convert.ToInt32(lblPid.Text);
                ce.Pname=lblPname.Text;
                ce.Price=Convert.ToDecimal(lblPrice.Text);
                ce.Nums=Convert.ToInt32(txtNums.Text.Trim());
                ce.Photo=Image1.ImageUrl;
                CartBusiness cb=new CartBusiness();
                int count=cb.InsertCart(ce);
                if(count>0)
                {
                    Response.Write("<script>alert('成功添加购物车!'),location.
                    href='UserCart.aspx'</script>");
                }
            }
        }
        catch
        {
            Response.Write("<script>alert('信号差啊!请稍后再试!')</script>");
        }
    }
    protected void Button3_Click(object sender, EventArgs e)
    {                       //确定购买商品
        if(Session["user"]==null)
        {
            Response.Write("<script>alert('登录后才能购买商品!'),location.href
            ='Index.aspx'</script>");
        }
        else
        {
            if(Convert.ToInt32(txtNums.Text)>Convert.ToInt32(lblPnums.Text))
            {
                Response.Write("<script>alert('库存不足,不能购买!')</script>");
            }
            else
            {
                decimal allprice=0;
                OrdersEntity oe=new OrdersEntity();
                oe.Uname=Session["user"].ToString();
                oe.OrderTime=DateTime.Now;
                oe.AllPrice=Convert.ToInt32(txtNums.Text.Trim()) * Convert.
                ToDecimal(lblPrice.Text);
                oe.Address=txtAddress.Text;
```

```
            oe.Tel=txtTel.Text;
            OrdersBusiness ob=new OrdersBusiness();
            int i=ob.InsertOrders(oe);
            if(i>0)
            {
                OrderDetailsEntity ode=new OrderDetailsEntity();
                DataSet ds=new DataSet();
                ds=ob.SelectOrderByDesc("orders");
                ode.Oid=Convert.ToInt32(ds.Tables["orders"].Rows[0][0]);
                ode.Uname=Session["user"].ToString();
                ode.Pid=Convert.ToInt32(lblPid.Text);
                ode.Pname=lblPname.Text;
                ode.Price=Convert.ToDecimal(lblPrice.Text);
                ode.Nums=Convert.ToInt32(txtNums.Text.Trim());
                ode.Photo=Image1.ImageUrl;
                ode.States="已付款";
                OrderDetailsBusiness odb=new OrderDetailsBusiness();
                int count=odb.InsertOrderDetail(ode);
                if(count>0)
                {
            Response.Write("<script>location.href='UserPayment.aspx'</script>");
                }
                Session["user"]=oe.Uname;
                Session["price"]=oe.AllPrice;
            }
        }
    }
}
```

4. 购物车模块

用户将商品添加到购物车,购物车显示具体购买信息。用户也可以选择删除购物车信息。购物车页面设计如图12.33所示。

图12.33 购物车页面设计

购物车页对应的部分C#代码如下：

```csharp
public partial class UserCart : System.Web.UI.Page
{
    protected void Page_Load(object sender, EventArgs e)
    {
        if(Session["user"]==null)
        {
            Response.Write("<script>alert('请先登录!'),location.href='Index.aspx'</script>");
        }
        else
        {
            if(IsPostBack==false)           //如果页面是第一次加载,把地址电话展示出来
            {
                UserEntity ue=new UserEntity();
                ue.Name=Session["user"].ToString();
                UserBusiness ub=new UserBusiness();
                DataSet ds=new DataSet();
                ds=ub.SelectUserByName(ue, "user");
                txtAddress.Text=ds.Tables["user"].Rows[0][3].ToString();
                txtTel.Text=ds.Tables["user"].Rows[0][4].ToString();
            }
        }
    }
    protected void Button1_Click(object sender, EventArgs e)
    {
        decimal allPrice=0;
        for(int i=0; i<GridView1.Rows.Count; i++)
        {
            CheckBox cbx1=(CheckBox)GridView1.Rows[i].FindControl("cbxID");
            if(cbx1.Checked==true)
            {
                allPrice=allPrice+Convert.ToDecimal(GridView1.Rows[i].Cells[5].Text) * Convert.ToInt32(GridView1.Rows[i].Cells[6].Text);
            }
        }
        if(allPrice>0)
        {
            OrdersEntity oe=new OrdersEntity();
            oe.Uname=Session["user"].ToString();
            oe.OrderTime=DateTime.Now;
            oe.AllPrice=allPrice;
            oe.Address=txtAddress.Text.Trim();
```

```
oe.Tel=txtTel.Text.Trim();
OrdersBusiness ob=new OrdersBusiness();
ob.InsertOrders(oe);
OrderDetailsEntity ode=new OrderDetailsEntity();
ode.Uname=Session["user"].ToString();
Session["user"]=ode.Uname;
DataSet ds=new DataSet();
ds=ob.SelectOrderByDesc("order");
ode.Oid=Convert.ToInt32(ds.Tables["order"].Rows[0][0]);
for(int i=0; i<GridView1.Rows.Count; i++)
{
    CheckBox cbx2=(CheckBox)GridView1.Rows[i].FindControl("cbxID");
    if(cbx2.Checked ==true)
    {
        Response.Write("<script>location.href('UserPayment.aspx')
        </script>");
        ode.Pid=Convert.ToInt32(GridView1.Rows[i].Cells[3].Text);
        ode.Pname=GridView1.Rows[i].Cells[4].Text;
        ode.Price=Convert.ToDecimal(GridView1.Rows[i].Cells[5].Text);
        ode.Nums=Convert.ToInt32(GridView1.Rows[i].Cells[6].Text);
        ode.Photo=GridView1.Rows[i].Cells[7].Text;
        ode.States="已付款";
        OrderDetailsBusiness odb=new OrderDetailsBusiness();
        odb.InsertOrderDetail(ode);
        //删除购物车信息
        CartEntity ce=new CartEntity();
        ce.Cid=Convert.ToInt32(GridView1.Rows[i].Cells[1].Text);
        CartBusiness cb=new CartBusiness();
        cb.DeleteCartByCid(ce);
    }
}
Response.Write("<script>alert('购买成功,订单已生成!'),location.
href('userOrders.aspx')</script>");
}
else
{
    Response.Write("<script>alert('请选择商品!')</script>");
}
Session["price"]=allPrice;
}
}
```

5. 支付模块

用户确认购买商品后会进行付款,当用户选择支付方式后,会出现具体账单信息,用户核对订单信息,确认没有问题后输入支付密码,网站会自动对其账户进行扣款。用户商品支付页面设计如图 12.34 所示。

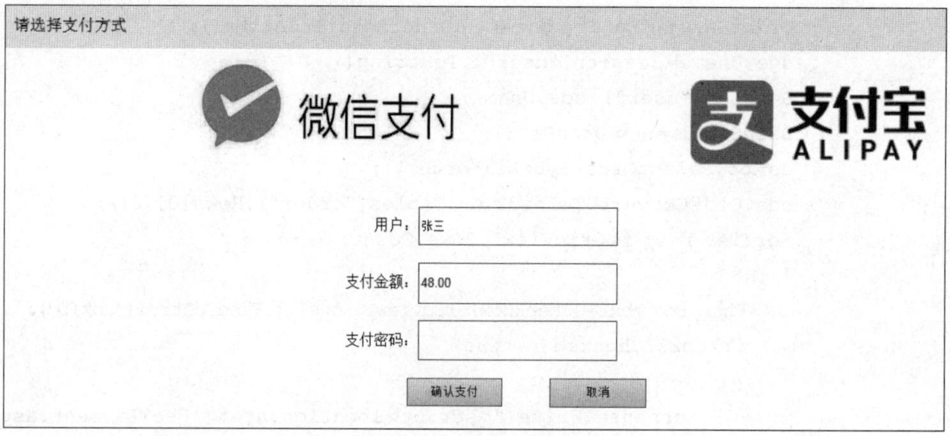

图 12.34 支付页面设计

支付页对应的部分 C#代码如下:

```csharp
public partial class UserPayment1 : System.Web.UI.Page
{
    protected void Page_Load(object sender, EventArgs e)
    {
    }
    protected void ImageButton1_Click(object sender, ImageClickEventArgs e)
    {
        Panel1.Visible=true;
        txtPrice.Text=Session["price"].ToString();
        txtID.Text=Session["user"].ToString();
    }
    protected void Button1_Click(object sender, EventArgs e)
    {
        Response.Write("<script>alert('支付成功!'),location.href('UserOrderDetails.aspx')</script>");
    }
    protected void ImageButton2_Click(object sender, ImageClickEventArgs e)
    {
        Panel1.Visible=true;
        txtPrice.Text=Session["price"].ToString();
        txtID.Text=Session["user"].ToString();
    }
    protected void Button2_Click(object sender, EventArgs e)
    {
        txtPassword.Text="";
    }
}
```

6. 订单模块

用户完成商品购买后,可查看订单详情。用户也可以对订单进行删除。订单页面设计如图 12.35 所示。

编号	用户名	商品编号	商品名称	商品价格	购买数量	图片	支付状态	操作
67	张三	17	雅诗兰黛眼部修护	644.0000	3		已付款	删除
70	张三	10	百雀羚乳液	75.0000	2		已付款	删除

图 12.35 订单页面设计

订单页对应的部分 C#代码如下:

```
public partial class UserOrders : System.Web.UI.Page
{
    protected void Page_Load(object sender, EventArgs e)
    {
        if(Session["user"] ==null)
        {
            Response.Write("<script>alert('请先登录!'),location.href='Index.aspx'</script>");
        }
    }
}
```

7. 留言模块

用户可以对商品进行留言评论。留言页面设计如图 12.36 所示。

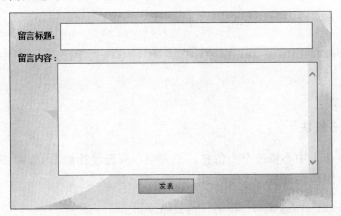

图 12.36 留言页面设计

留言页对应的部分C#代码如下：

```csharp
public partial class UserAddMess : System.Web.UI.Page
{
    protected void Page_Load(object sender, EventArgs e)
    {
        if(Session["user"] ==null)
        {
            Response.Write("<script>alert('请先登录!'),location.href='Index.aspx'</script>");
        }
    }
    protected void Button1_Click(object sender, EventArgs e)
    {
        MessageEntity me=new MessageEntity();
        me.Title=TextBox1.Text.Trim();
        me.Mess =TextBox2 .Text;
        me.Uname=Session["user"].ToString();
        me.MessDate=DateTime.Now;
        MessageBusiness mb=new MessageBusiness();
        int i=mb.InsertMessage(me);
        if(i>0)
        {
            Response.Write("<script>alert('留言成功!')</script>");
        }
        Panel1.Visible=true;
        Label1.Text=TextBox1.Text.Trim();
        Label2.Text=TextBox2.Text.Trim();
        Label3.Text=DateTime.Now.ToString();
        Label4.Text=Session["user"].ToString();
    }
    protected void Button2_Click(object sender, EventArgs e)
    {
        Panel1.Visible=false;
    }
}
```

8. 个人中心模块

用户可以在个人中心修改个人信息。个人中心页面设计如图12.37所示。个人中心页对应的部分C#代码如下。

```csharp
public partial class UserCenter : System.Web.UI.Page
{
    protected void Page_Load(object sender, EventArgs e)
```

图 12.37 个人中心页面设计

```
{
    if(Session["user"]==null)
    {
        Response.Write("<script>alert('请先登录!'),location.href='Index.
        aspx'</script>");
    }
}
protected void Button1_Click(object sender, EventArgs e)
{
    try
    {
        UserEntity ue=new UserEntity();
        ue.Uid=Convert.ToInt32(txtNo.Text.Trim());
        ue.Name=txtName.Text.Trim();
        ue.Password=txtPassword.Text.Trim();
        ue.Address=txtAdd.Text.Trim();
        ue.Tel=txtTel.Text.Trim();
        ue.Email=txtEmail.Text.Trim();
        UserBusiness ub=new UserBusiness();
        int count=ub.UpdateUserByUid(ue);
        if(count>0)
        {
            Response.Write("<script>alert('信息修改成功!')</script>");
            GridView1.DataBind();
            txtNo.Text="";
            txtName.Text="";
            txtPassword.Text="";
            txtAdd.Text="";
            txtTel.Text="";
            txtEmail.Text="";
        }
    }
    catch(Exception)
    {
        Response.Write("<script>alert('服务器异常,请稍后再试')</script>");
```

```csharp
            }
        }
        protected void GridView1_RowCommand(object sender, 
GridViewCommandEventArgs e)
        {
            if(e.CommandName =="选择")
            {
                UserEntity ue=new UserEntity();
                ue.Uid=Convert.ToInt32(e.CommandArgument);
                UserBusiness ub=new UserBusiness();
                DataSet ds=new DataSet();
                ds=ub.SelectUserByUid(ue, "tb_user");
                if(ds.Tables["tb_user"].Rows.Count>0)
                {
                    txtNo.Text=ds.Tables["tb_user"].Rows[0][0].ToString();
                    txtName.Text=ds.Tables["tb_user"].Rows[0][1].ToString();
                    txtPassword.Text=ds.Tables["tb_user"].Rows[0][2].ToString();
                    txtAdd.Text=ds.Tables["tb_user"].Rows[0][3].ToString();
                    txtTel.Text=ds.Tables["tb_user"].Rows[0][4].ToString();
                    txtEmail.Text=ds.Tables["tb_user"].Rows[0][5].ToString();
                }
            }
        }
        protected void Button2_Click(object sender, EventArgs e)
        {
            txtNo.Text="";
            txtName.Text="";
            txtPassword.Text="";
            txtAdd.Text="";
            txtTel.Text="";
            txtEmail.Text="";
        }
    }
```

12.8.3 管理员模块的实现

1. 管理员登录

管理员输入用户名和密码,验证通过后登录到后台管理系统对网站进行管理。管理员登录页面设计如图 12.38 所示。

管理员登录页对应的部分 C♯代码如下:

```csharp
public partial class AdminLogin : System.Web.UI.Page
{
```

图 12.38 管理员登录页面设计

```
protected void Page_Load(object sender, EventArgs e)
{
    if(!IsPostBack)
    {
        txtName.Focus();
    }
}
protected void Button1_Click(object sender, EventArgs e)
{
    AdminEntity ae=new AdminEntity();
    ae.Aname=txtName.Text.Trim();
    ae.Password=txtPassword.Text.Trim();
    AdminBusiness ab=new AdminBusiness();
    int count=ab.AdminAndPWD(ae);
    if(count>0)
    {
        Session["admin"]=txtName.Text.Trim();        //记录
        Response.Write ( " < script > alert ('登录成功'), location. href =
        'AdminMain.aspx'</script>");
    }
    else
    {
        Response.Write("<script>alert('用户名和密码不匹配,请重新输入!')</
        script>");
    }
}
```

```
    protected void Button2_Click(object sender, EventArgs e)
    {
        txtName.Text="";
        txtPassword.Text="";
    }
}
```

2．添加商品信息模块

管理员可添加新商品，包括商品图片、名称、价格、商品描述等信息。管理员添加商品页面设计如图 12.39 所示。

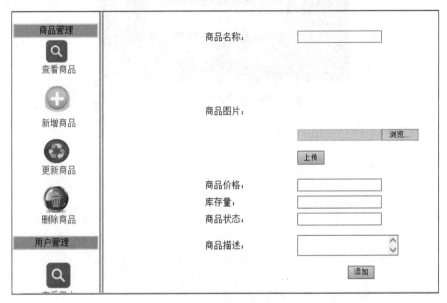

图 12.39　管理员添加商品页面设计

管理员添加商品页对应的部分 C#代码如下：

```
public partial class AdminAddProduct : System.Web.UI.Page
{
    protected void Page_Load(object sender, EventArgs e)
    {
    }
    protected void Button1_Click(object sender, EventArgs e)
    {
        string savePath=Server.MapPath("~/image/");
        if(FileUpload1.HasFile)
        {
            savePath=savePath+FileUpload1.FileName;
            FileUpload1.SaveAs(savePath);
            Image1.ImageUrl="~/image/"+FileUpload1.FileName;
```

```csharp
        }
    }
    protected void Button2_Click(object sender, EventArgs e)
    {
        try
        {
            ProductEntity pe=new ProductEntity();
            pe.Pname=txtPname.Text.Trim();
            pe.Photo=Image1.ImageUrl;
            pe.Price=Convert.ToDecimal(txtPrice.Text.Trim());
            pe.Pnums=Convert.ToInt32(txtNums.Text.Trim());
            pe.Mess=txtMess.Text.Trim();
            pe.State=txtState.Text.Trim();
            ProductBusiness pb=new ProductBusiness();
            int count=pb.InsertProduct(pe);
            if(count>0)
            {
                Response.Write("<script>alert('添加成功!')</script>");
                txtPname.Text="";
                Image1.ImageUrl="";
                txtPrice.Text="";
                txtNums.Text="";
                txtState.Text="";
                txtMess.Text="";
            }
            else
            {
                Response.Write("<script>alert('添加失败!')</script>");
            }
        }
        catch(Exception)
        {
            Response.Write("<script>alert('数据输入格式有误,请重新输入!')
            </script>");
        }
    }
    protected void Button3_Click(object sender, EventArgs e)
    {
        txtPname.Text="";
        Image1.ImageUrl="";
        txtPrice.Text="";
        txtNums.Text="";
        txtState.Text="";
        txtMess.Text="";
```

        }
    }

3. 更新商品信息模块

管理员可查询到特定的商品并更新商品信息。管理员更新商品页面设计如图 12.40 所示。

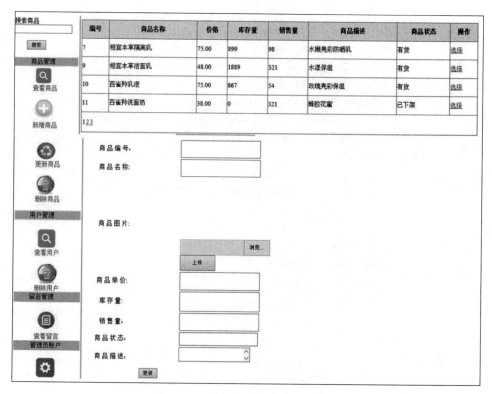

图 12.40 管理员更新商品页面设计

管理员更新商品页对应的部分 C♯代码如下：

```
public partial class AdminUpdateProduct : System.Web.UI.Page
{
    protected void Page_Load(object sender, EventArgs e)
    {
        if(TextBox2.Text.Trim()=="")
        {
            Bind();
        }
    }
    public void Bind()
    {
        ProductBusiness pb=new ProductBusiness();
```

```csharp
        DataSet ds=new DataSet();
        ds=pb.SelectProduct("p");
        GridView1.DataSource=ds.Tables["p"];
        GridView1.DataBind();
    }
    protected void Button2_Click(object sender, EventArgs e)
    {
        string savePath=Server.MapPath("~/image/");
        if(FileUpload1.HasFile)
        {
            savePath=savePath+FileUpload1.FileName;
            FileUpload1.SaveAs(savePath);
            Image1.ImageUrl="~/image/"+FileUpload1.FileName;
        }
    }
    protected void GridView1_RowCommand(object sender, GridViewCommandEventArgs e)
    {
        if(e.CommandName =="选择")
        {
            ProductEntity pe=new ProductEntity();
            pe.Pid=Convert.ToInt32(e.CommandArgument);
            ProductBusiness pb=new ProductBusiness();
            DataSet ds=new DataSet();
            ds=pb.SelectProductByPid(pe, "product");
            if(ds.Tables["product"].Rows.Count>0)
            {
                txtPid.Text=ds.Tables["product"].Rows[0][0].ToString();
                txtPname.Text=ds.Tables["product"].Rows[0][1].ToString();
                Image1.ImageUrl=ds.Tables["product"].Rows[0][2].ToString();
                txtPrice.Text=ds.Tables["product"].Rows[0][3].ToString();
                txtNums.Text=ds.Tables["product"].Rows[0][4].ToString();
                txtSalenums.Text=ds.Tables["product"].Rows[0][5].ToString();
                txtMess.Text=ds.Tables["product"].Rows[0][6].ToString();
                txtState.Text=ds.Tables["product"].Rows[0][7].ToString();
            }
        }
    }
    protected void Button4_Click(object sender, EventArgs e)
    {
        try
        {
            ProductEntity pe=new ProductEntity();
            pe.Pid=Convert.ToInt32(txtPid.Text.Trim());
```

```csharp
                pe.Pname=txtPname.Text.Trim();
                pe.Photo=Image1.ImageUrl;
                pe.Price=Convert.ToDecimal(txtPrice.Text);
                pe.Pnums=Convert.ToInt32(txtNums.Text.Trim());
                pe.Salenums=Convert.ToInt32(txtSalenums.Text.Trim());
                pe.State=txtState.Text.Trim();
                pe.Mess=txtMess.Text.Trim();
                ProductBusiness pb=new ProductBusiness();
                int count=pb.UpdateProductByPid(pe);
                if(count>0)
                {
                    Response.Write("<script>alert('更新成功!')</script>");
                    Bind();
                    txtPid.Text="";
                    txtPname.Text="";
                    Image1.ImageUrl="";
                    txtPrice.Text="";
                    txtNums.Text="";
                    txtSalenums.Text="";
                    txtState.Text="";
                    txtMess.Text="";
                }
                else
                {
                    Response.Write("<script>alert('更新失败!')</script>");
                }
            }
            catch(Exception)
            {
                Response.Write("<script>alert('输入数据格式有误!')</script>");
            }
        }
        protected void Button5_Click(object sender, EventArgs e)
        {
            ProductEntity pe=new ProductEntity();
            pe.Pname=TextBox2.Text.Trim();
            ProductBusiness pb=new ProductBusiness();
            DataSet ds=new DataSet();
            ds=pb.SelectProductByPname(pe, "P");
            GridView1.DataSource=ds.Tables["p"];
            GridView1.DataBind();
        }
    }
```

4. 删除商品模块

对于已经不再生产、销售的产品，管理员可对其进行删除。管理员删除商品页面设计如图 12.41 所示。

选择	商品编号	商品名称	商品单价	库存量	销售量	商品描述	商品状态	删除
□	7	相宜本草隔离乳	75.00	899	98	水嫩亮彩防晒乳	有货	删除
□	9	相宜本草洁面乳	48.00	1889	321	水漾保湿	有货	删除
□	14	雅诗兰黛乳液	284.00	800	376	活肤原生乳液	有货	删除
□	15	雅诗兰黛红石榴活肤水	286.00	600	289	红石榴精华	有货	删除
□	16	雅诗兰黛精华	542.00	645	0	雅诗兰黛精华	有货	删除

图 12.41　管理员删除商品页面设计

管理员删除商品页对应的部分 C#代码如下：

```
public partial class AdminDeleteProduct : System.Web.UI.Page
{
    protected void Page_Load(object sender, EventArgs e)
    {
        if(IsPostBack ==false)
        {
            Bind();
        }
    }
    public void Bind()
    {
        ProductBusiness pb=new ProductBusiness();
        DataSet ds=new DataSet();
        ds=pb.SelectProduct("product");
        GridView1.DataSource=ds.Tables["product"];
        GridView1.DataBind();
    }
    protected void Button1_Click(object sender, EventArgs e)
    {
        string sql="";
        for(int i=0; i<GridView1.Rows.Count; i++)
        {
            CheckBox cbx2= (CheckBox)GridView1.Rows[i].FindControl("cbxID");
            if(cbx2.Checked ==true)
            {
                sql=sql+" or pid="+GridView1.Rows[i].Cells[1].Text;
                                                                //or 前加空格
```

```csharp
            }
        }
        ProductBusiness pb=new ProductBusiness();
        int count=pb.DeleteProductByPart(sql);
        if(count>0)
        {
            Response.Write("<script>alert('删除了"+count+"行')</script>");
            Bind();
        }
    }
    protected void cbxAll_CheckedChanged(object sender, EventArgs e)
    {
        for(int i=0; i<GridView1.Rows.Count; i++)
        {
            CheckBox cbx1=(CheckBox)GridView1.Rows[i].FindControl("cbxID");
            if(cbxAll.Checked ==true)
            {
                cbx1.Checked=true;
            }
            else
            {
                cbx1.Checked=false;
            }
        }
    }
    protected void GridView1_RowCommand(object sender, GridViewCommandEventArgs e)
    {
        if(e.CommandName =="删除")
        {
            ProductEntity pe=new ProductEntity();
            pe.Pname=Convert.ToString(e.CommandArgument);
            ProductBusiness pb=new ProductBusiness();
            int count=pb.DeleteProductByPname(pe);
            if(count>0)
            {
                Response.Write("<script>alert('删除成功!')</script>");
                Bind();
            }
        }
    }
}
```

5. 查找用户模块

管理员可以查看用户信息和查找用户。管理员查看用户页面设计如图 12.42 所示。

查找用户：					
用户编号	用户姓名	密码	地址	电话	电子邮箱
24	张三	*	大连	13236789090	zhangsan@qq.com
25	李可	*	北京	18842667890	like@163.com
26	王丹	*	上海	13074143678	wangdan@qq.com

图 12.42　管理员查看用户页面设计

管理员查看用户页对应的部分 C♯ 代码如下：

```csharp
public partial class AdminSelectUser : System.Web.UI.Page
{
    protected void Page_Load(object sender, EventArgs e)
    {
        if(txtID.Text.Trim()=="")
        {
            Bind();
        }
    }
    public void Bind()
    {
        UserBusiness ub=new UserBusiness();
        DataSet ds=new DataSet();
        ds=ub.SelectUser("p");
        GridView1.DataSource=ds.Tables["p"];
        GridView1.DataBind();
    }
    protected void Button1_Click(object sender, EventArgs e)
    {
        UserEntity ue=new UserEntity();
        ue.Name=txtID.Text.Trim();
        UserBusiness ub=new UserBusiness();
        DataSet ds=new DataSet();
        ds=ub.SelectUserByName(ue, "p");
        GridView1.DataSource=ds.Tables["p"];
```

```
            GridView1.DataBind();
        }
    }
```

6. 删除用户模块

对于严重影响本网站管理、影响其他用户正常使用网站,管理员可以删除用户。管理员删除用户页面设计如图 12.43 所示。

选择	用户编号	用户名称	密码	地址	电话	邮箱	删除
□	24	张三	*	大连	13236789090	zhangsan@qq.com	删除

图 12.43 管理员删除用户页面设计

管理员删除用户页对应的部分 C#代码如下:

```
public partial class AdminDeleteUser : System.Web.UI.Page
{
    protected void Page_Load(object sender, EventArgs e)
    {
        if(IsPostBack ==false)
        {
            Bind();
        }
    }
    public void Bind()
    {
        UserBusiness ub=new UserBusiness();
        DataSet ds=new DataSet();
        ds=ub.SelectUser("tb_user");
        GridView1.DataSource=ds.Tables["tb_user"];
        GridView1.DataBind();
    }
    protected void GridView1_RowCommand(object sender,
    GridViewCommandEventArgs e)
    {
        if(e.CommandName =="删除")
        {
```

```
            UserEntity ue=new UserEntity();
            ue.Uid=Convert.ToInt32(e.CommandArgument);
            UserBusiness ub=new UserBusiness();
            int count=ub.DeleteUserByUid(ue);
            if(count>0)
            {
                Response.Write("<script>alert('删除成功!')</script>");
                Bind();
            }
            else
            {
                Response.Write("<script>alert('删除失败!')</script>");
            }
        }
    }
}
```

参 考 文 献

[1] 朱晔. ASP.NET 第一步——基于 C♯ 和 ASP.NET 2.0[M]. 北京：清华大学出版社，2007.
[2] 张跃廷，顾彦玲. ASP.NET 从入门到精通[M]. 北京：清华大学出版社，2008.
[3] 陈伟，卫琳. ASP.NET 3.5 网站开发实例教程[M]. 北京：清华大学出版社，2009.
[4] 周文琼，王乐球. 数据库应用与开发教程[M]. 北京：中国铁道出版社，2014.
[5] 喻均，田喜群，唐俊勇. AS 程序设计循序渐进教程[M]. 北京：清华大学出版社，2009.
[6] 李春葆. ASP.NET 4.5 动态网站设计教程[M]. 北京：清华大学出版社，2016.
[7] 郭鹏，门璐瑶. VS 2012.NET Web 高级编程开发[M]. 大连：大连理工大学出版社，2014.